职业技能培训鉴定教材

ZHIYE JINENG PEIXUN JIANDING JIAOCAI

# 电焊工

DIANHANGONG（初级）


主　编　孟宇泽

编　者　陈玉清　武立娜　李　俊

主　审　杜则裕

中国劳动社会保障出版社

图书在版编目(CIP)数据

电焊工．初级/孟宇泽主编．—北京：中国劳动社会保障出版社，2012
职业技能培训鉴定教材
ISBN 978-7-5045-9695-6

Ⅰ.①电… Ⅱ.①孟… Ⅲ.①电焊-职业技能-鉴定-教材 Ⅳ.①TG443

中国版本图书馆 CIP 数据核字(2012)第 127096 号

中国劳动社会保障出版社出版发行
(北京市惠新东街1号 邮政编码：100029)
出 版 人：张梦欣

*

中国标准出版社秦皇岛印刷厂印刷装订 新华书店经销
787 毫米×1092 毫米 16 开本 14.75 印张 321 千字
2012 年 6 月第 1 版 2021 年 1 月第 20 次印刷
定价：29.00 元

读者服务部电话：(010) 64929211/84209101/64921644
营销中心电话：(010) 64962347
出版社网址：http://www.class.com.cn

# 内容简介

本教材由人力资源和社会保障部教材办公室组织编写。教材以《国家职业标准·焊工》为依据，紧紧围绕“以企业需求为导向，以职业能力为核心”的编写理念，力求突出职业技能培训特色，满足职业技能培训与鉴定考核的需要。

本教材详细介绍了初级电焊工要求掌握的最新实用知识和技术。全书分为6个模块单元，主要内容包括：焊接基础知识、焊前准备、电弧焊、气焊与气割、碳弧气刨、焊后检查等。每一单元后安排了单元测试题及答案，书末提供了理论知识和操作技能考核试卷，供读者巩固、检验学习效果时参考使用。

本教材是初级电焊工职业技能培训与鉴定考核用书，也可供相关人员参加在职培训、岗位培训使用。

# 前　言

1994年以来，原劳动和社会保障部职业技能鉴定中心、教材办公室和中国劳动社会保障出版社组织有关方面专家，依据《中华人民共和国职业技能鉴定规范》，编写出版了职业技能鉴定教材及其配套的职业技能鉴定指导200余种，作为考前培训的权威性教材，受到全国各级培训、鉴定机构的欢迎，有力地推动了职业技能鉴定工作的开展。

原劳动保障部从2000年开始陆续制定并颁布了国家职业标准。同时，社会经济、技术不断发展，企业对劳动力素质提出了更高的要求。为了适应新形势，为各级培训、鉴定部门和广大受培训者提供优质服务，人力资源和社会保障部教材办公室组织有关专家、技术人员和职业培训教学管理人员、教师，依据国家职业标准和企业对各类技能人才的需求，研发了职业技能培训鉴定教材。

新编写的教材具有以下主要特点：

**在编写原则上，突出以职业能力为核心。**教材编写贯穿"以职业标准为依据，以企业需求为导向，以职业能力为核心"的理念，依据国家职业标准，结合企业实际，反映岗位需求，突出新知识、新技术、新工艺、新方法，注重职业能力培养。凡是职业岗位工作中要求掌握的知识和技能，均作详细介绍。

**在使用功能上，注重服务于培训和鉴定。**根据职业发展的实际情况和培训需求，教材力求体现职业培训的规律，反映职业技能鉴定考核的基本要求，满足培训对象参加各级各类鉴定考试的需求。

**在编写模式上，采用分级模块化编写。**纵向上，教材按照国家职业资格等级单独成册，各等级合理衔接，步步提升，为技能人才培养搭建科学的阶梯型培训架构。横向上，教材按照职业功能分模块展开，安排足量、适用的内容，贴近生产实际，贴近培训对象需要，贴近市场需求。

**在内容安排上，增强教材的可读性。**为便于培训、鉴定部门在有限的时间内把最重要的知识和技能传授给培训对象，同时也便于培训对象迅速抓住重点，提高学习效率，在教材中精心设置了"培训目标"等栏目，以提示应该达到的目标，需要掌握的重点、难点、鉴定点和有关的扩展知识。另外，每个学习单元后安排了单元测试题，每个级别的教材都提供了理论知识和操作技能考核试卷，方便培训对象及时巩固、检验学习效果，并对本职业鉴定考核形式有初步的了解。

本书在编写过程中得到天津市职业技能培训研究室、中国石化集团第四建设公司培训中心的大力支持和热情帮助，同时，天津市焊接研究所的韩勤老师为本书的出版做出了贡献，在此一并致以诚挚的谢意。

编写教材有相当的难度，是一项探索性工作。由于时间仓促，不足之处在所难免，恳切希望各使用单位和个人对教材提出宝贵意见，以便修订时加以完善。

人力资源和社会保障部教材办公室

# 目 录

# 第1单元

# 焊接基础知识

# 第一节 焊接概述

→ 掌握焊接的概念和实质
→ 掌握焊接方法的分类
→ 掌握焊接的优缺点

焊接是一种不可拆卸的连接方法，是金属热加工方法之一。焊接广泛应用于机械制造、石油化工、矿山、冶金、航空航天、造船、电子、核能等行业。焊接在现代工业生产中具有十分重要的作用，世界每年钢材消耗量的 50%都有焊接工序的参与。

焊接是指通过适当的物理化学过程（加热、加压或两者并用）使两个分离的固态物体产生原子（分子）间结合力而连接成一体的连接方法。被连接的两个物体可以是各种同类或不同类的金属、非金属（石墨、陶瓷、玻璃、塑料等），也可以是一种金属与一种非金属。

## 一、焊接的实质



金属等固体材料之所以能保持固定形状，是因为其内部原子之间的距离（晶格）十分小，原子之间形成了牢固的结合力。要把一块固体金属一分为二，必须施加足够的外力破坏这些原子间的结合力。若把两个分离的金属构件靠原子结合力的作用连接成一整体，则须克服两个困难：

一是连接表面不平。即使进行最精密的加工，其表面不平度也只能达到微米（$\mu$m）级，仍远远大于原子间结合所要求的数量级 $10^{-4}$ $\mu$m。

二是表面存在的氧化膜和其他污染物阻碍金属表面原子之间接近到晶格距离并形成结合力。

因此，焊接过程的实质就是通过适当的物理化学过程克服这两个困难，使两个分离表面的金属原子之间接近至晶格距离并形成结合力。

## 二、焊接方法分类

按照焊缝金属结合的性质，基本的焊接方法通常分为三大类。

**1. 熔化焊接**

使被连接的构件表面局部加热熔化成液体，然后冷却结晶成一体的方法称为熔化焊接。为了实现熔化焊接，关键是要有一个能量集中、温度足够高的加热热源。按热源形式的不同，熔化焊接基本方法分为气焊（以氧-乙炔或其他可燃气体燃烧火焰为热源），铝热焊（利用金属氧化物与金属铝之间反应产生的热为热源），电弧焊（以气体放电时产生的热为热源），电阻点、缝焊（以焊件本身通电时的电阻热为热源），电渣焊（以熔渣导电时的电阻热为热源)，电子束焊（以高速运动的电子束流为热源)，激光焊（以单色光子束流为热源）等若干种。

其中，电弧焊按照采用的电极，又分为熔化极和非熔化极两类。熔化极电弧焊是利用金属焊丝（焊条）作电极，同时熔化、填充金属的电弧焊方法，它包括焊条电弧焊、埋弧焊、熔化极氩弧焊、$CO_2$电弧焊等方法；非熔化极电弧焊是利用不熔化电极（如钨棒）进行焊接的电弧焊方法，它包括钨极氩弧焊、等离子弧焊等方法。

2. 压力焊接

利用摩擦、扩散和加压等物理作用克服两个连接表面的不平度，除去（挤走）氧化膜及其他污染物，使两个连接表面上的原子相互接近到晶格距离，从而在固态条件下形成的连接统称为固相焊接。固相焊接时通常都必须加压，因此这类加压的焊接方法称为压力焊接。为了使固相焊接容易实现，大都在加压的同时伴随着加热措施，但加热温度都远低于焊件的熔点。

常用的压力焊接方法有电阻对焊、闪光对焊、点焊、缝焊、摩擦焊、超声波焊等。

3. 钎焊

采用比母材熔点低的金属材料作为钎料，将焊件和钎料加热到高于钎料熔点，低于母材熔点的温度，利用液态钎料润湿母材，填充接头间隙实现连接焊件的方法称为钎焊。

常用的钎焊方法有火焰钎焊、感应钎焊、炉中钎焊、盐浴钎焊、真空钎焊等。



## 三、焊接的优缺点

1. 焊接的优点

(1) 节省金属材料，减轻结构质量，且经济效益好。

(2) 简化加工与装配工序，生产周期短，生产效率高。

(3) 结构强度高，接头密封性好。

(4) 为结构设计提供较大的灵活性。

(5) 用拼焊的方法可以大大突破铸锻能力的限制。

(6) 焊接工艺过程易实现机械化和自动化。

2. 焊接的缺点

(1) 用焊接方法加工的结构易产生较大的焊接变形和焊接残余应力，从而影响结构的承载能力、加工精度和尺寸稳定性，同时，在焊缝与焊件交界处还会产生应力集中，对结构的疲劳断裂有较大的影响。

(2) 焊接接头中存在着一定数量的缺陷，如裂纹、气孔、夹渣、未焊透、未熔合等。这些缺陷的存在会降低结构的强度，引起应力集中，损坏焊缝致密性，这是造成焊接结构破坏的主要原因之一。

(3) 焊接接头具有较大的性能不均匀性。由于焊缝的成分及金相组织与母材不同，接头各部位经历的热循环不同，使接头不同区域的性能不同。

(4) 焊接生产过程中产生高温、强光及一些有毒气体，对人体有一定的危害。

# 第二节　识图知识

→ 了解投影的基本知识
→ 掌握焊缝符号及标注方法
→ 能够识读简单的焊接装配图

## 一、投影的基本知识

### 1. 投影的概念

通常把空间物体的形象在平面上表达出来的方法称为投影法。而在平面上所得到的图形称为该物体在此平面上的投影。投影法通常分为两大类，即中心投影法和平行投影法。

（1）中心投影法。指投射线汇交于一点（投射中心）的投影方法，如图 1—1 所示。

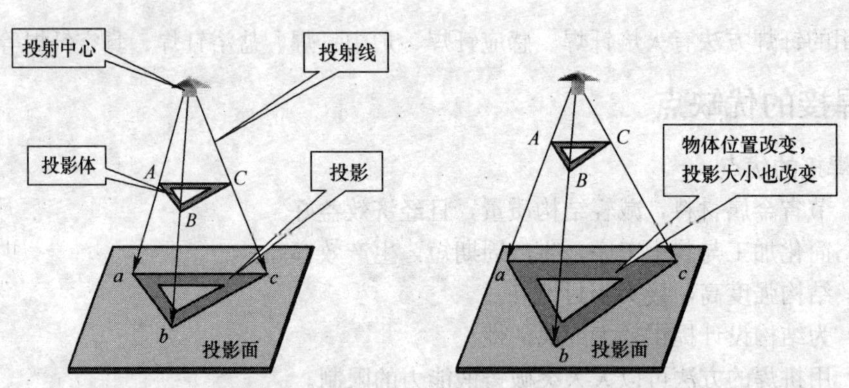


图 1—1　中心投影

中心投影的投影特点：中心投影法得到的投影一般不反映形体的真实大小，度量性较差，作图复杂。

（2）平行投影法。是指投射线相互平行的投影方法，可分为斜投影法（投射线与投影面相倾斜的平行投影法，如图 1—2 所示）、正投影法（投射线与投影面相垂直的平行投影法，如图 1—3 所示）。

### 2. 三视图

将人的视线规定为平行投影线，然后正对着物体看过去，将所见物体的轮廓用正投影法绘制出来，该图形称为视图。一个视图只能反映物体一个方位的形状，不能完整地反映物体的结构形状。三视图是从三个不同方向对同一个物体进行投射的结果，另外，还有如剖视图、半剖视图等作为辅助，基本能完整地表达物体的结构。三视图是观测者从三个不同位置观察同一个空间几何体而画出的图形：从物体的前面向后面投射所得的视图称主视图——能反映物体的前面形状；从物体的上面向下面投射所得的视图称俯视图——能反映物体的上面形状；从物体的左面向右面投射所得的视图称左视图——能反映物体的左面形状。三视图就是主视图、俯视图、左视图的总称。

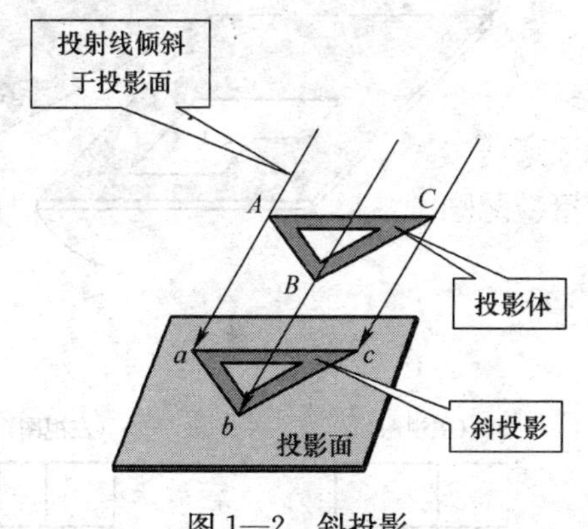

图 1—2　斜投影

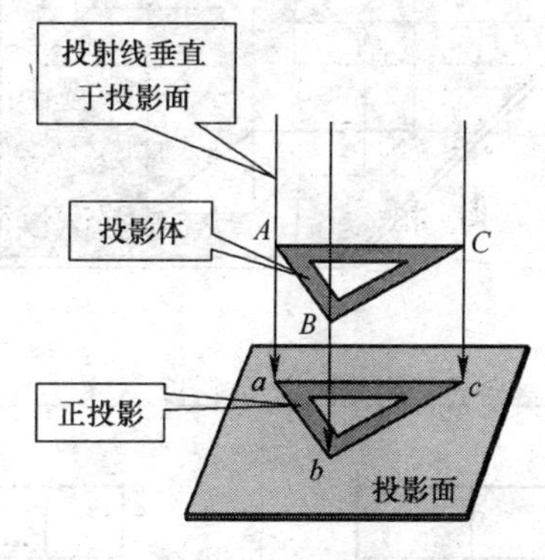

图 1—3　正投影

（1）三视图的形成。如图 1—4a 所示，将 L 形块放在三投影面中间，分别向正面、水平面、侧面投影。在正面上的投影称为主视图，在水平面上的投影称为俯视图，在侧面上的投影称为左视图。

为了把三视图画在同一平面上，如图 1—4b 所示，规定正面不动，水平面绕 $OX$ 轴向下转动 90°，侧面绕 $OZ$ 轴向右转 90°，使三个互相垂直的投影面展开在一个平面上，如图 1—4c 所示。为了画图方便，把投影面的边框去掉，得到图 1—4d 所示的三视图。

（2）三视图的投影规律。三视图的投影规律如图 1—5 所示。从物体的三视图可以看出：主视图确定了物体上、下、左、右四个不同部位，反映了物体的高度和长度；俯视图确定了物体前、后、左、右四个不同部位，反映了物体的宽度和长度；左视图确定了物体前、后、上、下四个不同部位，反映了物体的高度和宽度。

由此可知三视图的投影规律：主、俯视图长对正，主、左视图高平齐，俯、左视图宽相等。三视图间的投影规律是画图和看图的依据。

### 3. 剖视图

（1）剖视图的形成。在视图中，对零件内部看不见的结构形状用虚线表示。当零件内部结构很复杂时，在视图上就会有较多的虚线，有时甚至与外形轮廓线相互重叠，使图形很不清楚，增大看图困难。为避免上述情况，采用剖视的方法来表达零件的内部结构形状，即采用假想的剖切面将零件剖开，移去观察者和剖切面之间的部分，将余下部分向投影面投影，所得的视图称为剖视图。常见的剖视图有全剖视图、半剖视图和局部剖视图。

（2）看剖视图的要点

1）找剖切面位置。

2）明确剖视图是零件剖切后的可见轮廓的投影。

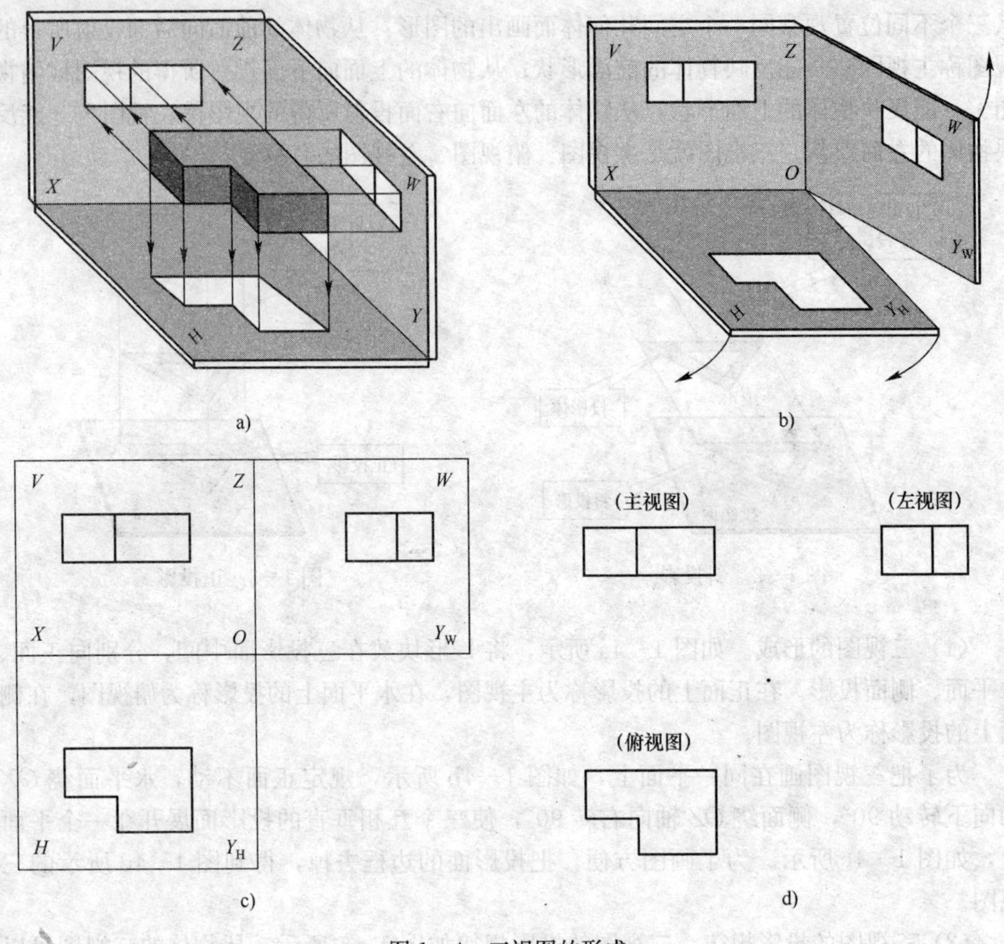


图 1—4　三视图的形成



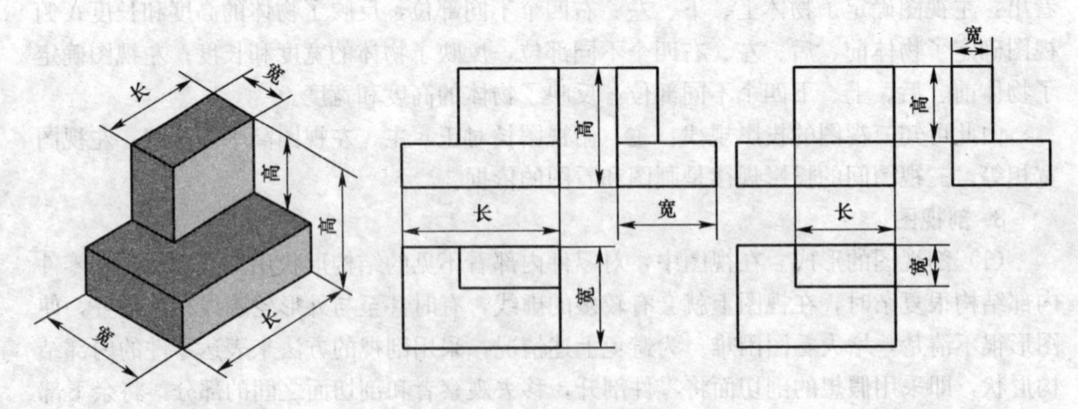


图 1—5　三视图的投影规律

3）看剖面符号。

4）剖视图上通常没有虚线。

（3）剖视图标注

1）剖切位置。通常以剖切面与投影面的交线表示剖切位置。在它的起止处用加粗的短实线表示，但不与图形轮廓线相交。

2）投影方向。在剖切位置线的两端，用箭头表示剖切后的投影方向。

3）剖视图的名称。在箭头的外侧用相同的大写拉丁字母标注，并在相应的剖视图上标出“×—×”字样，不同剖视图应采用不同的字母名称。

## 二、焊缝符号及标注

### 1. 焊缝符号

焊缝符号是工程语言的一种，是用符号在焊接结构设计的图样中标注出焊缝形式、焊缝和坡口的尺寸及其他焊接要求。我国的焊缝符号是由国家标准 GB/T 324—2008《焊缝符号表示法》统一规定的。

完整的焊缝符号包括基本符号、补充符号、指引线、尺寸符号及数据等。为了简化，在图样上标注焊缝时通常只采用基本符号和指引线，其他内容一般在有关的文件（如焊接工艺规程等）中明确。

（1）基本符号。基本符号是表示焊缝横截面基本形状或特征的符号，见表 1—1。标注双面焊缝或接头时，基本符号可以组合使用，见表 1—2。

**表 1—1　焊缝基本符号**

| 序号 | 名称 | 示意图 | 符号 |
|---|---|---|---|
| 1 | 卷边焊缝<br>（卷边完全熔化） |  |  |
| 2 | I 形焊缝 |  |  |
| 3 | V 形焊缝 |  |  |
| 4 | 单边 V 形焊缝 |  |  |
| 5 | 带钝边 V 形焊缝 | 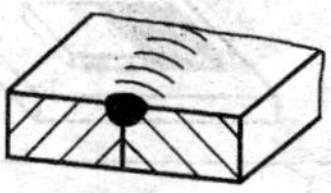 |  |
| 6 | 带钝边单边 V 形焊缝 | 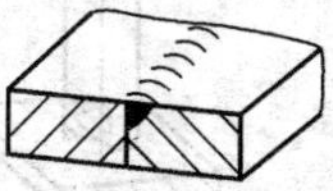 |  |
| 7 | 带钝边 U 形焊缝 |  |  |

续表

| 序号 | 名称 | 示意图 | 符号 |
|---|---|---|---|
| 8 | 带钝边J形焊缝 | | |
| 9 | 封底焊缝 | | |
| 10 | 角焊缝 | | |
| 11 | 塞焊缝或槽焊缝 | | |
| 12 | 点焊缝 | | |
| 13 | 缝焊缝 | | |
| 14 | 陡边V形焊缝 | | |
| 15 | 陡边单V形焊缝 | | |
| 16 | 端焊缝 | | |
| 17 | 堆焊缝 | | |
| 18 | 平面连接（钎焊） | | |

续表

| 序号 | 名称 | 示意图 | 符号 |
|---|---|---|---|
| 19 | 斜面连接（钎焊） | 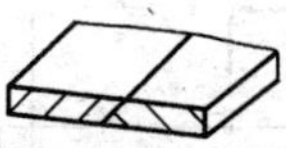 | |
| 20 | 折叠连接（钎焊） |  |  |

**表 1—2　　基本符号组合**

| 序号 | 名称 | 示意图 | 符号 |
|---|---|---|---|
| 1 | 双面 V 形焊缝<br>（X 焊缝） |  |  |
| 2 | 双面单边 V 形焊缝<br>（K 焊缝） |  |  |
| 3 | 双面带钝边 V 形焊缝 |  |  |
| 4 | 双面带钝边单边 V 形焊缝 | 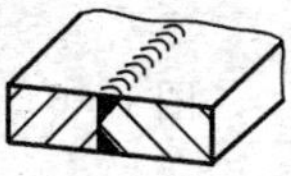 |  |
| 5 | 双面带钝边 U 形焊缝 |  |  |

（2）补充符号。补充符号是为了补充说明焊缝或接头的某些特征（诸如表面形状、衬垫、焊缝分布、施焊地点等）而采用的符号，见表 1—3。

**表 1—3　　补充符号**

| 序号 | 名称 | 符号 | 说明 |
|---|---|---|---|
| 1 | 平面 | | 焊缝表面通常经过加工后平整 |
| 2 | 凹面 | | 焊缝表面凹陷 |
| 3 | 凸面 | | 焊缝表面凸起 |
| 4 | 圆滑过渡 |  | 焊趾处过渡圆滑 |

续表

| 序号 | 名称 | 符号 | 说明 |
|---|---|---|---|
| 5 | 永久衬垫 | M | 衬垫永久保留 |
| 6 | 临时衬垫 | MR | 衬垫在焊接完成后拆除 |
| 7 | 三面焊缝 | | 三面带有焊缝 |
| 8 | 周围焊缝 | | 沿着工件周边施焊的焊缝<br>标注位置为基准线与箭头线的交点处 |
| 9 | 现场焊接 | | 在现场焊接的焊缝 |
| 10 | 尾部 | | 可以表示所需的信息 |

（3）指引线。指引线由箭头线和基准线（实线和虚线）组成，如图 1—6 所示。

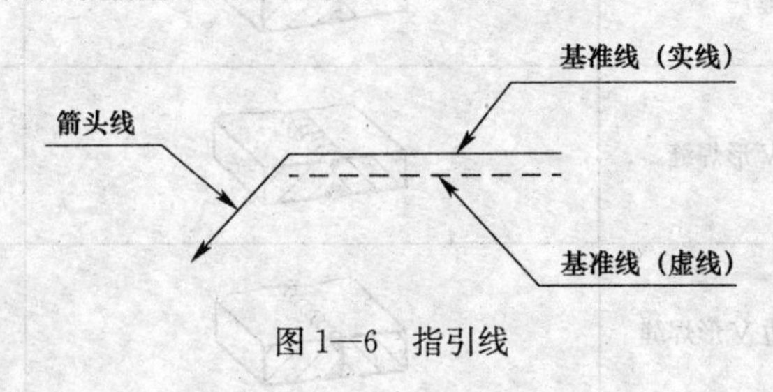


图 1—6　指引线

（4）尺寸符号。焊缝尺寸符号见表 1—4。

表 1—4　尺寸符号

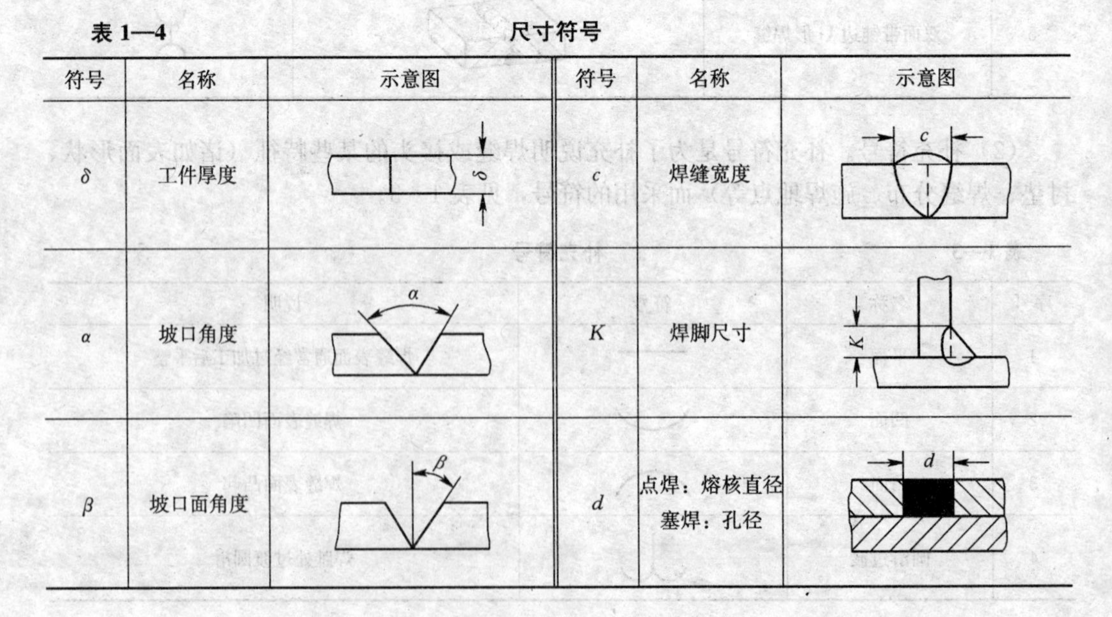

| 符号 | 名称 | 示意图 | 符号 | 名称 | 示意图 |
|---|---|---|---|---|---|
| $\delta$ | 工件厚度 | | $c$ | 焊缝宽度 | |
| $\alpha$ | 坡口角度 | | $K$ | 焊脚尺寸 | |
| $\beta$ | 坡口面角度 | | $d$ | 点焊：熔核直径<br>塞焊：孔径 | |

续表

| 符号 | 名称 | 示意图 | 符号 | 名称 | 示意图 |
| --- | --- | --- | --- | --- | --- |
| $b$ | 根部间隙 | b | $n$ | 焊缝段数 | n=2 |
| $p$ | 钝边 | p | $l$ | 焊缝长度 | l |
| $R$ | 根部半径 | R | $e$ | 焊缝间距 | e |
| $H$ | 坡口深度 | H | $N$ | 相同焊缝数量 | N=3 |
| $S$ | 焊缝有效厚度 | S | $h$ | 余高 | h |



### 2. 焊缝符号在图样上的表示方法

(1) 基本符号和指引线的位置规定

1) 基本要求。在焊缝符号中，基本符号和指引线为基本要素。焊缝的准确位置通常由基本符号和指引线之间的相对位置决定，具体位置包括箭头线的位置、基准线的位置、基本符号的位置。

2) 箭头线。箭头直接指向的接头侧为“接头的箭头侧”，与之相对的则为“接头的非箭头侧”，如图 1—7 所示。

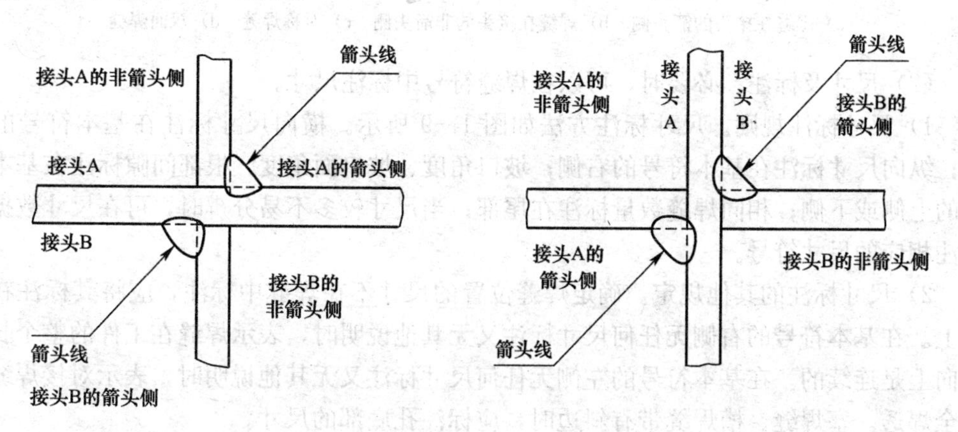


图 1—7　接头的“箭头侧”及“非箭头侧”示例

3）基准线。基准线一般应与图样的底边平行，必要时也可与底边垂直。实线和虚线的位置可根据需要互换。

4）基本符号与基准线的相对位置。基本符号在实线侧时，表示焊缝在箭头侧，如图 1—8a 所示；基本符号在虚线侧时，表示焊缝在非箭头侧，如图 1—8b 所示；对称焊缝允许省略虚线，如图 1—8c 所示；在明确焊缝分布位置的情况下，有些双面焊缝也可省略虚线，如图 1—8d 所示。

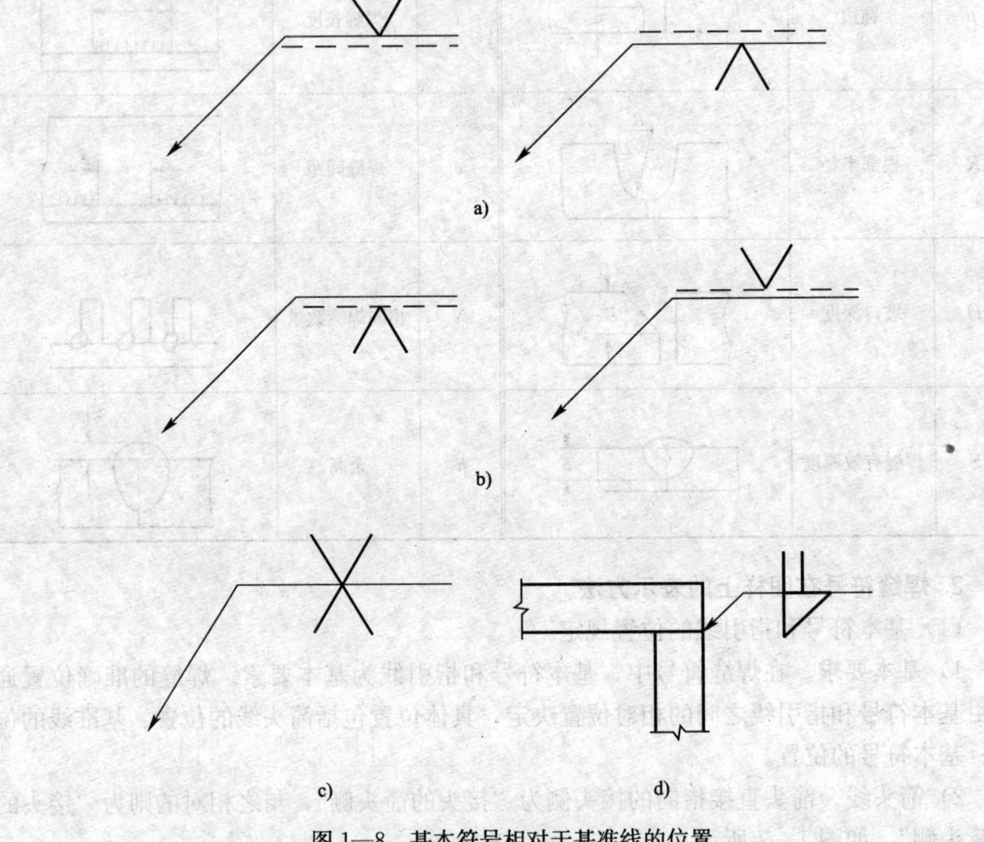


图 1—8　基本符号相对于基准线的位置

a）焊缝在接头的箭头侧　b）焊缝在接头的非箭头侧　c）对称焊缝　d）双面焊缝

(2) 尺寸及标注。必要时，可以在焊缝符号中标注尺寸。

1）尺寸标注规则。尺寸标注方法如图 1—9 所示。横向尺寸标注在基本符号的左侧；纵向尺寸标注在基本符号的右侧；坡口角度、坡口面角度、根部间隙标注在基本符号的上侧或下侧；相同焊缝数量标注在尾部；当尺寸较多不易分辨时，可在尺寸数据前标注相应的尺寸符号。

2）尺寸标注的其他规定。确定焊缝位置的尺寸不在焊缝中标注，应将其标注在图样上。在基本符号的右侧无任何尺寸标注又无其他说明时，表示焊缝在工件的整个长度方向上是连续的。在基本符号的左侧无任何尺寸标注又无其他说明时，表示对接焊缝应完全焊透。塞焊缝、槽焊缝带有斜边时，应标注孔底部的尺寸。

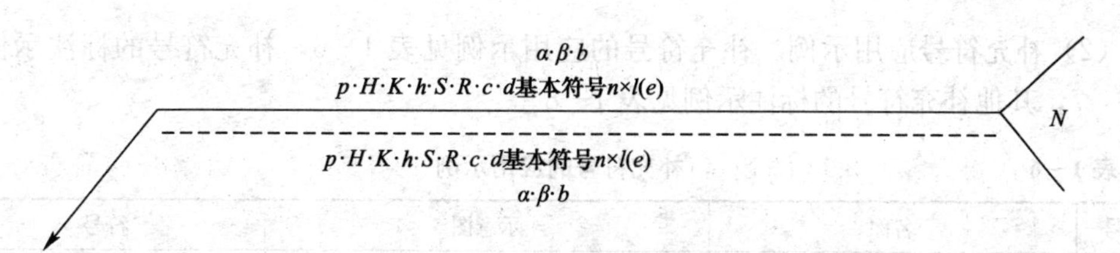


图 1—9　尺寸标注方法

### 3. 焊缝符号的应用示例

（1）基本符号应用示例。基本符号的应用示例见表 1—5。

**表 1—5　　基本符号的应用示例**

| 序号 | 符号 | 示意图 | 标注示例 |
| --- | --- | --- | --- |
| 1 |  |  | 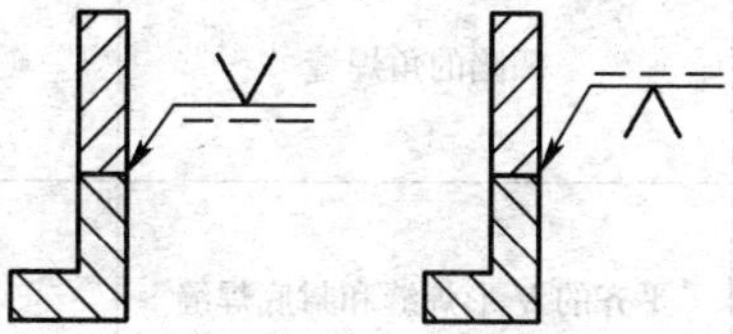 |
| 2 |  | 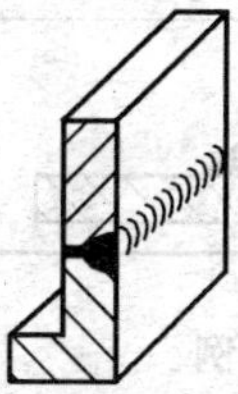 | 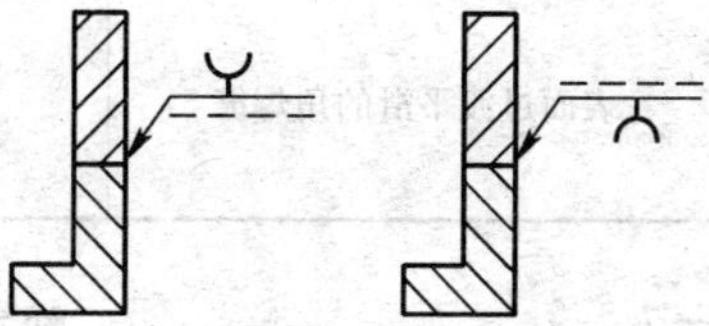 |
| 3 | 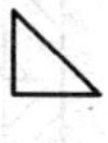 | 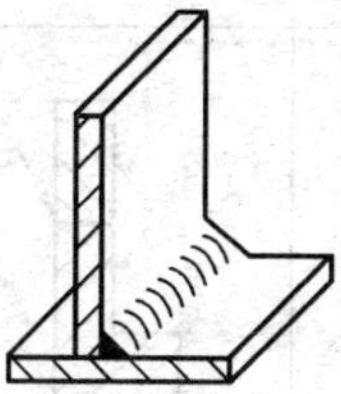 | 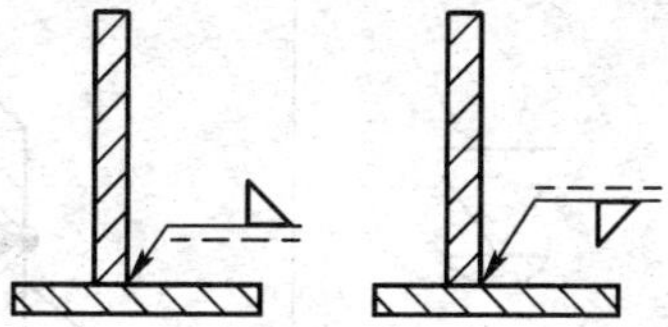 |
| 4 |  | 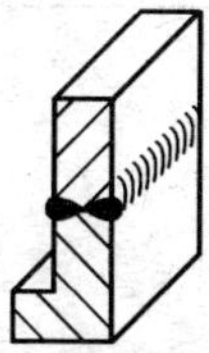 | 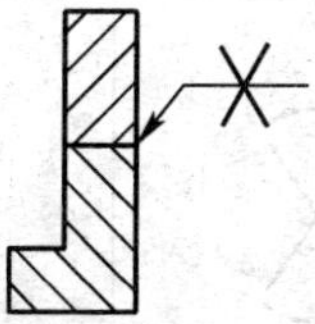 |
| 5 |  | 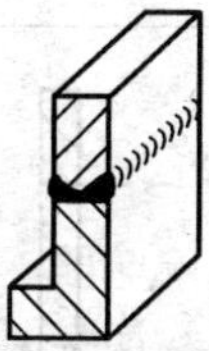 | 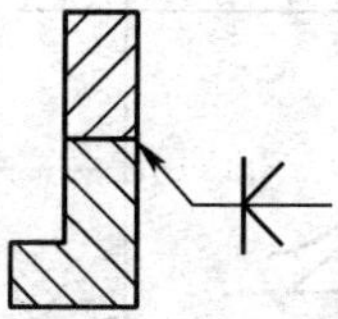 |

（2）补充符号应用示例。补充符号的应用示例见表1—6，补充符号的标注示例见表1—7，其他补充符号的标注示例见表1—8。

表1—6　　补充符号的应用示例

| 序号 | 名称 | 示意图 | 符号 |
| --- | --- | --- | --- |
| 1 | 平齐的V形焊缝 |  |  |
| 2 | 凸起的双面V形焊缝 |  |  |
| 3 | 凹陷的角焊缝 | 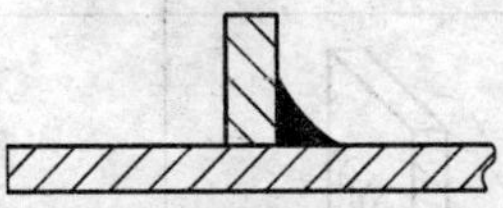 |  |
| 4 | 平齐的V形焊缝和封底焊缝 |  |  |
| 5 | 表面过渡平滑的角焊缝 | 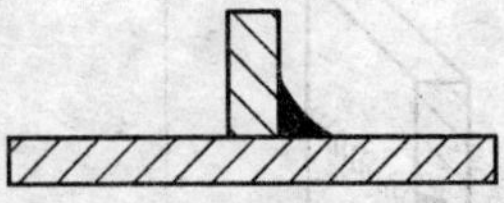 |  |

表1—7　　补充符号的标注示例

| 序号 | 符号 | 示意图 | 标注示例 |
| --- | --- | --- | --- |
| 1 |  | 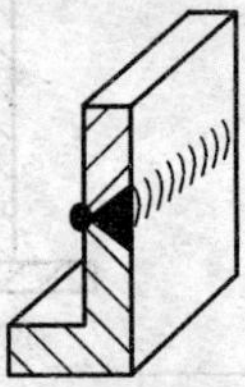 | 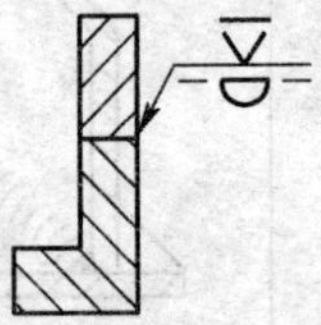 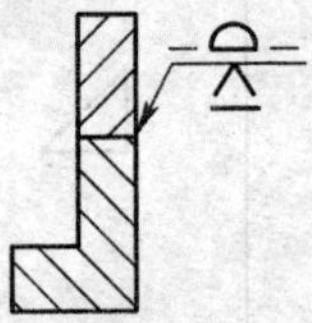 |
| 2 |  | 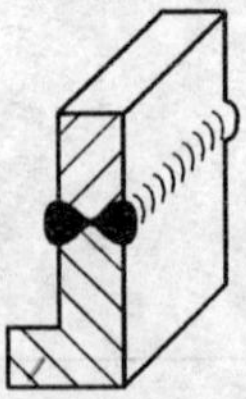 | 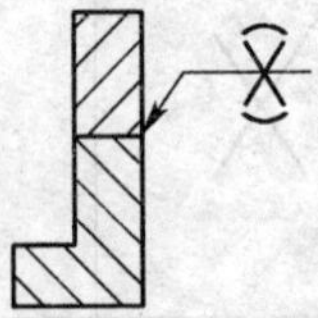 |
| 3 |  | 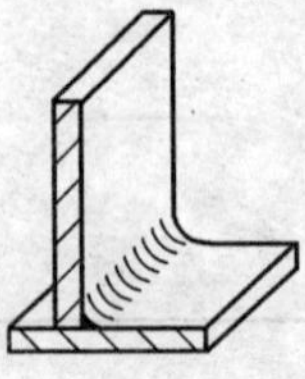 | 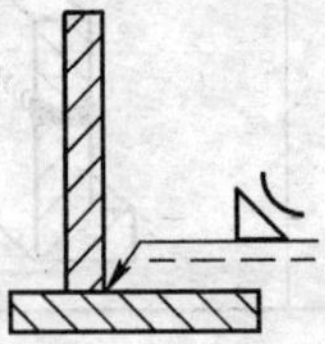 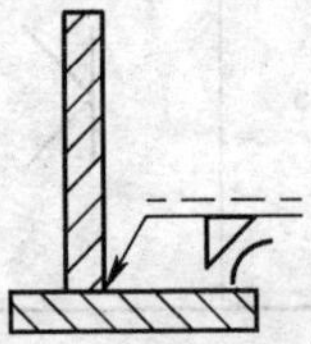 |

表 1—8　　其他补充符号的标注示例

| 序号 | 名称 | 示意图 | 说明 |
| --- | --- | --- | --- |
| 1 | 周围焊缝 | 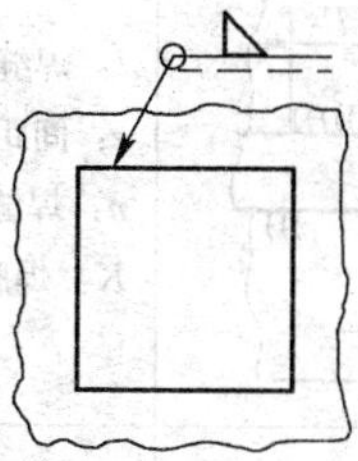  | 焊缝围绕工件周边时，采用圆形符号标注 |
| 2 | 现场焊缝 | 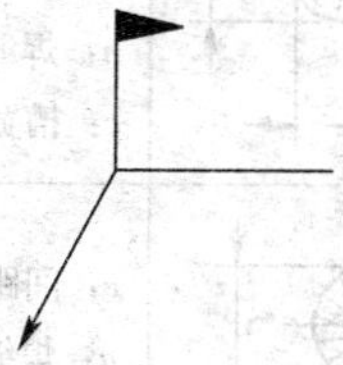  | 小旗表示野外或现场焊缝 |
| 3 | 焊接方法的标注 | 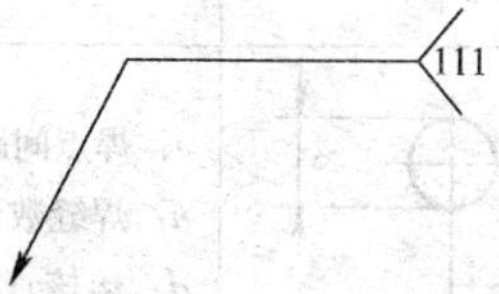 111 | 需要时，可以在尾部标注焊接方法代号 |

（3）尺寸标注示例。尺寸标注示例见表 1—9。

表 1—9　　尺寸标注示例

| 序号 | 名称 | 示意图 | 尺寸符号 | 标注方法 |
| --- | --- | --- | --- | --- |
| 1 | 对接焊缝 | 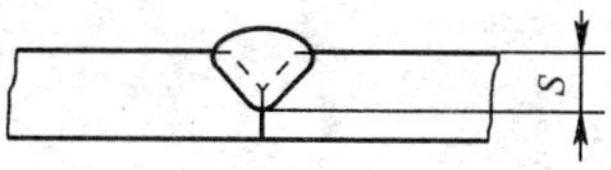 $S$ | $S$：焊缝有效厚度 |  $S$ |
| 2 | 连续角焊缝 | 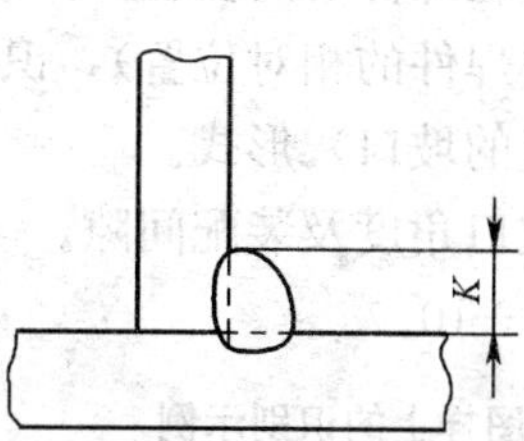 $K$ | $K$：焊脚尺寸 | 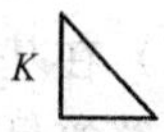 $K$ |
| 3 | 断续角焊缝 | 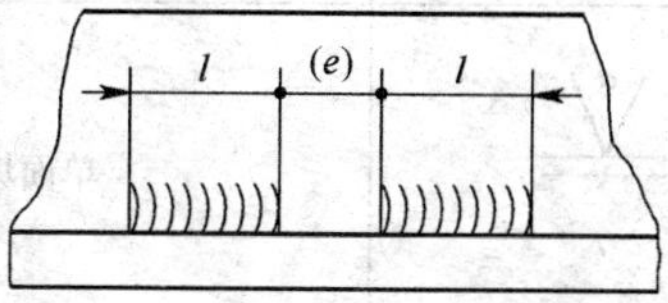 $l$　$(e)$　$l$ | $l$：焊缝长度<br>$e$：间距<br>$n$：焊缝段数<br>$K$：焊脚尺寸 | 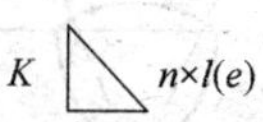 $K$　$n\times l(e)$ |

单元 1

续表

| 序号 | 名称 | 示意图 | 尺寸符号 | 标注方法 |
| --- | --- | --- | --- | --- |
| 4 | 交错断续角焊缝 | 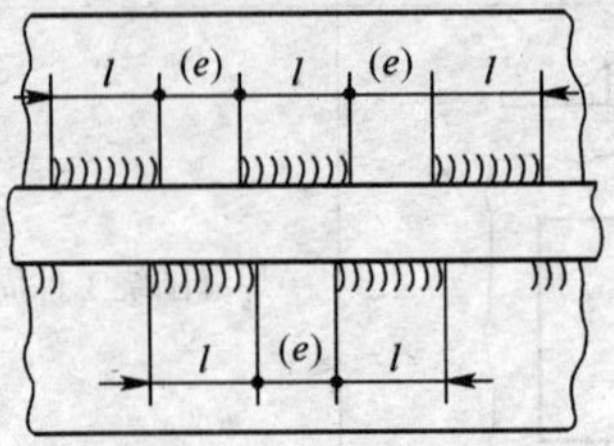 | $l$：焊缝长度<br>$e$：间距<br>$n$：焊缝段数<br>$K$：焊脚尺寸 | 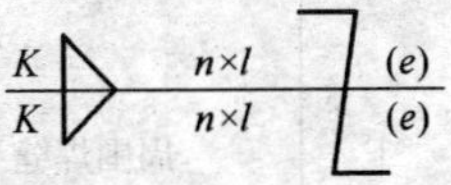 $K$ $n×l$ $(e)$<br>$K$ $n×l$ $(e)$ |
| 5 | 槽焊缝 | 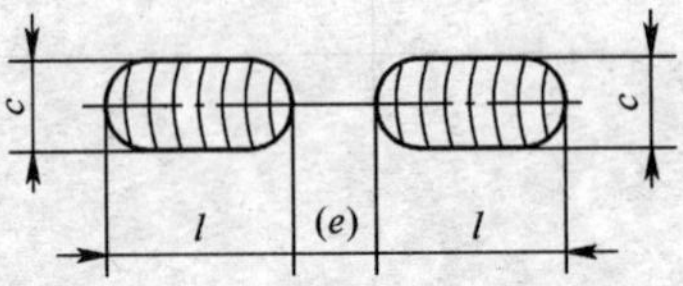 | $l$：焊缝长度<br>$e$：间距<br>$n$：焊缝段数<br>$c$：槽宽 | 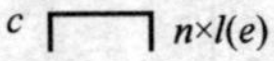 $c$ ⊓ $n×l(e)$ |
| 6 | 塞焊缝 | 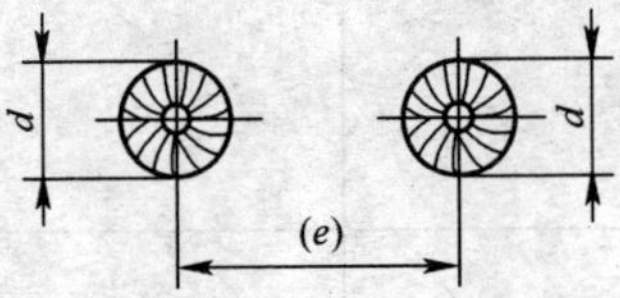 | $e$：间距<br>$n$：焊缝段数<br>$d$：孔径 | 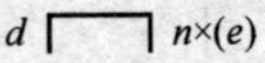 $d$ ⊓ $n×(e)$ |
| 7 | 点焊缝 | 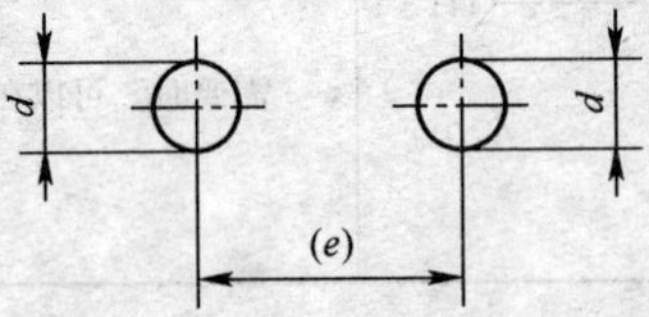 | $e$：焊点间距<br>$n$：焊缝数量<br>$d$：熔核直径 | 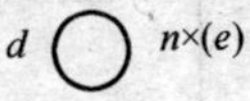 $d$ ○ $n×(e)$ |
| 8 | 缝焊缝 | 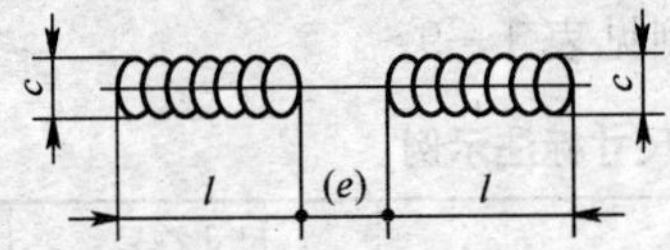 | $l$：焊缝长度<br>$e$：间距<br>$n$：焊缝段数<br>$c$：焊缝宽度 | 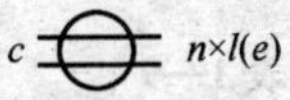 $c$ ⊖ $n×l(e)$ |

**4. 焊缝符号在图样上的识别**

焊缝符号在图样上识别的原则如下：

（1）根据箭头线的指引方向了解焊缝在焊件上的位置。

（2）看图样上焊件的结构形式（组焊焊件的相对位置），识别出接头形式。

（3）通过基本符号识别焊缝（即焊缝的坡口）形式。

（4）在基本符号的上（下）方标注坡口角度及装配间隙。

焊缝符号在图样上的识别示例见表 1—10。

**表 1—10　　焊缝符号在图样上的识别示例**

| 焊缝形式 | 图样代号 | 备注 |
| --- | --- | --- |
| 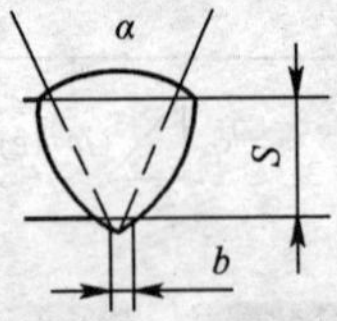 | 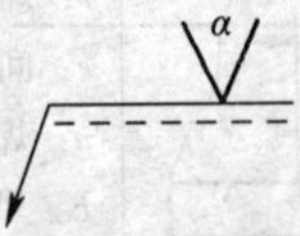 | 单面坡口对接焊缝 |

续表

| 焊缝形式 | 图样代号 | 备注 |
| --- | --- | --- |
| b | b | 不开坡口，双面对接焊缝 |
| K | K | 单边角焊缝 |
| L e | K n×L (e)<br>K n×L (e) | 交错双面角焊缝 |
| α b | α b | 单面坡口带垫板对接焊缝，要求焊缝表面平整 |
| α b | α b | 单面坡口带封底对接焊缝 |
| α p b α | α b p | 对称 X 形坡口双面对接焊缝 |
| $\alpha_1$ p b H $\alpha_2$ | $\alpha_1$ p H $\alpha_2$ | 不对称 X 形坡口双面对接焊缝 |

## 三、焊接装配图的识读

装配图是表达机器或零部件的工作原理、结构形状和装配关系的图样。焊接装配图是指实际生产中的产品零部件或组件的工作图。它与一般装配图的不同之处在于图中必须清楚表示与焊接有关的问题，如坡口与接头形式、焊接方法、焊接材料型号和焊接及验收技术要求等。焊接装配图示例如图 1—10 所示。

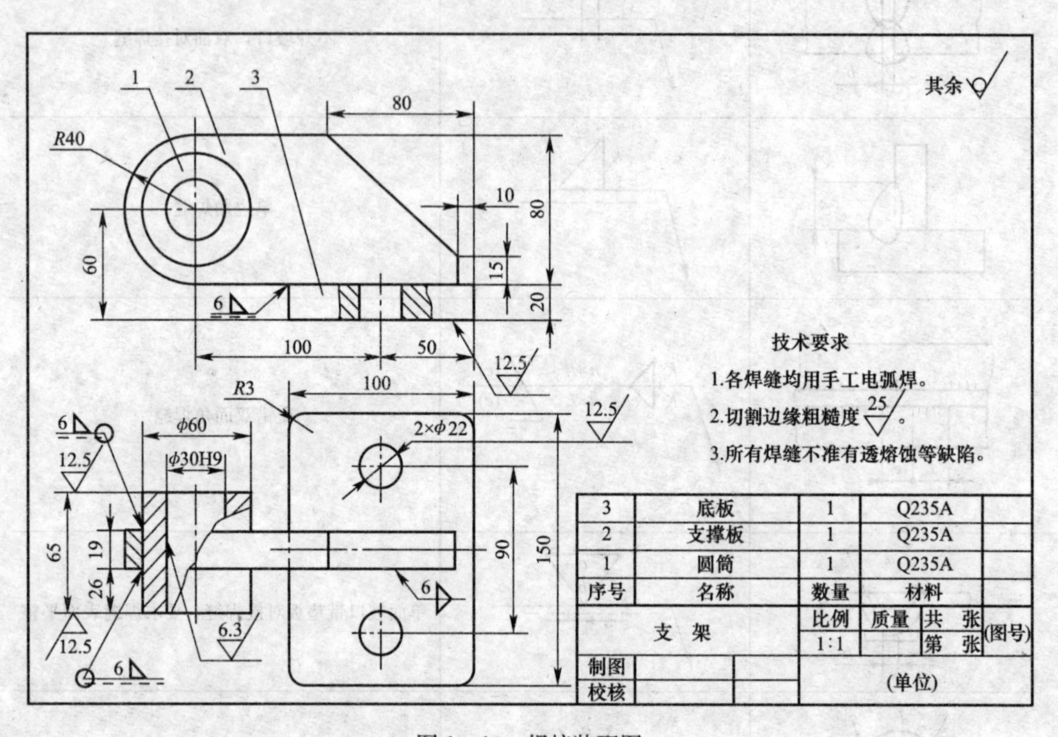


| 3 | 底板 | 1 | Q235A | |
|---|---|---|---|---|
| 2 | 支撑板 | 1 | Q235A | |
| 1 | 圆筒 | 1 | Q235A | |
| 序号 | 名称 | 数量 | 材料 | |
| 支 架 | | 比例 1:1 | 质量 | 共 张 第 张 (图号) |
| 制图 | | | (单位) | |
| 校核 | | | | |

图 1—10　焊接装配图



识读焊接装配图的方法和步骤如下：

**1. 看标题栏和明细栏，做概况了解**

了解装配体的名称、性能、功用和零件的种类、名称、材质、厚度、数量及其在装配图上的位置。

**2. 分析视图**

了解物体的尺寸及形状，分析整个装配图上有哪些视图，采用什么剖切方法，表达的重点是什么，反映哪些装配关系，零件之间的连接方式如何，了解有关的焊接坡口形状、焊缝尺寸、焊接方法等。

**3. 分析零件**

主要是了解零件的主要作用和基本形式，以便弄清楚装配体的工作原理、装配关系等。

**4. 了解技术要求**

了解设计图样或设计技术文件中的技术要求。

# 第三节 化学基本知识

→ 熟悉常见的化学元素符号
→ 掌握书写化学方程式的原则及注意事项

## 一、化学元素符号

### 1. 元素

自然界是由物质构成的，构成物质的微粒有分子、原子、离子等。有些物质是由分子构成的，有些物质是由原子构成的，还有些物质是由离子构成的。

具有相同核电荷数（即质子数）的同一类原子叫做元素。也就是说，同种元素原子的原子核中质子数相同。如氢、氧、金、铁、镍、铬、碳、钨等，都称为化学元素或简称元素。

元素大多数是在自然界中自然存在的。但由于科学的发展，人们根据理论的预测也造出了一些人造元素。到目前为止，人类已经发现自然界存在的元素有 94 种，人造元素有 15 种，合计 109 种。元素的性质是由元素的原子结构决定的。只有了解了元素的原子结构，才能深刻地认识元素的性质。

### 2. 元素符号

元素符号在冶金、焊接、化工等领域是经常使用的。在国际上，各种元素用不同的符号来表示，表示元素的化学符号叫做元素符号，元素符号在国际上是通用的。

元素符号通常用元素的拉丁文名称的第一个字母（大写）来表示，如用“C”表示碳元素。如果几种元素的拉丁文名称的第一个字母相同，就在第一个字母后面加上元素名称中另一个字母（小写）以示区别，例如用“Co”表示钴元素。常用化学元素及其符号对照见表 1—11。

**表 1—11　常用化学元素及其符号对照**

| 原子序数 | 元素名称 | 元素符号 | 原子序数 | 元素名称 | 元素符号 | 原子序数 | 元素名称 | 元素符号 |
|---|---|---|---|---|---|---|---|---|
| 1 | 氢 | H | 6 | 碳 | C | 11 | 钠 | Na |
| 2 | 氦 | He | 7 | 氮 | N | 12 | 镁 | Mg |
| 3 | 锂 | Li | 8 | 氧 | O | 13 | 铝 | Al |
| 4 | 铍 | Be | 9 | 氟 | F | 14 | 硅 | Si |
| 5 | 硼 | B | 10 | 氖 | Ne | 15 | 磷 | P |

续表

| 原子序数 | 元素名称 | 元素符号 | 原子序数 | 元素名称 | 元素符号 | 原子序数 | 元素名称 | 元素符号 |
|---|---|---|---|---|---|---|---|---|
| 16 | 硫 | S | 29 | 铜 | Cu | 50 | 锡 | Sn |
| 17 | 氯 | Cl | 30 | 锌 | Zn | 51 | 锑 | Sb |
| 18 | 氩 | Ar | 31 | 镓 | Ga | 53 | 碘 | I |
| 19 | 钾 | K | 32 | 锗 | Ge | 58 | 铈 | Ce |
| 20 | 钙 | Ca | 33 | 砷 | As | 74 | 钨 | W |
| 21 | 钪 | Sc | 34 | 硒 | Se | 78 | 铂 | Pt |
| 22 | 钛 | Ti | 35 | 溴 | Br | 79 | 金 | Au |
| 23 | 钒 | V | 36 | 氪 | Kr | 80 | 汞 | Hg |
| 24 | 铬 | Cr | 40 | 锆 | Zr | 82 | 铅 | Pb |
| 25 | 锰 | Mn | 41 | 铌 | Nb | 83 | 铋 | Bi |
| 26 | 铁 | Fe | 42 | 钼 | Mo | 88 | 镭 | Ra |
| 27 | 钴 | Co | 47 | 银 | Ag | 90 | 钍 | Th |
| 28 | 镍 | Ni | 48 | 镉 | Cd | 92 | 铀 | U |

## 二、原子结构



### 1. 原子组成

原子是化学变化中最小的微粒，在化学反应中分子可以分为原子，而原子不能再分，即在化学变化中不会产生新的原子。原子是由居于中心的带正电的原子核和核外带负电的电子构成的。由于在原子中，原子核所带的正电荷和核外电子所带的负电荷的数量相等，所以原子呈中性，一旦这两者的数量不等，原子就成为离子。原子很小，并且也在不停地运动着，但原子核又比原子小得多，它的半径约为原子半径的万分之一。原子的质量主要集中在原子核上。原子核又是由更小的质子和中子组成的。原子核带有正电荷，其核电荷数等于核内质子数，中子不显电性。

### 2. 原子核外电子排布

电子作为一种微观粒子，在原子空间内作高速运动，并且没有确定的运动轨道，只能指出在原子核外空间某处出现的机会多少。原子里电子能量并不相同，能量低的通常在离核近的区域运动，能量高的通常在离核远的区域运动。通常用电子层来表明运动的电子离核远近的不同。所谓电子层就是指根据电子能量的差异和通常运动区域离原子核的远近不同，将核外电子分成不同的电子层。

电子可以分成能量相近的若干电子组，每一个电子组就是一个电子层。依据能量的高低，把能量最低、离核最近的叫做第一层，能量稍高、离核稍远的叫做第二层，依次类推。

### 3. 元素周期表

按照核电荷数由小到大的顺序给元素编号，这种编号就叫做原子序数。原子序数在数值上与该原子的核电荷数相等。研究表明：随着原子序数的递增，元素原子的最外层电子排布呈周期性变化。元素的化学性质是由原子结构决定的，元素的金属性和非金属性也随着原子序数的递增而呈现周期性变化。以上这些周期性变化归纳起来有一个规律，就是元素的性质随着元素原子序数的递增而呈现周期性的变化，这个规律就叫做元素周期律。

元素周期表是根据元素周期律，把电子层数相同的各种元素，按照原子序数递增的顺序从左到右排成横行，再把不同横行中最外层的电子数相同的元素，按电子层数递增顺序由上而下排成纵行，这样就可以得到一个元素的排列表，这个表就叫做元素周期表。

元素周期表是元素周期律的具体表现形式。它反映了元素之间相互联系的规律，是了解各元素化学性质的重要工具。

**4. 分子式**

分子式是用元素符号来表示物质分子组成的式子。分子分为单质和化合物，每种分子仅有一个分子式。

氮气、氧气等由同种元素组成的物质，一个分子里有两个原子，它们的分子式分别表示为 $N_2$、$O_2$，而氦气、氖气等稀有气体的分子由单个原子组成，因此它们的元素符号就是分子式，写成 He、Ne。另外，有些固态单质由于组成较复杂，为了书写和记忆方便，通常用元素符号表示分子式，如碳、铁、铜、硫等，分子式可以写成 C、Fe、Cu、S。

化合物是由一种以上元素组成的物质，书写化合物分子式时，先写出组成化合物的元素符号，然后在各元素符号的右下角用数字标出分子中所含元素的原子数。如碳酸钙的分子式为 $CaCO_3$，氧化铝的分子式为 $Al_2O_3$，二氧化碳的分子式为 $CO_2$。

分子式的含义：

（1）表示一种物质。

（2）表示该物质的一个分子。

（3）表示组成该物质的各种元素。

（4）表示物质的一个分子中各种元素的原子个数。

（5）表示该物质的相对分子质量。

## 三、化学反应

**1. 化学方程式**

用分子式表示化学反应的式子叫做化学方程式。

化学方程式是化学反应简明的表达形式。它从“质”和“量”两个方面表达了化学反应的意义。“质”的含义是指什么物质参加了反应，生成了什么物质，以及反应是在什么条件下进行的。“量”的含义是从宏观看表示各反应物、生成物间的质量比，如果反应物都是气体，还能表示它们在反应时的体积比；从微观看，如果各反应物、生成物都是由分子构成的，那么化学方程式还表示各反应物、生成物间的分子个数比。

（1）书写化学方程式的原则

1）以客观事实为基础。化学方程式是化学反应的表达形式，显然，有某一反应存在，才能用化学方程式表达；没有这种反应存在，就不能随意写化学方程式。因此，掌握好反应事实是书写化学方程式的首要条件。

2）遵循质量守恒定律。化学反应前后，反应物的总质量和生成物的总质量是相等的，这是为实验所证实了的事实，是任何化学反应都遵循的基本定律，化学方程式必须科学地表达这一规律。这就要求化学方程式必须配平，即通过调整化学式前面的系数，使反应前后各元素的原子个数相等。

（2）书写化学方程式的注意事项。一个完整正确的化学方程式必须满足各种物质的化学式正确，注明必要的反应条件及配平，并标明沉淀“↓”或气体“↑”符号。为此，写方程式时要注意从以下四个方面进行检查。

1）查化学式。化学式写错是写化学方程式时最常见的错误，这是根本性的错误。化学式是化学方程式的基础，化学式写错，就等于该反应不存在。

2）查配平。化学反应是遵循质量守恒定律的，化学方程式没有配平，无疑是违背了质量守恒定律的，这样的方程式当然是错的。化学方程式不配平，还会导致利用化学方程式进行的计算发生错误。所以，写化学方程式时必须注意检查化学方程式是否配平，要逐步掌握配平化学方程式的技能。

3）查反应条件。不少化学反应是在一定条件下发生的，缺少了反应条件，有的反应是不能发生的，或进行得很慢。化学反应常有这样的情况：反应物相同，但由于反应条件不同，因而会得到不同的产物。也就是说，反应条件能影响某些反应进行的方式。所以，必要的反应条件是不可缺少的。举一个常见的例子：水在直流电作用下可以分解为氢气和氧气，用化学方程式表示这一反应

$$2H_2O \xlongequal{\text{通电}} 2H_2\uparrow + O_2\uparrow$$

但是人们知道，在常温之下，水是十分稳定的化合物，根本不会分解成氢气和氧气。很明显，“直流电”这个反应条件非常重要，不能遗漏。

4）查标号。检查在生成物的化学式旁边是否正确标明了沉淀符号“↓”或气体符号“↑”。

坚持“四查”，可以有效地防止写化学方程式时出现错误，确保用正确的、完整的化学方程式表达化学反应事实。

**2. 化学反应**

（1）氧化反应。物质跟氧发生的化学反应称为氧化反应。如：

$$2Mg + O_2 = 2MgO$$

$$S + O_2 = SO_2$$

物质发生氧化反应时，组成该物质的某元素的化合价必然升高。因此，氧化反应的广义理解应该是：物质所含元素化合价升高的反应，即失去电子或电子偏离的反应都是氧化反应。因而有些没有氧气或氧元素参加的反应，只要该物质中某元素在反应中化合价升高，该物质发生的反应也叫氧化反应。例如：钠在氯气中燃烧。

（2）还原反应。还原反应是含氧化合物里的氧被夺去的反应，例如：

$$FeO + Mn = Fe + MnO$$

物质在发生还原反应时，组成该物质的某种元素的化合价必然降低。因此，还原反

应的广义理解应该是：物质所含元素化合价降低的反应，即得到电子或电子偏近的反应都是还原反应。

# 第四节　金属学及热处理知识

→ 掌握铁碳合金组织及钢的热处理基本知识

## 一、金属学知识

### 1. 金属的晶体结构

金属不透明、有光泽、有延展性、有良好的导电性和导热性，并且随着温度的升高，金属的导电性降低，电阻率增大，金属的这些特性，是由金属原子的结构特点和金属原子结合的特点所决定的。

在物质内部，凡是原子呈无序堆积状的，称为非晶体，凡是原子作有序、有规则排列的则称为晶体。一般的固态金属和合金都是晶体。晶体是由无数个晶粒组成的。在金属晶体中，每个晶粒内部的原子排列大体上都是整齐一致的，但是，不同晶粒中原子排列的位向并不相同，因此，在晶粒交界处，两边原子的排列不能恰好衔接一致，出现一个原子排列不太规则的过渡区，这就是晶粒界面。由于晶界的存在，破坏了整块晶体的完整性，使原子的规则排列只存在于每个晶粒内部。

为了研究原子排列的规律，近似把晶粒内部看做理想晶体，其特点是内部原子排列具有一定的几何规律，如图 1—11 所示。为了清楚表明原子在空间排列的规律，可以把原子简化成一个点，这个点代表原子的振动中心，用假想的线将这些点连接起来，就得到一个几何空间格架，称为晶格，如图 1—12a 所示。晶格是由许多形状、大小相同的几何单元重复堆积而成的，在晶格中取出一个完全能代表晶格的最小单元，这样的单元称为晶胞，如图 1—12b 所示。研究各种金属的晶体结构时，一般都是取出它的晶胞来研究的。

图 1—11　晶体内部原子排列

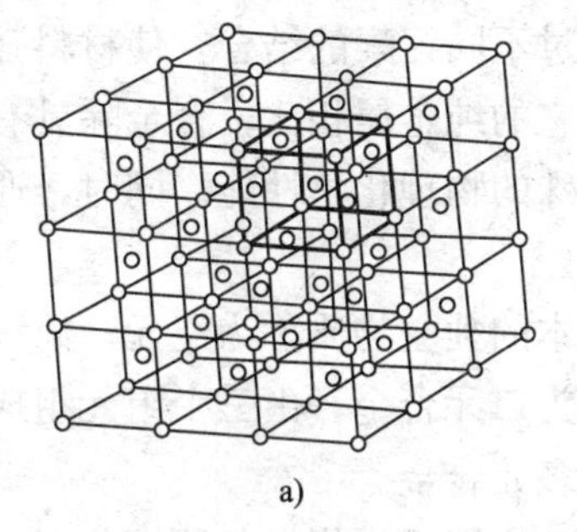

a)

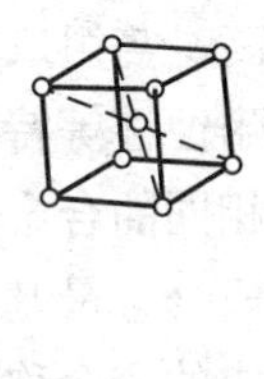

b)

图 1—12　晶格、晶胞示意图

a）晶格　b）晶胞

单元 1

金属的晶格类型很多，最典型、最常见的金属晶体结构有三种：体心立方晶格、面心立方晶格和密排六方晶格，如图1—13所示。

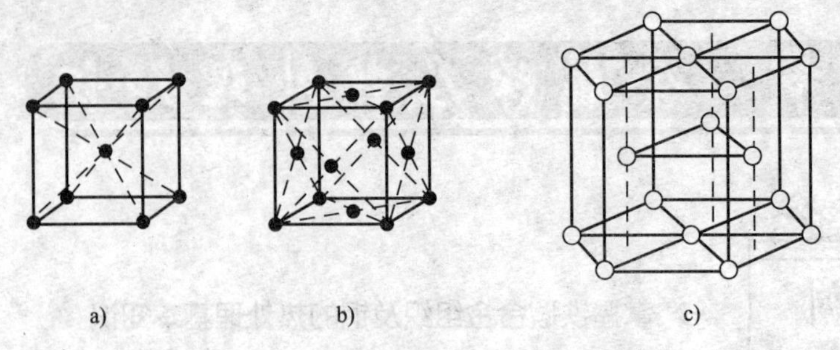


图1—13　晶体内部原子排列示意图

a）体心立方晶格　b）面心立方晶格　c）密排六方晶格

体心立方晶格的晶胞是一个立方体，原子位于立方体的八个顶角上和立方体的中心。纯铁在912℃以下就具有体心立方晶格，称为α-Fe，具有体心立方晶格的金属还有δ-Fe、Cr、Mo、W、V、Nb等。

面心立方晶格的晶胞也是一立方体，原子位于立方体的八个顶角上和立方体六个面的中心。纯铁在912～1 394℃的温度区间内就具有面心立方晶格，称为γ-Fe，属于这种晶格的金属还有Cu、Al、Ag、Ni、β-Co、γ-Mn等。

密排六方晶格的晶胞是个正六棱柱体，原子排列在柱体的每个角上和上下底面的中心，另外还有三个原子排列在柱体内，属于这种晶格的金属有Mg、Zn、Be、Cd、α-Ti等。



晶格中原子的排列、密度对金属的塑性变形能力影响很大，如面心立方晶格的金属塑性好，密排六方晶格的金属塑性较差。

晶格中原子排列越紧密，相同数量的原子所占的空间体积越小，反之越大。由于面心立方晶格比体心立方晶格原子排列得紧密，当金属晶体结构由面心立方晶格转变为体心立方晶格时，会发生体积膨胀，所以钢在淬火时因相变会发生体积变化。

此外，金属的其他性能，如导电性、磁性等，也与晶体结构有着密切的联系。

**2. 合金的相结构**

合金是由两种或两种以上的金属元素或金属元素与非金属元素组成的，具有金属特性的物质。合金通过不同元素的结合，使材料强度、硬度、耐磨性得到改善，工艺性能得到提高。与组成它的纯金属相比，合金除具有更高的力学性能外，有的还可能具有强磁性、耐蚀性等特殊的物理化学性能。同时，通过调节其组成的比例，来获得一系列性能各不相同的合金。

组成合金最基本的独立物质称为组元，简称元。组元就是组成合金的元素。由两个组元组成的合金称为二元合金，由三个组元组成的合金称为三元合金，由三个以上组元组成的合金则称为多元合金。

合金的性能比纯金属更为优异的原因是组成合金的元素相互作用而形成各种不同的相。相是指合金中具有同一化学成分、同一结构和原子聚集状态，并以界面互相分开、均匀的组成部分。在二元以及更多组元的合金中，由于组元的相互作用，可能形成更多不同的相，在金属或合金中由于形成的条件不同，各种相将以不同的数量、形状、大小互相组合，使金属或合金具有各种不同的组织。

固态合金中，基本的相结构为固溶体和金属化合物。

(1) 固溶体。固溶体是指合金中某一组元溶解其他组元，或组元之间相互溶解而形成的一种均匀的固相。在固溶体中保持原子晶格不变的组元称为溶剂，而分布在溶剂中的另一组元称为溶质。当两种原子直径大小相近时，溶质原子置换了溶剂晶格中某些结点位置上的溶剂原子而形成的固溶体，称为置换固溶体，如图 1—14a 所示。如果溶质原子分布在溶剂晶格的间隙处，则称为间隙固溶体，如图 1—14b 所示。

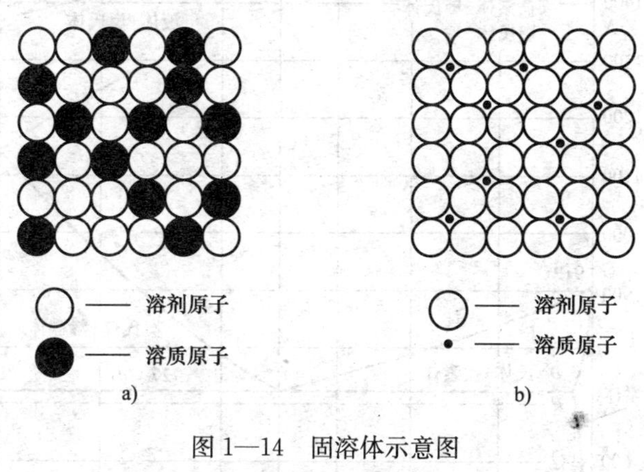


图 1—14　固溶体示意图

a) 置换固溶体　b) 间隙固溶体



在固溶体中，随着溶质原子的溶入及其浓度的增加，使溶剂晶格发生畸变，固溶体的强度、硬度升高，物理性能也发生变化。溶质原子使固溶体的强度和硬度升高的现象称为固溶强化，它是提高合金材料力学性能的重要途径之一。

(2) 金属化合物。合金组元间发生相互作用而形成一种具有金属特性的物质称为金属化合物。金属化合物的晶格类型和性能完全不同于任一组元，可用化学分子式来表示。金属化合物一般均具有较高的熔点、较高的硬度及较大的脆性，当合金中出现金属化合物时，将使合金的强度、硬度及耐磨性提高，但将使其塑性降低。如钢中的碳化铁 ($Fe_3C$)、氮化铁 ($Fe_4N$)，会使钢强度、硬度提高，韧性下降；FeS 使钢变脆。不锈钢 (尤其是高铬铁素体不锈钢) 在焊接时，可能产生 σ 相 (FeCr)，也是一种硬而脆的金属化合物，同时，σ 相的产生还会降低焊接接头的耐蚀性能。

(3) 混合物。两种或两种以上的相按一定质量分数组成的物质称为混合物。混合物中，各组成部分仍保持自己原来的晶格。混合物的性能取决于各组成相的性能，以及它们分布的形态、大小和数量。

## 二、铁碳合金相图的结构及应用

### 1. 铁碳合金相图的结构

合金的组织比纯金属复杂，为研究合金的组织与性能的关系，必须探求合金中各种组织形成及变化的规律。铁碳合金相图不仅可以表明平衡条件下任一铁碳合金的成分、温度与组织之间的关系，而且可以推断其性能与成分或温度的关系，因此，铁碳合金相图是研究钢铁的成分、组织和性能之间关系的理论基础，也是制定各种热加工工艺的依据。

铁碳合金相图表明了不同含碳量的各种铁碳合金在不同温度下的组织。含碳量小于2%的铁碳合金相图，是钢的相图，如图 1—15 所示。图中纵坐标表示温度，横坐标表示碳的百分含量。相图主要由标志某些特性的点和线组成。

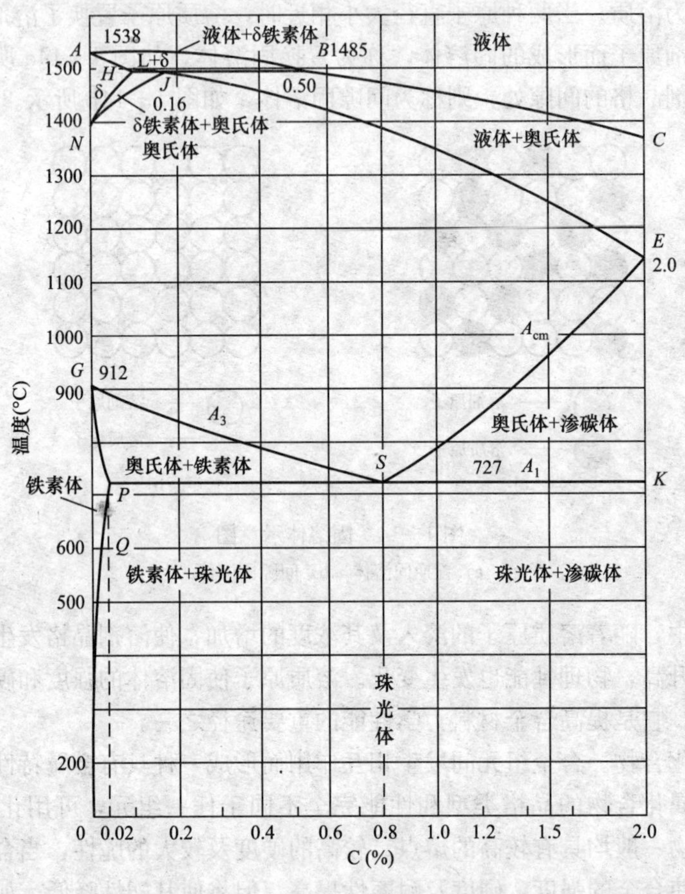

图 1—15　铁碳合金相图（钢的部分）

## 2. 钢的相图中的特性点

钢的相图中各重要点的特性及含碳量、温度值见表 1—12。

**表 1—12　钢的相图中的特性点**

| 特性点 | 温度（℃） | 碳含量（%） | 说明 |
|---|---|---|---|
| *A* | 1 538 | 0 | 纯铁的熔点 |
| *B* | 1 485 | 0.50 | 包晶转变时液态合金的浓度 |
| *E* | 1 148 | 2.11 | 碳在 γ - Fe 中的最大溶解度 |
| *G* | 912 | 0 | α - Fe ⇌ γ - Fe 纯铁的同素异晶转变点 |

续表

| 特性点 | 温度（℃） | 碳含量（%） | 说明 |
|---|---|---|---|
| $H$ | 1 495 | 0.09 | 碳在 δ－Fe 中的最大溶解度 |
| $J$ | 1 495 | 0.17 | 包晶点 $L_B+\delta_H \rightleftharpoons A$ |
| $N$ | 1 394 | 0 | γ－Fe ⇌ δ－Fe 同素异晶转变点 |
| $P$ | 727 | 0.021 8 | 碳在 α－Fe 中的最大溶解度 |
| $S$ | 727 | 0.77 | 共析点 $A \rightleftharpoons F+Fe_3C$ |
| $Q$ | 600 | 0.01 | 碳在 α－Fe 中的溶解度 |

**3. 钢的相图中的特性线**

*ABC* 线为合金的液相线，钢加热到此线以上的相应温度时，全部变成液态，而冷却到此线时，开始结晶出现固相。

*AHJE* 线为铁碳合金的固相线，钢加热到此线相应的温度，开始出现液相，而冷却到此线时全部变成固相。

*ES* 线是碳在奥氏体中的溶解度线，常用 $A_{cm}$ 表示。从线上可以看出，1 148℃时 γ－Fe中溶解的含碳量最大为 2.065，在 727℃溶解的含碳量为 0.8%。因此，含碳量大于 0.8%的铁碳合金，自 1 148℃冷却到 727℃的过程中，由于奥氏体溶解碳量的减少，将从奥氏体中析出渗碳体，一般称为二次渗碳体。

*GS* 线常用 $A_3$ 表示，它表示不同含碳量的奥氏体，冷却时奥氏体开始析出铁素体的温度线，或加热时铁素体完全转变成奥氏体的温度线。

*PQ* 线是碳在铁素体中的溶解度线。铁素体在 727℃时溶解碳量最大为 0.02%，室温时仅溶解 0.008%的碳。

*GP* 线为含碳量在 0.02%以下的铁碳合金，在冷却时奥氏体全部转变为铁素体的温度线，或在加热时铁素体开始转变为奥氏体的温度线。

*PSK* 线为共析转变线，常用 $A_1$ 表示，经过 *PSK* 线时会发生珠光体与奥氏体之间的相互转变。

**4. 钢的临界温度**

任一含碳量的碳素钢，在缓慢加热或冷却过程中其固态组织转变的临界点，都可根据铁碳合金相图上的 $A_1$ 线、$A_3$ 线、$A_{cm}$ 线来确定。通常称 $A_1$ 为下临界点，$A_3$ 和 $A_{cm}$ 为上临界点。$A_1$、$A_3$、$A_{cm}$ 点都是平衡临界点，实际转变过程不可能在平衡临界点进行。加热转变只有在平衡临界点以上才能进行，冷却转变只有在平衡临界点以下才能进行。所以，实际的加热转变点和冷却转变点都偏离平衡临界点。通常将加热转变点标以“c”，冷却转变点标以“r”。碳素钢的这些临界点在铁碳合金相图上的位置如图 1—16 所示。

这几个实际转变点的物理意义如下：

$Ac_1$：加热时珠光体向奥氏体转变的开始温度；

$Ar_1$：冷却时奥氏体向珠光体转变的开始温度；

$Ac_3$：加热时游离铁素体全部转变为奥氏体的终了温度；

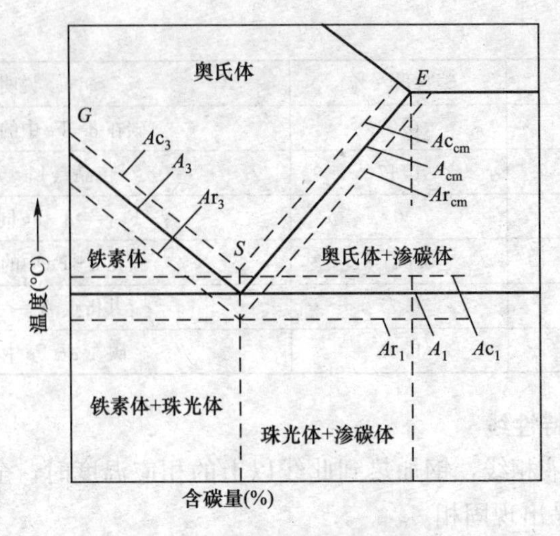


图 1—16　钢在加热或冷却时各临界点的位置

$Ar_3$：冷却时奥氏体开始析出游离铁素体的温度；

$Ac_{cm}$：加热时二次渗碳体全部溶入奥氏体的终了温度；

$Ar_{cm}$：冷却时奥氏体开始析出二次渗碳体的温度。

**5. 铁碳合金的基本组织**

（1）铁素体。碳溶解在 α-Fe 中形成的间隙固溶体为铁素体，用符号 F 来表示。由于 α-Fe 是体心立方晶格，晶格间隙较小，所以碳在 α-Fe 中溶解度较低，在 727℃时，α-Fe 中最大溶碳量仅为 0.021 8%，并随温度降低而减少；室温时，碳的溶解度降到 0.008%。由于铁素体的含碳量低，所以铁素体的性能与纯铁相似，即具有良好的塑性和韧性，强度和硬度较低。

（2）奥氏体。碳溶解在 γ-Fe 中所形成的间隙固溶体，称为奥氏体，用符号 A 来表示。由于 γ-Fe 是面心立方晶格，晶格的间隙较大，故奥氏体的溶碳能力较强。在 1 148℃时溶碳量可达 2.11%，随着温度下降，溶解度逐渐减少，在 727℃时，溶碳量为 0.77%。

奥氏体的强度和硬度不高，没有磁性，具有良好的塑性，是绝大多数钢在高温下进行锻造和轧制时所要求的组织。

（3）渗碳体。是含碳量为 6.69%的铁与碳的金属化合物。其分子式为 $Fe_3C$，常用符号 Cm 表示。渗碳体具有复杂的斜方晶体结构，它与铁和碳的晶体结构完全不同。它的熔点为 1 227℃，不发生同素异构转变。渗碳体的硬度很高，塑性很差，是一种硬而脆的组织。

（4）珠光体。是铁素体和渗碳体的机械混合物，用符号 P 表示。根据渗碳体的形状，珠光体分为片状珠光体和粒状珠光体两种。根据渗碳体的大小，又可分为珠光体、索氏体（细珠光体）、屈氏体（极细珠光体）三种。珠光体、索氏体、屈氏体三者实质是同一组织，只是渗碳体片的厚度不同，因而片层间距不同而已。

珠光体的力学性能介于铁素体和渗碳体之间，其硬度适中、强度比铁素体高，但脆性并不大，同时具有良好的塑性和韧性。

(5) 马氏体。是碳溶于 α－Fe 中形成的过饱和固溶体，用符号 M 表示。奥氏体发生转变时，如果冷却速度快，使碳原子来不及析出而被迫固溶于晶格中，呈过饱和状态，即形成马氏体。这时晶格发生畸变，并在晶粒之间产生内应力，增大了金属抵抗塑性变形的能力，使之具有较高的硬度和强度，但塑性和韧性极低，低得几乎不能承受冲击载荷。

高碳淬火马氏体（也称片状马氏体）具有很高的硬度和强度，但很脆；低碳回火马氏体（也称条状马氏体）则具有相当高的强度和较好的韧性。马氏体加热后易分解成其他组织。

(6) 莱氏体。是含碳量为 4.3％的合金，在 1 148℃时从液相中同时结晶出来奥氏体和渗碳体的混合物，用符号 Ld 表示。由于奥氏体在 727℃时还将转变为珠光体，所以在室温下的莱氏体由珠光体和渗碳体组成，这种混合物仍叫莱氏体，用符号 L′d 来表示。

莱氏体的力学性能和渗碳体相似，硬度高，塑性很差。

(7) 贝氏体。是介于珠光体和马氏体之间的一种组织，是在铁素体基体上沉淀较细的碳化物（渗碳体）的混合组织，属于中温转变产物，用符号 B 表示。

在不同转变温度的条件下，贝氏体的形态和性能有很大差别，可分为上贝氏体、下贝氏体及粒状贝氏体，羽毛状的上贝氏体和针片状的下贝氏体一般出现在中碳钢和高碳钢中，在低碳钢和低碳、中碳合金钢中，会出现粒状贝氏体。粒状贝氏体的形成温度高于上贝氏体，强度低，但塑性较高，上贝氏体的韧性最差，下贝氏体具有良好的综合力学性能。

下贝氏体的性能比片状马氏体好，而上贝氏体的性能则不如条状马氏体。



## 三、钢的热处理

钢的热处理的工艺特点是：把钢在固态下加热到预定的温度，保温预定的时间，然后以预定的方式冷却下来。通过这样一个工艺过程，使钢的性能发生预期的变化。

热处理的主要目的在于改变钢的性能，即改善钢的工艺性能和提高钢的使用性能。钢的组织决定钢的性能，热处理改变钢的性能，是通过改变钢的组织来实现的。钢中组织转变的规律，就是热处理的原理。根据热处理原理制定的温度、时间、介质等参数，就是热处理工艺。

热处理的第一道工序一般都是把钢加热到临界点以上，目的是得到奥氏体组织，这是因为珠光体、贝氏体、马氏体都是由奥氏体转变成的。因此，为了获得其中任一种组织，都必须首先得到奥氏体，所以加热是热处理的第一道工序。

热处理的种类很多，主要分为退火、正火、淬火、回火及表面热处理。

### 1. 退火

将钢加热到适当温度，并保温一定时间，然后缓慢冷却（一般随炉冷却）的热处理工艺，称为退火。退火的目的是：降低钢的硬度，提高塑性，以利于切削加工及冷变形加工；细化晶粒，使钢的组织及成分均匀，改善钢的性能或为以后的热处理做准备；消除钢中的残余内应力，以防止变形和开裂。

根据退火温度、退火时间的不同，常用的退火方法可分为完全退火、球化退火、去应力退火等。

（1）完全退火。是将钢加热到 $Ac_3$ 以上 20～50℃，使钢完全奥氏体化，然后随炉冷却到 600～650℃后空冷。完全退火的目的是细化晶粒，消除过热缺陷，降低硬度，提高塑性，便于冷加工。完全退火主要用于中碳钢及低、中碳合金结构钢的锻件、铸件等。

（2）球化退火。是将钢加热到 $Ac_1$ 以上 20～50℃，使钢中的碳化物呈球状化而进行的退火。球化退火的目的是降低硬度，便于机加工，并为淬火做准备，即经过球化退火的钢在淬火加热时，奥氏体晶粒不易粗大，冷却时工件的变形和开裂倾向小。

球化退火适用于碳素工具钢、合金工具钢、轴承钢等。

（3）去应力退火。是将钢加热到略低于 $A_1$ 的温度，经保温缓慢冷却即可，在去应力退火中，钢的组织不发生变化，只是消除内应力。去应力退火是为了去除由于塑性变形、焊接等原因造成的以及铸件内存在的残余应力而进行的退火。

**2. 正火**

将钢加热到 $Ac_3$ 或 $A_{cm}$ 以上 30～50℃，保持适当的时间后，再在空气中冷却的热处理工艺称为正火。由于正火的冷却速度高于退火的冷却速度，所以，正火后得到的珠光体组织比退火后的细，一般为索氏体。

正火是为了细化晶粒，提高钢的强度并兼有良好的塑性、韧性，以具备良好的综合力学性能。正火只适用于碳素钢及低、中合金钢。



**3. 淬火**

淬火是将钢加热到临界点 $Ac_1$ 以上 30～50℃，经适当保温使钢的组织转变为奥氏体，然后在水、空气或油中以适当速度冷却，以获得马氏体或贝氏体组织的热处理工艺。

淬火是为了提高钢的强度、硬度和耐磨性，多用于某些机械零件或刃具。

**4. 回火**

钢件淬火后，再加热到 $Ac_1$ 点以下的某一温度，保温一定时间，然后冷却到室温的热处理工艺称为回火。淬火处理后得到的马氏体组织很硬、很脆，并存在大量的内应力，容易突然开裂，因此，淬火后必须经回火热处理才能使用。

回火的目的：减少或消除工件淬火时产生的内应力，防止工件在使用过程中的变形和开裂；通过回火提高钢的韧性，适当调整钢的强度和硬度，使工件达到所要求的力学性能，以满足各种工件的需要；稳定组织，使工件在使用过程中不发生组织转变，从而保证工件的形状和尺寸不变，保证工件的精度。

根据回火温度，可分为低温回火、中温回火和高温回火。

（1）低温回火。淬火钢件在 150～250℃进行的回火工艺，可降低淬火钢的脆性，消除部分淬火内应力，得到回火马氏体组织。

（2）中温回火。淬火钢件在 300～500℃之间进行的回火工艺。中温回火可得到回火托氏体组织。

（3）高温回火。淬火钢件在 500℃进行的回火工艺。高温回火可消除内应力，获得良好的综合力学性能。

淬火后再进行高温回火的复合热处理工艺称为调质处理。高温回火后，材料发生再结晶，内应力基本消除，屈服强度、塑性及韧性明显提高。高温回火后的组织为回火索氏体。

# 第五节　常用金属材料知识

→ 掌握金属材料的物理、力学性能的基本概念
→ 掌握钢材的分类方法和牌号表示方法
→ 熟悉碳素结构钢的主要成分和性能

## 一、常用金属材料的物理、力学性能

### 1. 常用金属材料的物理性能

（1）密度。金属的密度即单位体积金属的质量。一般密度小于 $5\times10^3$ kg/m³ 的金属称为轻金属，密度大于 $5\times10^3$ kg/m³ 的金属称为重金属。

（2）熔点。纯金属和合金从固态向液态转变时的温度称为熔点。纯金属都有固定的熔点，合金的熔点取决于它的成分。

（3）导热性。金属材料传导热量的性能称为导热性。合金的导热性比纯金属差。导热性是金属材料的重要性能之一，在制订焊接和热处理工艺时，必须考虑材料的导热性，防止金属材料在加热或冷却过程中形成过大的内应力，以免金属材料变形或破坏。

（4）热膨胀性。金属材料随着温度变化而膨胀、收缩的特性称为热膨胀性。热膨胀性的大小用线胀系数和体胀系数表示，体胀系数近似为线胀系数的 3 倍。在实际工作中考虑热膨胀性的地方很多，例如异种金属焊接时要考虑它们的热胀系数是否接近。

（5）导电性。金属材料传导电流的性能称为导电性。衡量金属材料导电性的指标是电阻率，电阻率越小，金属导电性越好。合金的导电性比纯金属差。

（6）磁性。金属材料在磁场中受到磁化的性能称为磁性。磁性与材料的成分和温度有关，不是固定不变的。当温度升高时，有的铁磁材料会消失磁性。

### 2. 常用金属材料的力学性能

金属材料的力学性能是指在力或能的作用下，材料所表现出来的一系列力学特性，如强度、塑性、硬度、韧性和疲劳强度等力学性能指标，反映了金属材料在各种形式外力作用下抵抗变形或破坏的能力，它们是选用金属材料的重要依据。

（1）强度。强度是指材料在外力作用下抵抗塑性变形和破裂的能力。抵抗能力越大，金属材料的强度越高。强度的大小通常用应力来表示，根据载荷性质的不同，强度可分为屈服强度、抗拉强度、抗压强度、抗剪强度、抗扭强度和抗弯强度，其中常用抗拉强度作为金属材料性能的主要指标。

1）屈服强度。钢材在拉伸过程中当载荷不再增加甚至有所下降时，仍继续发生明显的塑性变形现象，这一现象称为“屈服”，材料开始发生屈服时所对应的应力，称为屈服强度，用符号 $\sigma_s$ 表示，单位为 MPa（$N/mm^2$）。有些金属材料（如高碳钢、铸钢等）没有明显的屈服现象。测定 $\sigma_s$ 很困难，在此情况下，规定以试样长度方向产生 0.2%塑性变形时的应力作为材料的“条件屈服强度”，或称屈服极限，用 $\sigma_{0.2}$ 表示。

2）抗拉强度。拉伸试验时，材料在拉断前所承受的最大应力，称为抗拉强度，以符号 $\sigma_b$ 表示。计算式如下：

$$\sigma_b=\frac{F_b}{S_0}$$

式中 $F_b$——试样拉断前承受的最大载荷，N；

$S_0$——试样原始横截面积，$mm^2$；

$\sigma_b$——抗拉强度，MPa。

抗拉强度是材料重要的力学性能指标，当材料所受应力达到 $\sigma_b$ 时将引起破坏。工程上不仅希望材料具有较高的屈服强度，而且要求 $\sigma_b$ 比 $\sigma_s$ 大一些，即具有适当的屈强比（$\sigma_s/\sigma_b$）。屈强比小，说明材料的塑性储备较高，即使应力超过 $\sigma_s$，也不会马上断裂破坏。但屈强比过小，则会降低材料的有效利用率。

（2）塑性。塑性是金属材料在外力作用下（断裂前）发生永久变形的能力，常以金属断裂时的最大相对塑性变形来表示，如拉伸时的断后伸长率和断面收缩率。



1）伸长率。金属材料在拉伸试验时，试样被拉断后其标距部分所伸长的长度与原始标距长度的百分比，称为断后伸长率，也叫伸长率，用 $\delta$ 表示。计算式如下：

$$\delta=\frac{L_1-L_0}{L_0}\times100\%$$

式中 $L_1$——试样拉断后的标距长度，mm；

$L_0$——试样原始标距，mm；

$\delta$——伸长率，%。

2）断面收缩率。金属试样在拉断后，其缩颈处横截面积的最大缩减量与原始横截面积的百分比，称为断面收缩率，以符号 $\Psi$ 表示。计算式如下：

$$\Psi=\frac{S_0-S_1}{S_0}\times100\%$$

式中 $S_0$——试样原始横截面积，$mm^2$；

$S_1$——试样拉断后缩颈处的最小横截面积，$mm^2$；

$\Psi$——断面收缩率，%。

3）弯曲角。常温下，金属材料弯曲试验（也称冷弯试验）时，试件弯曲到受拉面出现裂纹前的最大角度，称为弯曲角。弯曲试验不仅可考核钢材及接头的塑性，还可发现受拉面材料中的缺陷及焊缝、热影响区与基体金属三者所产生的变形是否均匀、一致。

（3）硬度。材料抵抗局部变形，特别是塑性变形、压痕或划痕的能力称为硬度。硬度是衡量钢材软硬的一个指标，根据测量方法不同，其指标可分为布氏硬度（HBS）、洛氏硬度（HR）、维氏硬度（HV）。依据硬度值可近似地确定抗拉强度值。

1）布氏硬度。对一直径为 $D$（mm）的淬火钢球或硬质合金球，施以一定的载荷 $F$，并将钢球压向被测金属表面，保持一定时间后卸去载荷，再根据压痕的表面积 $S$ 与载荷 $F$ 计算硬度值。布氏硬度用符号 HBS、HBW 表示。

当压头为淬火钢球时，布氏硬度用 HBS 表示，它适用于测量软钢、灰铸铁、有色金属等布氏硬度在 450 以下的材料；压头为硬质合金球时，用 HBW 表示，适用于布氏硬度值在 650 以下的材料。

布氏硬度试验的优点是测定数据准确、稳定，通常用于测定铸铁、有色金属、低合金钢等材料以及退火、正火和调质工件的硬度。缺点是不宜测定高硬度或厚度很薄的材料。

2）洛氏硬度。洛氏硬度试验是目前应用最广的一种硬度测量方法。这种方法是测量压痕的深度，以深度值表示材料硬度。其压头分硬质和软质两种：硬质压头是顶角为 120°的金刚石圆锥体，适用于淬火材料等较硬材料的硬度测定；软质压头由直径为 1.588 mm（1/16"）或 3.175 mm 的淬火钢球制成，适用于退火材料、有色金属等较软材料的测定。

根据试验材料种类及压头材质的不同，所加试验力也不同（一般分为 3 个等级），通常划为 A、B、C 三个标尺，因此用 HRA、HRB、HRC 三种硬度表示。

硬度值以 HR 符号前的数字表示，HR 后面的符号表示不同的洛氏硬度，如 60HRC 表示用 C 标尺测定的洛氏硬度值为 60。

洛氏硬度试验的优点是操作迅速、简便，可由硬度计的表盘直接读出硬度值，不必计算或查表；压痕小，可测量较薄工件。缺点是精确度差。

3）维氏硬度。维氏硬度的测定方法基本与布氏硬度相同，也是根据压痕凹陷面积及试验力来计算硬度值的，不同的是所用压头为对面夹角互为 136°的金刚石正四棱锥体。

（4）韧性。金属材料抵抗冲击载荷而不致被破坏的性能，称为韧性。它的衡量指标是冲击韧性值。冲击韧性值是指试样被冲断时缺口处单位面积所消耗的功，用符号 $a_k$ 表示。金属的韧性通常随加载速度提高、温度降低、应力集中程度加剧而减小。

冲击韧性通常是在摆锤式冲击试验机上测试的。带有缺口的冲击试样在摆锤的突然打击下而断裂，消耗掉一定的功，消耗功越高，冲击韧性值也越高。目前国内外多数国家均采用夏比 V 形缺口试样。

实验证明，$a_k$ 值对材料组织缺陷非常敏感，能灵敏地反映出材料品质、宏观缺陷和显微组织方面的微小变化，如白点、夹杂及过热、过烧、回火脆性等。因此，冲击韧性试验是检验材料冶金质量和脆性倾向的有效手段，也是检验焊接接头性能的方法之一。

冲击韧性试验根据试验温度可分为高温冲击、室温冲击和低温冲击三类。

（5）疲劳强度。金属材料在无数次重复交变载荷作用下，而不致破坏的最大应力称为疲劳强度。实际上并不可能作无数次交变载荷试验，所以一般试验时规定，钢在经受

$10^6$～$10^7$ 次，有色金属经受 $10^7$～$10^8$ 次交变载荷作用时不产生破裂的最大应力，称为疲劳强度。

（6）蠕变。在长期固定载荷作用下，即使载荷小于屈服强度，金属材料也会逐渐产生塑性变形的现象称为蠕变。蠕变极限值越大，材料的使用越可靠。温度越高或蠕变速度越快，蠕变极限值越小。

## 二、钢的分类及表示方法

### 1. 钢的分类

钢的分类方法很多，可以按化学成分、冶炼方法、品质、用途及金相组织等进行分类。

（1）按化学成分分类。按化学成分可分为碳素结构钢（简称碳钢）、合金钢两大类。按钢中碳的质量分数分类，可分为低碳钢（碳的质量分数小于 0.25%）、中碳钢（碳的质量分数大于等于 0.25%且小于等于 0.60%）、高碳钢（碳的质量分数大于 0.60%）。合金钢按合金元素总含量可分为低合金钢（合金元素的质量分数总和小于 5%）、中合金钢（合金元素的质量分数总和大于等于 5%且小于等于 10%）、高合金钢（合金元素的质量分数总和大于 10%）。

（2）按冶炼方法分类。根据炼钢炉类别可分为平炉钢、转炉钢（又分为氧气吹炼和空气吹炼两种）和电炉钢（又分为电弧炉钢、电渣炉钢、感应炉钢和电子束炉钢等）三大类。



根据冶炼时脱氧程度的不同，可分为沸腾钢、半镇静钢、镇静钢及特殊镇静钢。沸腾钢是脱氧不完全的钢。钢在熔炼后期，钢液仅用弱脱氧剂（锰铁）脱氧，所以钢液中有相当数量的氧化铁（FeO）。在浇注与凝固时，由于碳与氧化铁反应，钢液不断析出一氧化碳，产生沸腾现象，故称为沸腾钢，以符号“F”表示。沸腾钢耐腐蚀性和力学性能差，不宜用于重要结构。镇静钢为完全脱氧钢，浇注凝固时钢液镇静不沸腾，故称为镇静钢。这种钢冷凝后有集中缩孔，所以成材率低，成本高；但气体含量低，偏析少，时效倾向低，质量较高，因此得到广泛应用。优质钢和合金钢以及锅炉压力容器用钢多为镇静钢。镇静钢以符号“Z”表示，特殊镇静钢以符号“TZ”表示，但一般省略。

（3）按品质分类。根据钢中有害杂质硫、磷的含量，可分为普通钢、优质钢和高级优质钢。

（4）按用途分类。钢按用途可分为结构钢（主要制造机械零件和工程结构件等）、工具钢（制造各种刀具、模具和量具等）、特殊用途钢（不锈钢、耐热钢、耐酸钢、磁钢等）。

（5）按金相组织分类。按钢在室温下的组织，可分为奥氏体钢、铁素体钢、马氏体钢、珠光体钢、贝氏体钢等。

### 2. 钢号的表示方法

我国钢号表示方法，根据国家标准《钢铁产品牌号表示方法》（GB/T 221—2008）中的规定，采用国际化学元素符号、大写汉语拼音字母和阿拉伯数字相结合的原则，即

钢号中化学元素用国际化学元素符号表示；钢材名称、用途、冶炼和浇注方法等一般以汉语拼音的缩写字母来表示；钢中主要化学元素含量（百分率）采用阿拉伯数字表示。

（1）碳素结构钢和低合金结构钢

1）牌号表示方法。碳素结构钢和低合金结构钢的牌号通常由四部分组成。

第一部分：前缀符号＋强度值（单位为 MPa），其中通用结构钢前缀符号为代表屈服强度的拼音字母“Q”，专用结构钢的前缀符号见表1—13。

**表1—13　专用结构钢所采用的缩写字母及其含义**

| 产品名称 | 采用汉字 | 采用字母 | 在钢号中的位置 |
| --- | --- | --- | --- |
| 热轧光圆钢筋 | 热轧光圆钢筋 | HPB | 牌号头 |
| 热轧带肋钢筋 | 热轧带肋钢筋 | HPB | 牌号头 |
| 冷轧带肋钢筋 | 冷轧带肋钢筋 | CRB | 牌号头 |
| 预应力混凝土用螺纹钢筋 | 预应力、螺纹、钢筋 | PSB | 牌号头 |
| 焊接气瓶用钢 | 焊瓶 | HP | 牌号头 |
| 管线用钢 | 管线 | L | 牌号头 |
| 船用锚链钢 | 船锚 | CM | 牌号头 |
| 煤机用钢 | 煤 | M | 牌号头 |

第二部分（必要时）：钢的质量等级，用英文字母 A、B、C、D、E、F 等表示。

第三部分（必要时）：脱氧方式表示符号，即沸腾钢、半镇静钢、镇静钢、特殊镇静钢，分别以“F”“b”“Z”“TZ”表示。镇静钢、特殊镇静钢表示符号通常可以省略。

第四部分（必要时）：产品用途、特性和工艺方法表示符号，见表1—14。

**表1—14　产品用途、特性和工艺方法表示符号**

| 产品名称 | 采用汉字 | 采用字母 | 在钢号中的位置 |
| --- | --- | --- | --- |
| 锅炉和压力容器用钢 | 容 | R | 牌号尾 |
| 锅炉用钢（管） | 锅 | G | 牌号尾 |
| 低温压力容器用钢 | 低容 | DR | 牌号尾 |
| 桥梁用钢 | 桥 | Q | 牌号尾 |
| 耐候钢 | 耐候 | NH | 牌号尾 |
| 高耐候钢 | 高耐候 | GNH | 牌号尾 |
| 汽车大梁用钢 | 梁 | L | 牌号尾 |
| 高性能建筑结构用钢 | 高建 | GJ | 牌号尾 |
| 低焊接裂纹敏感性钢 | 低焊接裂纹敏感性 | CF | 牌号尾 |
| 保证淬透性钢 | 淬透性 | H | 牌号尾 |
| 矿用钢 | 矿 | K | 牌号尾 |
| 船用钢 | 采用国际符号 | | |

根据需要，低合金高强度结构钢的牌号也可采用二位阿拉伯数字（表示平均含碳量，以万分之几计）加元素符号表示，必要时加代表产品用途、特性和工艺方法的符号。

2）牌号示例。碳素结构钢和低合金结构钢牌号示例见表 1—15。

**表 1—15　　碳素结构钢和低合金结构钢牌号示例**

| 序号 | 产品名称 | 第一部分 | 第二部分 | 第三部分 | 第四部分 | 牌号示例 |
| --- | --- | --- | --- | --- | --- | --- |
| 1 | 碳素结构钢 | 最小屈服强度 235 MPa | A 级 | 沸腾钢 | — | Q235AF |
| 2 | 低合金高强度结构钢 | 最小屈服强度 345 MPa | D 级 | 特殊镇静钢 | — | Q345D |
| 3 | 热轧光圆钢筋 | 屈服强度特征值 235 MPa | — | — | — | HPB235 |
| 4 | 热轧带肋钢筋 | 屈服强度特征值 335 MPa | — | — | — | HRB335 |
| 5 | 细晶粒热轧带肋钢筋 | 屈服强度特征值 335 MPa | — | — | — | HRBF335 |
| 6 | 冷轧带肋钢筋 | 最小屈服强度 550 MPa | — | — | — | CRB550 |
| 7 | 预应力混凝土用螺纹钢筋 | 最小屈服强度 830 MPa | — | — | — | PSB830 |
| 8 | 焊接气瓶用钢 | 最小屈服强度 345 MPa | — | — | — | HP345 |
| 9 | 管线用钢 | 最小规定总延伸强度 415 MPa | — | — | — | L415 |
| 10 | 船用锚链钢 | 最小抗拉强度 370 MPa | — | — | — | CM370 |
| 11 | 煤机用钢 | 最小抗拉强度 510 MPa | — | — | — | M510 |
| 12 | 锅炉和压力容器用钢 | 最小屈服强度 345 MPa | — | 特殊镇静钢 | 压力容器“容”的汉语拼音首位字母“R” | Q345R |



（2）优质碳素结构钢和优质碳素弹簧钢

1）牌号表示方法。优质碳素结构钢和优质碳素弹簧钢牌号通常由五部分组成。

第一部分：以两位阿拉伯数字表示平均碳含量（以万分之几计）。

第二部分（必要时）：较高锰含量的优质碳素结构钢，加锰元素符号 Mn。

第三部分（必要时）：钢材冶金含量，即高级优质钢、特级优质钢分别以 A、E 表示，优质钢不用字母表示。

第四部分（必要时）：脱氧方式表示符号，即沸腾钢、半镇静钢、镇静钢分别以“F”“b”“Z”表示，但镇静钢表示符号通常可以省略。

第五部分（必要时）：产品用途、特性或工艺方法表示符号。

2）牌号示例。优质碳素结构钢和优质碳素弹簧钢牌号示例见表 1—16。

**表 1—16　　优质碳素结构钢和优质碳素弹簧钢牌号示例**

| 序号 | 产品名称 | 第一部分 | 第二部分 | 第三部分 | 第四部分 | 第五部分 | 牌号示例 |
| --- | --- | --- | --- | --- | --- | --- | --- |
| 1 | 优质碳素结构钢 | 碳含量：0.05%～0.11% | 锰含量：0.25%～0.50% | 优质钢 | 沸腾钢 | — | 08F |
| 2 | 优质碳素结构钢 | 碳含量：0.47%～0.55% | 锰含量：0.50%～0.80% | 高级优质钢 | 镇静钢 | — | 50A |

续表

| 序号 | 产品名称 | 第一部分 | 第二部分 | 第三部分 | 第四部分 | 第五部分 | 牌号示例 |
|---|---|---|---|---|---|---|---|
| 3 | 优质碳素结构钢 | 碳含量：0.48%～0.56% | 锰含量：0.70%～1.00% | 特级优质钢 | 镇静钢 | — | 50MnE |
| 4 | 保证淬透性用钢 | 碳含量：0.42%～0.50% | 锰含量：0.50%～0.85% | 高级优质钢 | 镇静钢 | 保证淬透性钢，表示符号“H” | 45AH |
| 5 | 优质碳素弹簧钢 | 碳含量：0.62%～0.70% | 锰含量：0.90%～1.20% | 优质钢 | 镇静钢 | — | 65Mn |

（3）合金结构钢和合金弹簧钢

1）牌号表示方法。合金结构钢和合金弹簧钢牌号通常由四部分组成。

第一部分：以两位阿拉伯数字表示平均含碳量（以万分之几计）。

第二部分：合金元素含量以化学元素符号及阿拉伯数字表示。具体表示方法为：平均含量小于1.5%时，牌号中仅标明元素，一般不标明含量；平均含量为1.5%～2.49%、2.5%～3.49%、3.5%～4.49%、4.50%～5.49%等时，在合金元素后相应写成2、3、4、5等；一般情况下，化学元素符号的排列顺序推荐按含量值递减排列，如果两个或多个元素的含量相等时，相应符号位置按英文字母的顺序排列。

第三部分：钢材冶金含量，即高级优质钢、特级优质钢分别以A、E表示，优质钢不用字母表示。

第四部分（必要时）：产品用途、特性和工艺方法表示符号，见表1—14。

2）牌号示例。合金结构钢和合金弹簧钢牌号示例见表1—17。

**表1—17　　合金结构钢和合金弹簧钢牌号示例**

| 序号 | 产品名称 | 第一部分 | 第二部分 | 第三部分 | 第四部分 | 牌号示例 |
|---|---|---|---|---|---|---|
| 1 | 合金结构钢 | 碳含量：0.22%～0.29% | 铬含量：1.50%～1.80%<br>钼含量：0.25%～0.35%<br>钒含量：0.15%～0.30% | 高级优质钢 | — | 25Cr2MoVA |
| 2 | 锅炉和压力容器用钢 | 碳含量：≤0.22% | 锰含量：1.20%～1.60%<br>钼含量：0.45%～0.65%<br>铌含量：0.025%～0.05% | 特级优质钢 | 锅炉和压力容器用钢 | 18MnMoNbER |
| 3 | 优质弹簧钢 | 碳含量：0.56%～0.64% | 硅含量：1.60%～2.00%<br>锰含量：0.7%～1.00% | 优质钢 | — | 60Si2Mn |

（4）不锈钢和耐热钢。不锈钢和耐热钢牌号采用化学元素符号和表示各元素含量的阿拉伯数字表示。各元素含量的阿拉伯数字表示应符合表1—18的规定。

表 1—18　　不锈钢和耐热钢牌号元素含量表示方法

| 名称 | 规定 |
| --- | --- |
| 碳含量 | 1. 用两位或三位阿拉伯数字表示碳含量最佳控制值（以万分之几或十万分之几计）<br>2. 只规定碳含量上限者，当碳含量上限不大于 0.10%时，以其上限的 3/4 表示碳含量；当碳含量上限大于 0.10%时，以其上限的 4/5 表示碳含量。例如，碳含量上限为 0.08%，碳含量以 06 表示；碳含量上限为 0.20%，碳含量以 16 表示；碳含量上限为 0.15%，碳含量以 12 表示<br>对超低碳不锈钢（即碳含量不大于 0.03%），用三位阿拉伯数字表示碳含量最佳控制值（以十万分之几计）。例如，碳含量上限为 0.030%时，其牌号中的碳含量以 022 表示；碳含量上限为 0.020%时，其牌号中的碳含量以 015 表示<br>3. 规定上、下限者，以平均碳含量×100 表示。例如，碳含量为 0.16%～0.25%时，其牌号中的碳含量以 20 表示 |
| 合金元素含量 | 合金元素含量以化学元素符号及阿拉伯数字表示，表示方法同合金结构钢第二部分，钢中有意加入的铌、钛、锆、氮等元素，虽然含量很低，也应在牌号中标出<br>例如，碳含量不大于 0.08%，铬含量为 18.00%～20.00%，镍含量为 8.00%～11.00%的不锈钢，牌号为 06Cr19Ni10<br>碳含量不大于 0.030%，铬含量为 16.00%～19.00%，钛含量为 0.10%～1.00%的不锈钢，牌号为 022Cr18Ti<br>碳含量为 0.15%～0.25%，铬含量为 14.00%～16.00%，锰含量为 14.00%～16.00%，镍含量为 1.50%～3.00%，氮含量为 0.15%～0.30%的不锈钢，牌号为 20Cr15Mn15Ni2N<br>碳含量不大于 0.25%，铬含量为 24.00%～26.00%，镍含量为 19.00%～22.00%的耐热钢，牌号为 20Cr25Ni20 |



（5）焊接用钢。焊接用钢包括焊接用碳素钢、焊接用合金钢和焊接用不锈钢等。

1）牌号表示。焊接用钢牌号通常由两部分组成。

第一部分：焊接用钢表示符号“H”。

第二部分：各类焊接用钢牌号表示方法与优质碳素结构钢、合金结构钢和不锈钢的规定相同。

2）牌号示例。焊接用钢的牌号示例见表 1—19。

表 1—19　　焊接用钢牌号示例

| 序号 | 产品名称 | 第一部分 | | 第二部分 | 第三部分 | 第四部分 | 牌号示例 |
| --- | --- | --- | --- | --- | --- | --- | --- |
| | | 汉字 | 采用字母 | | | | |
| 1 | 焊接用钢 | 焊 | H | 碳含量：≤0.10% | 高级优质碳素结构钢 | — | H08A |
| 2 | 焊接用钢 | 焊 | H | 碳含量：≤0.10%<br>铬含量：0.80%～1.10%<br>钼含量：0.40%～0.60% | 高级优质合金结构钢 | — | H08CrMoA |

## 三、碳素钢的化学成分及性能

碳素钢是以铁为基本成分、含有少量碳的铁碳合金。实际上，碳素钢中除以碳作为主要合金元素外，还含有少量有益元素 Mn 和 Si，Mn 含量一般小于 1%，个别碳钢达到1.2%，Si含量都在0.5%以下，另外，还含有少量杂质元素S和P。

### 1. 普通碳素结构钢

普通碳素结构钢的化学成分见表1—20，力学性能见表1—21。

**表1—20　　普通碳素结构钢化学成分（GB/T 700—2006）**

| 牌号 | 等级 | 厚度（或直径）(mm) | 化学成分（质量分数）(%)，不大于 | | | | | 脱氧方法 |
|---|---|---|---|---|---|---|---|---|
| | | | C | Mn | Si | S | P | |
| Q195 | — | — | 0.12 | 0.50 | 0.30 | 0.040 | 0.035 | F、Z |
| Q215 | A | — | 0.15 | 1.20 | 0.35 | 0.050 | 0.045 | F、Z |
| | B | | | | | 0.045 | | |
| Q235 | A | — | 0.22 | 1.4 | 0.35 | 0.050 | 0.045 | F、Z |
| | B | | 0.20 | | | 0.045 | | |
| | C | | 0.17 | | | 0.040 | 0.040 | Z |
| | D | | 0.17 | | | 0.035 | 0.035 | TZ |
| Q275 | A | — | 0.24 | 1.50 | 0.35 | 0.050 | 0.045 | Z |
| | B | ≤40 | 0.21 | | | 0.045 | 0.045 | |
| | | >40 | 0.22 | | | | | |
| | C | — | 0.20 | | | 0.040 | 0.040 | Z |
| | D | | | | | 0.035 | 0.035 | TZ |

**表1—21　　普通碳素结构钢力学性能（GB/T 700—2006）**

| 牌号 | 等级 | 屈服强度（MPa），不小于 | | | | | | 抗拉强度（MPa） | 断后伸长率（%），不小于 | | | | | 冲击试验（V形缺口） | |
|---|---|---|---|---|---|---|---|---|---|---|---|---|---|---|---|
| | | 厚度（或直径）(mm) | | | | | | | 厚度（或直径）(mm) | | | | | 温度（℃） | 冲击吸收功（纵向）(J)，不小于 |
| | | ≤16 | >16～40 | >40～60 | >60～100 | >100～150 | >150～200 | | ≤40 | >40～60 | >60～100 | >100～150 | >150～200 | | |
| Q195 | — | 195 | 185 | — | — | — | — | 315～430 | 33 | — | — | — | — | — | — |
| Q215 | A | 215 | 205 | 195 | 185 | 175 | 165 | 335～450 | 31 | 30 | 29 | 27 | 26 | — | — |
| | B | | | | | | | | | | | | | +20 | 27 |
| Q235 | A | 235 | 225 | 215 | 215 | 195 | 185 | 370～500 | 26 | 25 | 24 | 22 | 21 | — | — |
| | B | | | | | | | | | | | | | +20 | 27 |
| | C | | | | | | | | | | | | | 0 | |
| | D | | | | | | | | | | | | | −20 | |
| Q275 | A | 275 | 265 | 255 | 245 | 225 | 215 | 410～540 | 22 | 21 | 20 | 18 | 17 | — | — |
| | B | | | | | | | | | | | | | +20 | 27 |
| | C | | | | | | | | | | | | | 0 | |
| | D | | | | | | | | | | | | | −20 | |

### 2. 优质碳素结构钢

优质碳素结构钢的化学成分见表 1—22，力学性能见表 1—23。

**表 1—22　　优质碳素结构钢化学成分（GB/T 699—1999）**

| 牌号 | 化学成分（质量分数）(%) | | | | | |
|---|---|---|---|---|---|---|
| | C | Si | Mn | Cr | Ni | Cu |
| | | | | 不大于 | | |
| 08F | 0.05~0.11 | ≤0.03 | 0.25~0.50 | 0.10 | 0.30 | 0.25 |
| 10F | 0.07~0.13 | ≤0.07 | 0.25~0.50 | 0.15 | 0.30 | 0.25 |
| 15F | 0.12~0.18 | ≤0.07 | 0.25~0.50 | 0.25 | 0.30 | 0.25 |
| 08 | 0.05~0.11 | 0.17~0.37 | 0.35~0.65 | 0.10 | 0.30 | 0.25 |
| 10 | 0.07~0.13 | 0.17~0.37 | 0.35~0.65 | 0.15 | 0.30 | 0.25 |
| 15 | 0.12~0.18 | 0.17~0.37 | 0.35~0.65 | 0.25 | 0.30 | 0.25 |
| 20 | 0.17~0.23 | 0.17~0.37 | 0.35~0.65 | 0.25 | 0.30 | 0.25 |
| 25 | 0.22~0.29 | 0.17~0.37 | 0.50~0.80 | 0.25 | 0.30 | 0.25 |
| 30 | 0.27~0.34 | 0.17~0.37 | 0.50~0.80 | 0.25 | 0.30 | 0.25 |
| 35 | 0.32~0.39 | 0.17~0.37 | 0.50~0.80 | 0.25 | 0.30 | 0.25 |
| 40 | 0.37~0.44 | 0.17~0.37 | 0.50~0.80 | 0.25 | 0.30 | 0.25 |
| 45 | 0.42~0.50 | 0.17~0.37 | 0.50~0.80 | 0.25 | 0.30 | 0.25 |
| 50 | 0.47~0.55 | 0.17~0.37 | 0.50~0.80 | 0.25 | 0.30 | 0.25 |
| 55 | 0.52~0.60 | 0.17~0.37 | 0.50~0.80 | 0.25 | 0.30 | 0.25 |
| 60 | 0.57~0.65 | 0.17~0.37 | 0.50~0.80 | 0.25 | 0.30 | 0.25 |
| 65 | 0.62~0.70 | 0.17~0.37 | 0.50~0.80 | 0.25 | 0.30 | 0.25 |
| 70 | 0.67~0.75 | 0.17~0.37 | 0.50~0.80 | 0.25 | 0.30 | 0.25 |
| 75 | 0.72~0.80 | 0.17~0.37 | 0.50~0.80 | 0.25 | 0.30 | 0.25 |
| 80 | 0.77~0.85 | 0.17~0.37 | 0.50~0.80 | 0.25 | 0.30 | 0.25 |
| 85 | 0.82~0.90 | 0.17~0.37 | 0.50~0.80 | 0.25 | 0.30 | 0.25 |
| 15Mn | 0.12~0.18 | 0.17~0.37 | 0.70~1.00 | 0.25 | 0.30 | 0.25 |
| 20Mn | 0.17~0.23 | 0.17~0.37 | 0.70~1.00 | 0.25 | 0.30 | 0.25 |
| 25Mn | 0.22~0.29 | 0.17~0.37 | 0.70~1.00 | 0.25 | 0.30 | 0.25 |
| 30Mn | 0.27~0.34 | 0.17~0.37 | 0.70~1.00 | 0.25 | 0.30 | 0.25 |
| 35Mn | 0.32~0.39 | 0.17~0.37 | 0.70~1.00 | 0.25 | 0.30 | 0.25 |
| 40Mn | 0.37~0.44 | 0.17~0.37 | 0.70~1.00 | 0.25 | 0.30 | 0.25 |
| 45Mn | 0.42~0.50 | 0.17~0.37 | 0.70~1.00 | 0.25 | 0.30 | 0.25 |
| 50Mn | 0.48~0.56 | 0.17~0.37 | 0.70~1.00 | 0.25 | 0.30 | 0.25 |

续表

| 牌号 | 化学成分（质量分数）（%） | | | | | |
|---|---|---|---|---|---|---|
| | C | Si | Mn | Cr | Ni | Cu |
| | | | | 不大于 | | |
| 60Mn | 0.57～0.65 | 0.17～0.37 | 0.70～1.00 | 0.25 | 0.30 | 0.25 |
| 65Mn | 0.62～0.70 | 0.17～0.37 | 0.90～1.20 | 0.25 | 0.30 | 0.25 |
| 70Mn | 0.67～0.75 | 0.17～0.37 | 0.90～1.20 | 0.25 | 0.30 | 0.25 |

钢中P、S含量（%）

| 组别 | P | S |
|---|---|---|
| | 不大于 | |
| 优质钢 | 0.035 | 0.035 |
| 高级优质钢 | 0.030 | 0.030 |
| 特级优质钢 | 0.025 | 0.020 |

**表1—23　　优质碳素结构钢力学性能（GB/T 699—1999）**

| 牌号 | 试样毛坯尺寸（mm） | 推荐热处理温度（℃） | | | 力学性能 | | | | | 钢材交货状态硬度（HBS10/3000） | |
|---|---|---|---|---|---|---|---|---|---|---|---|
| | | 正火 | 淬火 | 回火 | 抗拉强度（MPa） | 屈服强度（MPa） | 伸长率（%） | 断面收缩率（%） | 冲击吸收功（J） | 不大于 | |
| | | | | | 不大于 | | | | | 未热处理 | 退火钢 |
| 08F | 25 | 930 | — | — | 295 | 175 | 35 | 60 | — | 131 | — |
| 10F | 25 | 930 | — | — | 315 | 185 | 33 | 55 | — | 137 | — |
| 15F | 25 | 920 | — | — | 355 | 205 | 29 | 55 | — | 143 | — |
| 08 | 25 | 930 | — | — | 325 | 195 | 33 | 60 | — | 131 | — |
| 10 | 25 | 930 | — | — | 335 | 205 | 31 | 55 | — | 137 | — |
| 15 | 25 | 920 | — | — | 375 | 225 | 27 | 55 | — | 143 | — |
| 20 | 25 | 910 | — | — | 410 | 245 | 25 | 55 | — | 156 | — |
| 25 | 25 | 900 | 870 | 600 | 450 | 275 | 23 | 50 | 71 | 170 | — |
| 30 | 25 | 880 | 860 | 600 | 490 | 295 | 21 | 50 | 63 | 179 | — |
| 35 | 25 | 870 | 850 | 600 | 530 | 315 | 20 | 45 | 55 | 197 | — |
| 40 | 25 | 860 | 840 | 600 | 570 | 335 | 19 | 45 | 47 | 217 | 187 |
| 45 | 25 | 850 | 840 | 600 | 600 | 355 | 16 | 40 | 39 | 229 | 197 |
| 50 | 25 | 830 | 830 | 600 | 630 | 375 | 14 | 40 | 31 | 241 | 207 |
| 55 | 25 | 820 | 820 | 600 | 645 | 380 | 13 | 35 | — | 255 | 217 |
| 60 | 25 | 810 | — | — | 675 | 400 | 12 | 35 | — | 255 | 229 |
| 65 | 25 | 810 | — | — | 695 | 410 | 10 | 30 | — | 255 | 229 |
| 70 | 25 | 790 | — | — | 715 | 420 | 9 | 30 | — | 269 | 229 |

续表

| 牌号 | 试样毛坯尺寸（mm） | 推荐热处理温度（℃） | | | 力学性能 | | | | | 钢材交货状态硬度（HBS10/3000） | |
|---|---|---|---|---|---|---|---|---|---|---|---|
| | | 正火 | 淬火 | 回火 | 抗拉强度（MPa） | 屈服强度（MPa） | 伸长率（%） | 断面收缩率（%） | 冲击吸收功（J） | 不大于 | |
| | | | | | 不大于 | | | | | 未热处理 | 退火钢 |
| 75 | 试样 | — | 820 | 480 | 1 080 | 880 | 7 | 30 | — | 285 | 241 |
| 80 | 试样 | — | 820 | 480 | 1 080 | 930 | 6 | 30 | — | 285 | 241 |
| 85 | 试样 | — | 820 | 480 | 1 130 | 980 | 6 | 30 | — | 302 | 255 |
| 15Mn | 25 | 920 | — | — | 410 | 245 | 26 | 55 | — | 163 | — |
| 20Mn | 25 | 910 | — | — | 450 | 275 | 24 | 50 | — | 197 | — |
| 25Mn | 25 | 900 | 870 | 600 | 490 | 295 | 22 | 50 | 71 | 207 | — |
| 30Mn | 25 | 880 | 860 | 600 | 540 | 315 | 20 | 45 | 63 | 217 | 187 |
| 35Mn | 25 | 870 | 850 | 600 | 560 | 335 | 18 | 45 | 55 | 229 | 197 |
| 40Mn | 25 | 860 | 840 | 600 | 590 | 355 | 17 | 45 | 47 | 229 | 207 |
| 45Mn | 25 | 850 | 840 | 600 | 620 | 375 | 15 | 40 | 39 | 241 | 217 |
| 50Mn | 25 | 830 | 830 | 600 | 645 | 390 | 13 | 40 | 31 | 255 | 217 |
| 60Mn | 25 | 810 | — | — | 695 | 410 | 11 | 35 | — | 269 | 229 |
| 65Mn | 25 | 830 | — | — | 735 | 430 | 9 | 30 | — | 285 | 229 |
| 70Mn | 25 | 790 | — | — | 785 | 450 | 8 | 30 | — | 285 | 229 |



# 第六节　电工基本知识

→ 了解直流电、交流电、变压器的基本知识

→ 能够使用电流表、电压表

## 一、直流电和电磁

### 1. 直流电的特点

直流电的大小和方向都不随时间变化。直流电所通过的电路称为直流电路，是由直流电源和电阻构成的闭合导电回路。

（1）欧姆定律。从欧姆定律可知，在一段不包含电源的电路中，电流的大小与这段电路两端的电压成正比，与这段电路的电阻成反比。其数学表达式为：

$$I=U/R$$

式中　$I$——电流，A；

$U$——电压，V；

$R$——电阻，Ω。

如果电路闭合且又含有电源，则称为全电路，如图1—17所示。图中虚线部分为电源，称为内电路。电源外部的电路称为外电路。

全电路欧姆定律是指：在全电路中，电流 $I$ 与电源的电动势 $E$ 成正比，与整个电路（即外电路和内电路）的电阻（$R+r$）成反比。其数学表示式为：

$$I=E/(R+r)$$

式中　$I$——电路中的电流，A；

$E$——电源电动势，V；

$R$——外电路电阻，Ω；

$r$——内电路电阻，Ω。

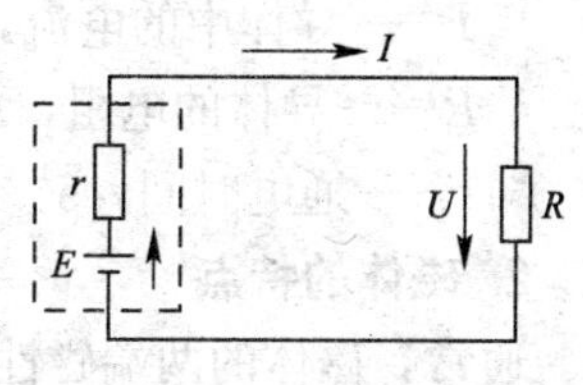


图1—17　最简单的全电路

由上式可得　$E=IR+Ir=U_{外}+U_{内}$

式中　$U_{外}$——外电路电压；

$U_{内}$——内电路电压。

外电路电压指电源正负极间的电压，又称路端电压，简称端电压。下面根据全电路欧姆定律来讨论电路的三种状态：

1）通路。由上式可得端电压：

$$U_{外}=E-Ir$$

由上式可知 $U_{外}\leqslant E$。电源内阻 $r$ 越小，端电压就越大。当电源内阻趋于零时，$U_{外}\approx E$，此时可近似看做电源对外电路恒电压供电。当电源内阻 $r$ 比外电路电阻 $R$ 大得多时，此时可近似看做电源对外电路恒电流供电。

2）断路。又称开路。断路时，$R$ 趋于∞，则 $I=0$，$U_{内}=0$，有 $U_{外}=E$。即电源的开路电压等于电源的电动势。

3）短路。短路时 $R$ 趋于0，这时电路的电流称为短路电流，$I_{短}\approx\dfrac{E}{r}$。通常 $r$ 很小，所以 $I_{短}$ 很大，这样将使电源发热，容易烧毁，甚至可能引起火灾，常常使用熔断器来防止短路事故的发生。

（2）电流的热效应。电流流过电器时，电器就将电能转换成其他形式的能。这种电能的转换是通过电流做功来完成的。电流做的功简称电功，用字母 $W$ 表示，电功的数学表示式为：

$$W=IUt=Pt$$

式中　$W$——电流在 $t$ 时间内做的功，J；

$I$——电流，A；

$U$——负载的电压，V；

$P$——负载的功率，W；

$t$——电流做功的时间，s。

电功的单位名称为焦耳，单位的中文符号为焦，单位的字母代号为J，电功的常用单位为千瓦时（kW·h），即度。

$$1\ \text{kW}\cdot\text{h}=3\ 600\ 000\ \text{J}=3.6\ \text{MJ}$$

电流流过导体时使导体发热的现象称为电流的热效应，也就是把电能转换成热能的效应。英国科学家焦耳和俄国科学家楞次各自研究了电流的热效应，得出了相同的实验定律：电流流过导体产生的热量，与电流的平方、导体的电阻及通电的时间成正比。这个定律被称为焦耳—楞次定律。其数学表示式为：

$$Q=I^2Rt$$

式中 $Q$——电流产生的热量，J；

$I$——导体中的电流，A；

$R$——导体的电阻，Ω；

$t$——通电时间，s。

**2. 磁体的特点**

通常，磁体的两端磁性最强，称为磁极。如果磁体能自由转动，指向地球北极的磁极称为磁体的北极，以N表示（常涂蓝色或白色），另一个指向地球南极的磁极称为磁体的南极，以S表示（常涂红色）。

磁体不但能比较显著地吸引铁磁性物质，而且磁体之间也有明显的相互作用，其特点是同性磁极相互排斥，异性磁极相互吸引。

磁极间没有接触而存在着相互作用的磁力，说明磁体周围空间存在特殊物质——磁场，磁场既看不见，又摸不着，只有通过磁力的作用说明它的客观存在。



（1）电流的磁效应。1820年丹麦科学家奥斯特发现，在电流周围也存在磁场。在通电导线周围磁针发生偏差，其偏转方向与电流的方向有关，这种现象称为电流的磁效应。电流产生的磁场方向可用安培定则（即右手螺旋定则）来判断：

1）直线电流产生的磁场方向。如图1—18所示，右手握住导线，使大拇指指向电流方向，则四指弯曲的指向即为磁场方向。

2）通电线圈的磁场方向。如图1—19所示，右手握住线圈，使四指弯曲的方向指向电流方向，则大拇指的指向即为磁场方向。

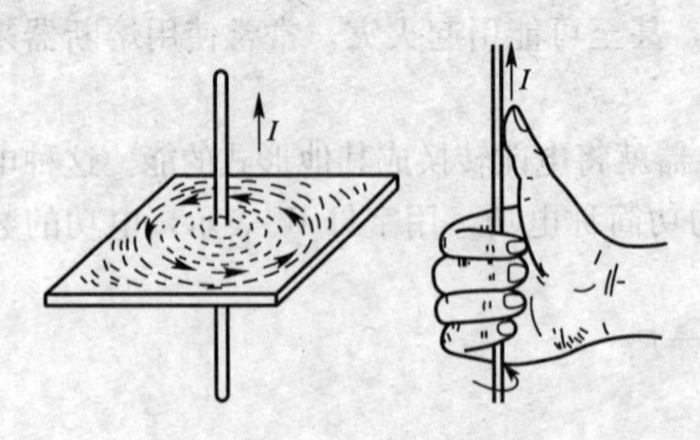


图1—18　直线电流的磁场

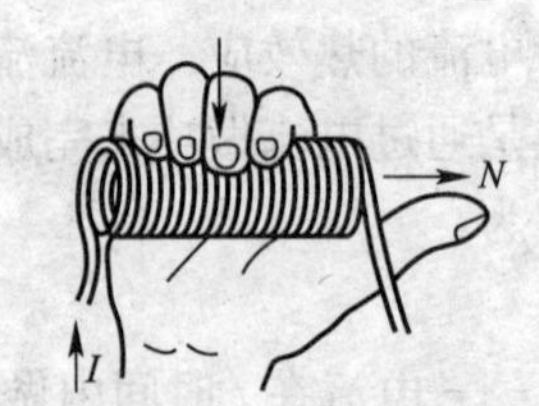


图1—19　通电线圈的磁场

（2）磁场对电流的作用

1）通电导体在磁场中所受作用力的方向。通电导体在磁场中所受作用力的方向与磁场的方向和通过导体的电流方向有关，三者之间的关系，可用左手定则来确定。如图1—20所示，平伸左手使拇指与四指垂直，将手心正对磁场N极，四指指向电流流向，则大拇指指向就是磁场对通电导体作用力的方向。

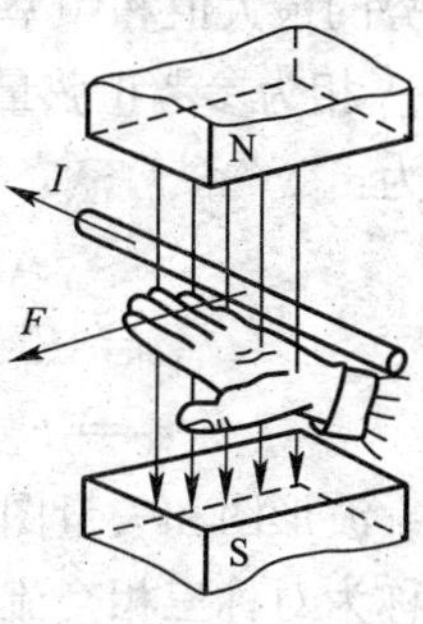

由左手定则可知，要想改变导体受力方向，可改变导体中的电流方向或磁场方向。

2）通电导体在磁场中所受作用力的大小。通电导体在磁场中所受作用力的大小，可用下述数学式表示：

$$F=BIL$$

图1—20　左手定则

式中　$F$——导体所受的力，N；

$B$——磁感应强度，T；

$I$——导线中的电流，A；

$L$——导线在磁场中的有效长度，m。

也就是说磁场越强，导体中的电流越大；磁场中的导体有效长度越长，则导体所受的电磁力就越大。

## 二、交流电

交流电是指大小和方向随时间作周期性变化的电流（或电压、电动势）。通常把交变电动势、交变电压和交变电流总称为交流电。交流电又可分为正弦交流电和非正弦交流电两类。正弦交流电是指按正弦规律变化的交流电，如图1—21a所示；非正弦交流电不按正弦规律变化，如图1—21b所示。

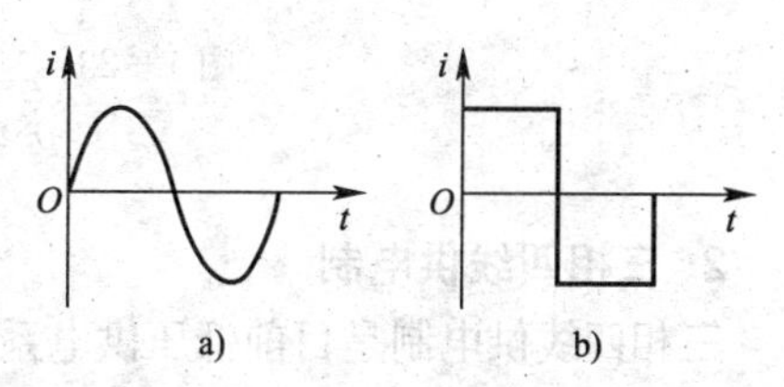

图1—21　交流电的波形图

a）正弦交流电　b）非正弦交流电

通常把三相电动势、电压和电流统称为三相交流电。三相对称交流电动势是指同时作用三个大小相等、频率相同、初相角互差120°的电动势。

三相交流电具有以下优点：三相发电机比同尺寸的单相发电机输出的功率大；三相发电机和三相变压器的结构和制造并不复杂，性能可靠，维护方便；在远距离输电时，三相输电线比单相输电线节约线材。所以三相交流电得到广泛的应用。

**1. 三相交流电动势的产生**

三相交流电动势由三相交流发电机产生，如图1—22所示，它主要是由转子和定子构成。转子是电磁铁，其磁极表面的磁场按正弦规律分布，定子中嵌有三个彼此相隔120°、匝数与几何尺寸相同的线圈，各线圈的起端分别用A、B、C表示，末端分别用X、Y、Z表示，并把三个线圈分别称为A相线圈、B相线圈和C相线圈。

当原动机带动转子作顺时针方向转动时，就相当于各线圈作逆时针方向转动，切割磁力线而产生感应电动势，每个线圈中产生的感应电动势分别为$e_A$、$e_B$、$e_C$，由于各线圈结构相同，空间位置互差 120°，因此，三个电动势的最大值和频率相同，而初相互差 120°，若以 A 相为参考正弦量，则可得到它们的瞬时表示式为：

$$e_A = E_m \sin\omega t$$

$$e_B = E_m \sin(\omega t - 120°)$$

$$e_C = E_m \sin(\omega t + 120°)$$

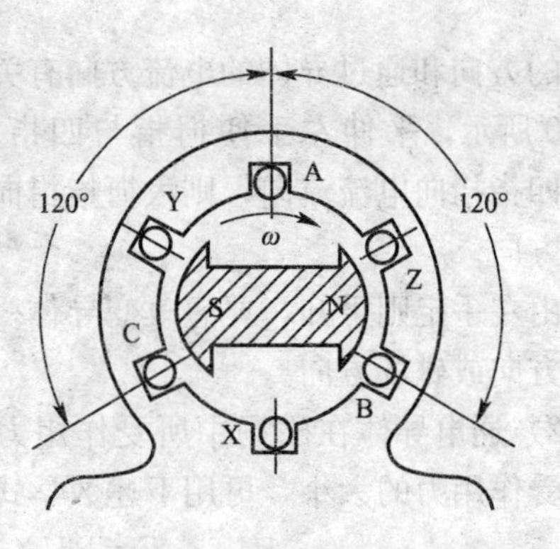


图 1—22　三相交流发电机示意图

波形图和矢量图如图 1—23 所示，通常把它们称为对称三相交流电动势，并规定每相电动势的正方向为从线圈的末端指向始端。

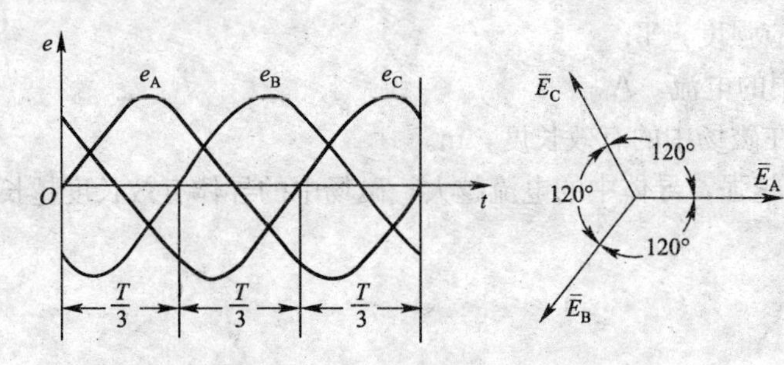


图 1—23　三相交流电波形图和矢量图

a）波形图　b）矢量图

单元 1

**2. 三相四线供电制**

三相四线供电制是目前低压供电系统中采用最多的供电方式，它是把发电机三个线圈末端 X、Y、Z 连成一点，称为中性点，用符号 O 表示，从中性点引出的输电线称为中性线，简称中线，中线通常与大地相接，把接大地的中性点称为零点，接大地的中性线称为零线。从三个线圈始端 A、B、C 引出的输电线称为端线，俗称火线。四根输电线常用颜色区分：黄色代表 A 相，绿色代表 B 相，红色代表 C 相，黑色（或白色）代表零线。由于各相电动势相位互差 120°，因此用相序来表示它们达到最大值的先后次序为 A - B - C。

三相四线制可输送两种电压：

（1）相电压。端线与中线间的电压，其有效值分别以 $U_A$、$U_B$、$U_C$ 或 $U_{相}$ 表示。

（2）线电压。任意两相端线之间的电压，其有效值分别用 $U_{AB}$、$U_{BC}$、$U_{CA}$ 或用 $U_{线}$ 表示。

线电压与相电压的关系式为：

$$U_{线} = 1.732 U_{相}$$

必须指出，线电压与相电压不同相，线电压相位超前与它相对应的相电压 30°。

## 三、变压器

变压器是根据电磁感应原理制成的一种静止电器，用它可把某一电压的交流电能变换成同频率的另一电压的交流电能。

变压器是远距离输送电能的重要设备。在输送一定功率的电能时，电压越高，则电流越小，因而可以减少输电线路上的电能损失，并减少导线截面积，节约有色金属。发电站的交流发电机发出的电压不能太高，这主要是因为电压高时绝缘有困难。因此要用升压变压器将发电机发出的电压升高，然后再输送出去。在用户方面电压又不宜太高，太高则不安全，所以又需要用降压变压器把电压降低，供给用户使用。升压、降压都需用变压器。

构成变压器的主要部件是铁心和绕组。变压器的铁心用磁滞损失很小的硅钢片（厚度为 0.35～0.5 mm）叠装而成，各片之间相互绝缘，以减少涡流损失。

按绕组与铁心的安装位置，变压器可分为芯式和壳式两种。芯式变压器的绕组套在各铁心柱上，如图 1—24 所示；壳式变压器的绕组则只套在中间的铁心柱上，绕组两侧被外侧铁心柱所包围，如图 1—25 所示。电力变压器多采用芯式；小型变压器多采用壳式。

变压器的绕组分为筒形和盘形两种。采用筒形绕组时，低压绕组靠近铁心，高压绕组套在低压绕组的外面。大型变压器多采用盘形绕组，低压绕组与高压绕组交替地套在铁心柱上。各绕组间以及绕组与铁心间都是互相绝缘的。

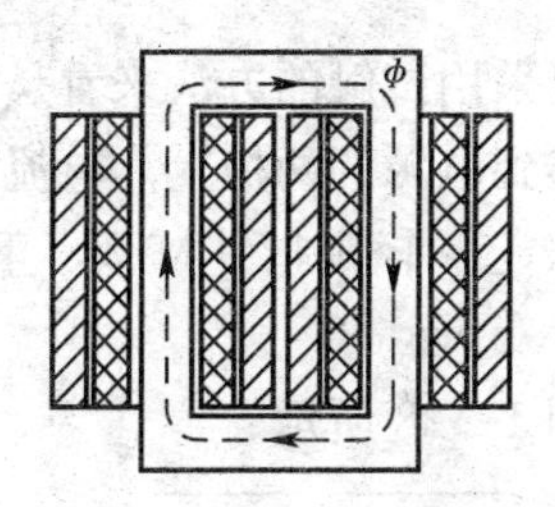


图 1—24　芯式变压器

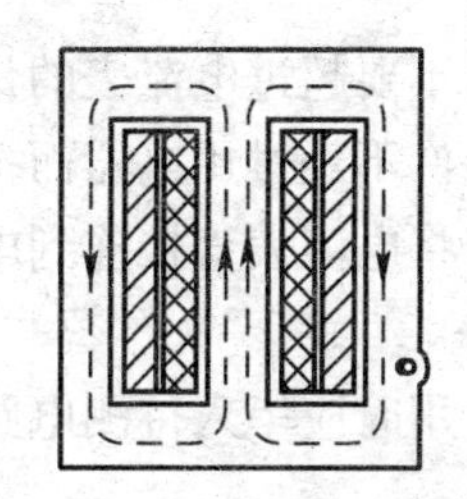

图 1—25　壳式变压器



变压器运行时因有铜损和铁损而发热，为了防止变压器因温度过高而烧坏，必须采取冷却散热措施。按冷却方式，变压器可分为自冷式和油冷式两种。小型变压器多采用自冷式，即在空气中自然冷却。容量较大的变压器多采用油冷式（见图 1—26），即把变压器的铁心和绕组全部浸在油箱中。油箱中的变压器油（矿物油）除了使变压器冷却外，还是很好的绝缘材料。为了容易散热，常采用波形壁来增大散热面。容量更大的变压器常在箱壁上装有散热管，不但增大散热面，而且使油经过管子循环流动，加强油的对流作用以促进变压器的冷却。

变压器从电源输入电能的绕组称为原绕组，也称初级绕组；向负载输出电能的绕组称为副绕组，也称次级绕组。

在电路图中，表示变压器的符号如图 1—27 所示。

## 四、电流表与电压表的使用

### 1. 电流表使用方法

（1）电流表要与用电器串联在电路中，否则会导致短路，烧毁电流表。

（2）电流要从“＋”接线柱流入，从“－”接线柱流出，否则指针反转，容易把针打弯。

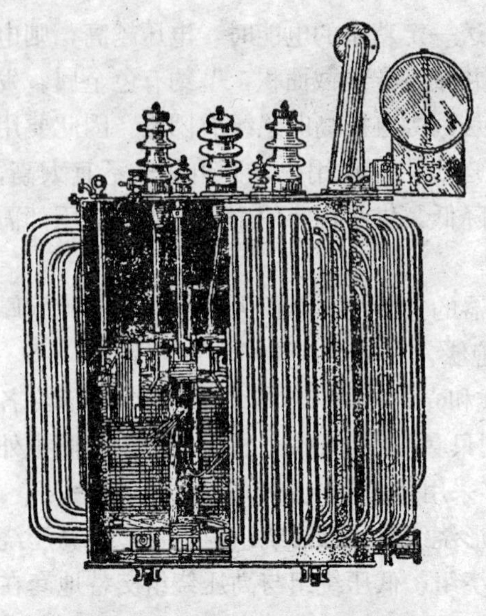

图 1—26　油冷式变压器的外形

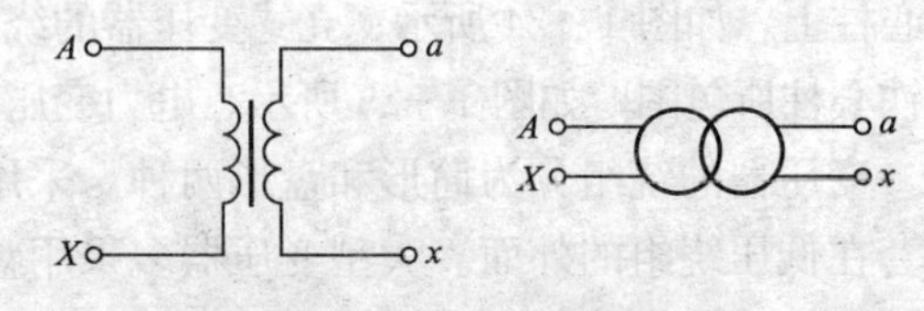


图 1—27　表示变压器的符号

（3）被测电流不要超过电流表的量程，可以采用试触的方法来看是否超过量程。

（4）绝对不允许不经过用电器而把电流表连到电源的两极上。电流表内阻很小，相当于一根导线，若将电流表直接连到电源的两极上，轻则指针打歪，重则烧坏电流表、电源、导线。

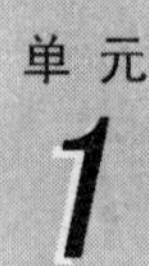


（5）电流表使用时应串入待测电路中，如图 1—28 所示。

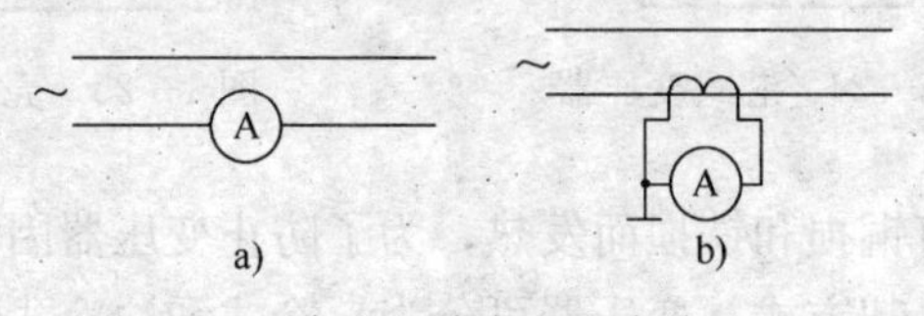


图 1—28　直流电路中电流表接法

（6）对带有外附分流器的直流电流表的使用，分流器应串接于电路中，电流表应接于分流器的电位接头上，并应注意极性。

**2. 电压表使用方法**

（1）电压表使用时必须按仪表所标明的使用位置使用。

（2）电压表安装和使用的地点应无振动，环境温度和湿度都应与电压表要求相符。

（3）电压表接进电路时，应使电流从其“＋”接线柱流入，从“－”接线柱流出。

（4）注意观察电压表的量程，被测电压不要超过电压表的量程。

（5）电压表使用时应与待测电路并联，如图 1—29 所示。

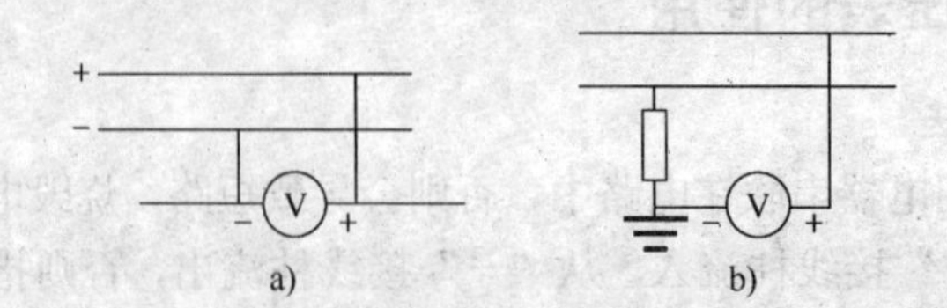


图 1—29　直流电路中电压表接法

# 第七节　冷加工基础知识

→ 了解冷加工的常见方法
→ 熟悉钳工、钣金工基础知识

## 一、钳工基础知识

### 1. 平面划线

按照图样和实物的要求，在毛坯或半成品上划出加工界线、加工图形的过程叫做划线。

（1）划线工具

1）角尺。通常用于划垂直线或平行线的导向工具。

2）划针。直接在工作面上刻线条的工具。

3）圆规。用于划圆和圆弧、等分线段、分角度以及量取尺寸等。

4）样冲。用于在已划好的线上冲眼，以固定所划的线条，使其保持明显的标记，在划圆时也可用样冲定中心。

5）钢尺。又称钢直尺，在尺面上有尺寸刻度，主要用于量取尺寸，测量工件，也可作为划线时的导向工具。

6）游标卡尺。可直接测量出工件的外尺寸、内尺寸和深度尺寸。

（2）划线前的准备工作

1）表面清理。划线前，将加工件上的残留污垢、氧化铁皮、毛刺、切屑等清理干净。

2）表面涂色。清理后的工件表面在划线前涂色，铸铁和锻件毛坯表面涂石灰水，已加工表面涂蓝油，精密工件表面涂硫酸铜溶液，使线条明显清晰。

### 2. 錾削

錾削是用锤子敲击錾子对金属进行切削加工的一种操作方法，主要包括去除毛刺、分离材料、錾槽等，也可用于较小表面的粗加工。

（1）常用錾削工具

1）錾子。常用錾子有扁錾和窄錾两种，如图 1—30 所示。扁錾用于錾削平面，錾断金属和去除毛刺、尖棱等。窄錾主要用于錾削键槽。

2）锤子。錾削常用的锤子有 0.5 kg 和 1 kg 两种。

（2）錾削操作方法。錾削时左手握住錾子，松紧适中，防止錾削过程中掌心承受过大的振动。錾子的握法通常分为正握和反握两种，如图 1—31 所示。正握法通常用于大面积錾削、錾槽、錾切材料；反握法通常用于剔毛面、侧面錾切，使用较短小的錾子时也采用反握法。

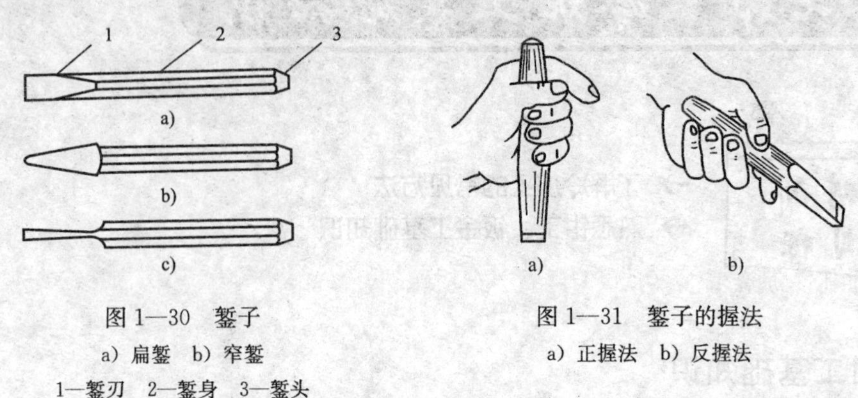


图 1—30　錾子
a）扁錾　b）窄錾
1—錾刃　2—錾身　3—錾头

图 1—31　錾子的握法
a）正握法　b）反握法

錾削时根据实际情况选择腕挥、肘挥、臂挥等挥锤方法。挥锤过程中动作放松，双脚适当分开，找准挥锤弧线后，盯住錾子，用力挥锤。当錾削到工件尽头时，应掉头换方向錾削（从末端向始端錾削），以免工件断裂。錾削平面时，从工件边缘或尖角处起錾，錾子头部向下倾至水平位置，待錾削出一个小斜面后，再将錾子恢复到正常錾削位置。

（3）錾削注意事项

1）錾削前应将錾刃磨锋利。

2）錾子端头应没有明显毛刺。

3）錾削用锤子的锤柄应连接牢固、完好。

4）錾削中操作人员应戴好防护用品，如防护眼镜等。



**3. 锯削**

用手锯把工件材料切断或锯出沟槽的操作称为锯削。

（1）手锯的构成及安装

1）手锯构成。手锯由锯弓和锯条两部分组成，其中锯条分为细齿和粗齿两种，当锯削软材料时选用粗齿锯条；锯削硬质材料及薄壁材料时选用细齿锯条。

2）手锯安装。安装锯条时，不能偏斜，锯齿的锯尖应朝前，拉紧程度应适中。

（2）锯削操作方法

1）握锯方法。右手满握锯柄，拇指在上，左手轻扶锯弓前端。

2）锯削动作。姿势要自然，推锯时身体上部略向前倾斜，锯弓在前行中应适当加力，回行中不用压力，自然拉回。

3）起锯方法。起锯是锯削的开始，直接影响着锯削质量，分为远起锯和近起锯两种操作方法。起锯时，将锯条对准锯削的起点，左手拇指靠紧锯条侧面作为引导，锯条与工件的角度约为 15°，行程应短些。当锯削质量的要求较高时，可用锉刀在起锯处锉出一条细槽。

**4. 锉削**

用锉刀对工件表面进行加工的操作称为锉削。

(1) 锉刀分类

1) 按锉刀齿粗细分。分为粗齿锉、中齿锉、细齿锉等。

2) 按齿纹的方向分。分为单齿纹和双齿纹。

3) 按锉刀断面形状。分为扁锉(板锉)、方锉、三角锉、半圆锉、圆锉等。

(2) 锉削方法。锉削应本着先用粗齿锉，后用细齿锉的原则。锉削时，将工件夹在台虎钳上，夹持牢固，但不能使工件变形。锉削平面时，锉刀在工件表面作直线运动，操作者左脚在前，右脚在后，重心放在左脚上，右腿伸直，左腿稍曲，身体略向前倾。

锉削过程中锉刀运行要平稳，不应摆动，向前推时要向下压，向后拉时不用下压。为避免加工表面产生锉纹，锉刀运行方向应更迭交叉。

## 二、钣金工基础知识

### 1. 钢材矫正

(1) 矫正。金属材料由于轧制、运输、装卸、堆放等方法不当，或受热不均匀以及外力作用等，都有可能使材料产生弯曲、扭曲、凹凸不平等问题。

这些变形将会影响焊接结构件生产过程中各工序的正常进行，并降低产品的质量。所以，凡是变形超过技术要求的金属材料，在划线号料以前必须进行矫正。

在一定外力作用下，消除材料存在的弯曲、翘曲、凹凸不平等缺陷，使其恢复原几何形状的加工方法叫做矫正。钢材之所以能被矫正，根本原因在于钢材具有一定的塑性，如果采用适当的方法，使其产生新的变形来抵消或补偿已发生的变形，就可达到矫正的目的。但是，脆性的材料，如铸铁等，不适宜采用矫正加工的方法。

在结构制造过程中，原材料的检验、下料、组装、焊接和产品使用各阶段，都存在着变形和矫正的问题，有时是反复多次进行的，所以，矫正加工是钣金工日常的重要工作内容之一。

钢材的矫正一般是在冷态下进行的，只有当钢材的弯曲程度相当严重，在冷态情况下矫正会影响其力学性能时，才采用在加热状态下矫正。

(2) 矫正方法。钢材的矫正方法可分为三种：手工矫正、机械矫正及火焰矫正。要根据现有的技术装备和技术水平，工件的形状、大小和所采用的材质、变形程度等因素选择矫正方法。

1) 手工矫正。主要是依靠锤击，常用工具有大锤、锤子、木锤、弧垂、平锤、平台等。

2) 机械矫正。主要是在矫正机床上进行，常用钢板矫正机床有钢板矫平机、型材矫正机、调直压力机等。

3) 火焰矫正。是用氧—乙炔火焰或其他火焰对钢材进行局部加热，利用加热后收缩产生的变形，矫正原有变形的一种矫正方法。

### 2. 剪切

剪切是通过两剪刃的相对运动切断材料的加工方法。

(1) 剪切对切口性能的影响。钢材在剪切过程中受剪刀的挤压产生弯曲变形及剪切变形，在切口附近产生冷作硬化现象，硬化区宽度一般为1.5～2.5 mm。

钢材的冷作硬化区的存在将会成为导致脆性断裂的重要原因之一。因此，重要结构在剪切后要将冷作硬化区刨掉。

（2）龙门剪板机。龙门剪板机是斜口剪切机床的一种，是应用最广泛的一种剪切机床，具有操纵简单，进料方便，剪切速度快，剪切质量好及精度高等优点，适用于剪切较长较宽的板料。

龙门剪板机操作注意事项：

1）用吊车将钢板吊放在鹅头滚轮上，将剪切线的两端对准上剪刃口。移动钢板时要特别注意手要放在压紧装置外。

2）两人或两人以上剪切钢板时，必须配合密切，其中一人指挥，并有专人控制脚踏离合器，防止事故发生。

3）当剪切线距离板料边缘很近时，要注意压紧装置的压脚能否压住板料，如不能全部压住板料，必须采取加垫板的方法才能进行剪切。

4）同一板料要剪切成多块时，应事先确定剪切顺序。

5）如剪切板料的厚度变化较大时，应注意上下剪刀之间的间隙是否适宜，必要时进行调整。

**3. 钢板弯曲**

圆筒形容器、锅炉的锅筒等都需要经过弯曲加工成形，通过卷板机旋转的轴辊使钢板产生弯曲的加工过程称为滚弯。



工业生产中有大量的圆筒形容器，其筒体由数段筒节拼焊而成，而筒节又是由一张或数张钢板经过卷板机弯曲后拼焊而成。其他一些圆弧形的工件，通常也要采用滚弯成形。因此，滚弯是运用最广泛的弯曲加工方法之一。

弯曲加工用的卷板机有三辊和四辊两种，其工作原理如图 1—32 和图 1—33 所示。

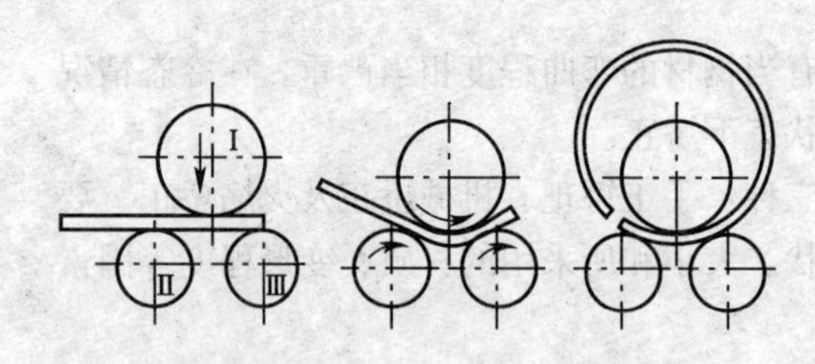


图 1—32　三辊卷板机工作原理

图 1—33　四辊卷板机工作原理

三辊卷板机在滚圆时，钢板两端各有一段无法滚圆而保持直线段的部分，必须事先采取端部预弯措施。

**4. 胀接**

胀接是利用金属的塑性变形和弹性变形，使管子和管板密封和紧固成一体的一种连接工艺方法。管板孔的直径比管子外径大，当管子插入孔中必然有间隙存在，消除这种间隙可采用不同的方法，如用机械、液压和爆炸胀接等来扩胀管子的直径，使管子产生塑性变形，而管板孔则产生弹性变形，利用管板孔壁的回弹对管子施加径向压力，使管子与管板的连接头具有足够的胀接强度和较好的密封强度，在工作压力下保证液体和气体不会从接头处泄漏出来。

胀接广泛应用于锅炉、换热器等热交换设备中。胀接主要有光孔胀接、翻边胀接、开槽胀接、胀接加焊接等多种形式。胀接结构形式是根据工作压力的大小、温度的高低和胀接长度来决定的。

胀接中的主要设备是胀管器，胀管器分为前进式、后退式及螺旋式等。

5. 装配

焊接结构通过定位器、定位焊或压夹装置，将加工好的零件按照要求连接成部件或整体结构。装配是焊接金属结构制造中的重要工序。

装配的基本条件是定位和夹紧，所谓“定位”就是确定零件正确位置的过程，所谓“夹紧”就是使定位后的零件固定，保持其在加工过程中位置不变。

焊接结构装配方法分为划线定位装配、定位器定位装配、装配夹具定位装配和机用安装孔装配等。

# 第八节　安全卫生和环境保护

→ 掌握安全用电知识
→ 了解焊接对环境的影响
→ 了解焊接作业对人体健康的危害
→ 熟悉焊接劳动保护措施



## 一、安全用电知识

1. 电流对人体的伤害形式

电流对人体的伤害形式有三种，即电击、电伤和电磁场生理伤害。

（1）电击。指由于电流通过人体内部，破坏人体器官的过程。触电的致命因素是电流，尤其是电流引起人的心室颤动是电击致死的主要原因。

（2）电伤。指由于电流的热效应、化学效应、机械效应等而造成的对人体外部的伤害过程，如烧伤及烫伤等。

1）电灼伤有接触灼伤和电弧灼伤两种。接触灼伤发生在高压触电事故时，在电流通过人体皮肤的进出口处造成灼伤，一般进口处比出口处灼伤严重。接触灼伤面积虽较小，但深度可达三度。灼伤处皮肤呈黄褐色，可波及皮下组织、肌肉、神经和血管，甚至使骨骼炭化。

2）“电烙印”产生于人体与带电体有良好接触的情况下，在皮肤表面上留下与被接触带电体形状相似的肿块痕迹。有时在触电后并不立即出现，而是相隔一段时间后才出现。“电烙印”一般不发炎或化脓，但往往造成局部麻木和失去知觉。

3）电弧的温度极高（中心温度可达 6 000～10 000℃），可使其周围的金属熔化、蒸发，当飞溅到皮肤表面时将皮肤金属化。金属化后的皮肤表面变得粗糙坚硬，肤色与金属种类有关，或灰黄（铅），或绿（纯铜），或蓝绿（黄铜）。金属化后的皮肤经过一段时间会自行脱落，一般不会留下不良后果。

（3）电磁场生理伤害。指在高频电磁场的作用下，人体器官组织及其功能将受到损伤。主要表现为神经系统功能失调，出现如头晕、头痛、失眠、健忘、多汗、心悸、厌食等症状，有些人还会有脱发、颤抖、弱视、性功能减退、月经失调等异常症状。其次是出现较明显的心血管症状，如心律失常、血压变化、心区疼痛等。如果伤害严重，还可能在短时间内失去知觉。

**2. 影响电击严重程度的因素**

电流对人体的伤害程度与通过人体的电流强度、通电持续时间、通过人体的部位（途径）以及触电者的身体状况等多种因素有关。

（1）电流强度。流经人体的电流越大，引起心室颤动所需的时间越短，致命的危险性越大。感知电流是指能使人感觉到的最小电流，工频交流电约 1 mA，直流电约 5 mA，交流电 5 mA 即能引起轻度痉挛。摆脱电流是指人触电后自己能摆脱电源的最大电流，交流电约 10 mA，直流电约 50 mA。致命电流是指在较短时间内危及生命的电流，交流电约 50 mA。在有防止触电的保护装置条件下，人体的允许电流一般按 30 mA 考虑。

通过人体的电流大小取决于外加电压和人体的电阻。皮肤潮湿多汗、带有导电性粉尘、加大与带电体的接触面积和压力、皮肤破损等都会导致人体的电阻下降。一般情况下，人体的电阻为 1 000～1 500 Ω，在不利的情况下，人体的电阻一般为 500～650 Ω。由于人体电阻的不确定性，流经人体的电流不可能事先计算出来，为确定安全条件，不按安全电流而以安全电压来估计。



（2）电流通过人体的持续时间。触电致死的生理现象是心室颤动。电流通过人体的持续时间越长，越容易引起心室颤动，触电的后果也越严重。这一方面是由于通电时间越长，能量积累越多，较小的电流通过人体就可以引起心室颤动；另一方面是由于心脏在收缩与舒张的时间间隙（约 0.1 s）内对电流最为敏感，通电时间一长，重合这段时间间隙的可能性就越大，心室颤动的可能性也就越大。此外，通电时间长，由于电流的热效应和化学效应，将使人体出汗和组织电解，从而使人体的电阻逐渐降低，流过人体的电流逐渐增大，使触电伤害更加严重。

（3）电流频率。人体对不同频率的电流的生理敏感度是不同的，因而不同种类的电流对人体的伤害程度也就有区别。工频电流对人体的伤害最为严重（男性平均摆脱电流为 10 mA）；直流电流对人体的伤害则较轻（男性平均摆脱电流为 76 mA）；高频电流对人体的伤害程度远不及工频交流电严重，故医疗临床上可利用高频电流进行理疗，但电压过高的高频电流仍会使人触电致死；冲击电流是作用时间极短（以微秒计）的电流（如雷电放电电流和静电放电电流），冲击电流对人体的伤害程度与冲击放电能量有关。由于冲击电流作用的时间极短，数十毫安才能被人体感知。

（4）电流通过人体的途径。电流经任何途径通过人体都可以致人死亡。电流通过心脏、中枢神经（脑部和脊髓）、呼吸系统是最危险的。因此，从左手到前胸是最危险的电流路径，这时心脏、肺部、脊髓等都处于电路内，很容易引起心室颤动和中枢神经失调而死亡；从右手到脚的途径危险性要小些；危险性最小的电流途径是从脚至脚，但触电者可能因痉挛而摔倒，导致电流通过全身或二次事故。不同途径通过心脏电流的比例见表1—24。

表1—24　　不同途径通过心脏电流的比例

| 电流通过人体的途径 | 通过心脏电流的比例（%） |
| --- | --- |
| 从一只手到另一只手 | 3.3 |
| 从左手到右脚 | 6.4 |
| 从右手到左脚 | 3.7 |
| 从一只脚到另一只脚 | 0.4 |

（5）人体的健康状况。试验研究表明，触电危险性与人体状况有关。触电者的性别、年龄、健康状况、精神状态和人体电阻都会对触电后果产生影响。

不同的身体健康状况及精神状态对于触电伤害承受的程度是不同的。患有心脏病、结核病、精神病及内分泌器官疾病及酒醉的人，触电引起的伤害程度更加严重。

3. 触电

触电事故是电焊操作的主要危险。因为电焊设备的空载电压一般都超过安全电压，而且焊接电源与380 V/220 V的电力网路连接。目前，我国常用的焊条电弧焊电源的空载电压：弧焊变压器为55～80 V，弧焊整流器为50～90 V。另外，焊接设备一旦发生故障，较高的电压就会出现在焊钳或焊枪、焊件及设备外壳上。尤其是在容器、管道、船舱、锅炉和钢架上进行焊接，周围都是金属导体，触电的危险性更大。



（1）触电的类型。按照人体触及带电体的方式和电流通过人体的途径，可分为下列几种：

1）低压单相触电。人脚站在地面或其他接地导体上，人体的其他部位触及一相带电体的触电事故。电焊的大部分触电事故都是单相触电事故。

2）低压两相触电。即人体两处同时触及两相带电体的触电事故。由于人体所受到的电压可达220 V或380 V，所以触电危险性很大。

3）跨步电压触电。当带电体有电流流入地下时，电流在接地点周围的土壤中产生电压降，人一旦在接地点周围，两脚之间出现的电压即为跨步电压，由此引起的触电事故称为跨步电压触电。高压故障的接地处或有大电流流过的接地装置附近，都可能出现较高的跨步电压。

4）在1 000 V以上的高压电气设备上，当人体过分接近带电体时，高压电能使空气击穿，使电流通过人体，此时还伴有电弧，能把人体烧伤。

（2）触电事故的原因

1）触电事故分类。焊接触电事故有多种不同的情况，可分为直接电击和间接电击。

①直接电击。直接触及电焊设备正常运行时的带电体或靠近高压电网和电气设备。

②间接电击。触及意外带电体所发生的电击。意外带电体指正常时不带电，但由于绝缘损坏或电气设备发生故障而带电的导体。

2）焊接发生直接电击事故的原因

①更换焊条、电极和焊接操作中，手或身体某部位接触到电焊条、焊钳或焊枪的带电部分，而脚或身体其他部位对地和金属结构之间无绝缘防护。在金属容器、管道、锅炉、船舱或金属结构上工作，或当身上大量出汗，或在阴雨天、潮湿地点焊接，或焊工未穿绝缘胶鞋的情况下，尤其容易发生这种触电事故。

②在接线、调节焊接电流和移动焊接设备时，手或身体某部位碰触接线柱、极板等带电体而触电。

③在登高焊接作业时触及低压线路或靠近高压网路引起触电事故。

3）发生间接电击事故的原因

①电焊设备的机壳漏电，人体碰触机壳而触电。机壳漏电的原因有：线圈潮湿，绝缘损坏；焊机长期超负荷运行或短路时间过长，致使绝缘能力降低、烧损而漏电；焊机遭受振动、碰击，使绝缘损坏；工作现场混乱，掉进金属物品造成短路。

②电焊设备或线路发生故障引起的事故。如焊机火线与零线接错，使机壳带电，人体碰触机壳而触电。

③电焊操作过程中，人体触及绝缘破损的电缆或破裂的胶木闸盒等。

④由于利用厂房的金属结构、管道、轨道、天车吊钩或其他金属物件搭接作为焊接回路而发生的触电事故。

## 二、环境与环境保护



### 1. 环境与环境保护

自然界是生命的物质基础。人从环境中摄取空气、水和食物。人与自然环境之间保持着自然的平衡关系。环境不断变化，人体对环境的变化有一定的适应范围。由于人为的因素，工业生产排出的废气、废渣、废水使环境出现异常变化，超越了人体正常的生理调节范围，会引起人体疾病并影响人的寿命。因此，环境与人的关系极为密切，环境状态直接关系到人类的生存条件和每一个人的身体健康。《中华人民共和国环境保护法》明确规定，要“保证在社会主义现代化建设中，合理地利用自然环境，防治环境污染和生态破坏，为人民创造清洁适宜的生活和劳动环境，保护人民健康，促进经济发展”。这是各行各业都要贯彻的方针。

工业生产产生的环境污染物，如各种有害气体、烟尘、有毒物质、噪声、电磁辐射和电离辐射等，除了污染周围的生活环境外，并直接污染生产场所的劳动环境，损害操作者的身体健康。

保护劳动环境，消除污染劳动环境的各种有害因素，是一项极为重要的工作。我国明确规定，对新建、改扩建、续建的工业企业，必须把各种有害因素的治理设施与主体工程同时设计、同时施工、同时投产；对现有工业企业存在污染危害的，也应积极采取行之有效的措施逐步消除污染，并规定了车间劳动环境的卫生要求。

焊接环境问题是伴随着焊接技术的发展而提出和逐渐被重视的。多年来，我国在焊接劳动保护方面做了大量工作，国务院作出了关于加强防尘、防毒工作的决定，强调必须加强对防尘、防毒工作的领导，落实治理尘毒的技术措施，保障职工的安全和健康。

### 2. 焊接环境

（1）焊接污染环境的有害因素。在焊接过程中产生的有害因素，可分为物理有害因素与化学有害因素两大类：物理有害因素包括焊接弧光、高频电磁波、热辐射、噪声及放射线等；化学有害因素包括焊接烟尘和有害气体等。各种不同的焊接方法，焊接过程中的有害因素见表1—25。

表1—25　　焊接过程中的有害因素

| 工艺方法 | 有害因素 | | | | | | |
|---|---|---|---|---|---|---|---|
| | 电弧辐射 | 高频电磁场 | 烟尘 | 有毒气体 | 金属飞溅 | 射线 | 噪声 |
| 酸性焊条电弧焊 | ○ | | ○○ | ○ | ○ | | |
| 低氢型焊条电弧焊 | ○ | | ○○○ | ○ | ○○ | | |
| 高效铁粉焊条电弧焊 | ○ | | ○○○○ | ○ | ○ | | |
| 碳弧气刨 | ○ | | ○○○ | ○ | | | ○ |
| 镀锌铁焊条电弧焊 | ○ | | ○○○○ | ○ | ○ | | |
| 电渣焊 | | | ○ | | | | |
| 埋弧焊 | | | ○○ | ○ | | | |
| 实心细丝气体保护焊 | ○ | | ○ | ○ | ○ | | |
| 实心粗丝气体保护焊 | ○○ | | ○○ | ○ | ○○ | | |
| 钨极氩弧焊（铝、钛、铜、镍、铁） | ○○ | ○○ | ○ | ○○ | ○ | ○ | |
| 钨极氩弧焊（不锈钢） | ○○ | ○○ | ○ | ○ | ○ | ○ | |
| 熔化极氩弧焊（不锈钢） | ○○ | | ○ | ○○ | ○ | | |

1）焊接烟尘。在焊接过程中，凡使母材及焊接材料熔化的焊接与切割过程，都将不同程度地产生烟尘。焊接烟尘是由金属及非金属物质在过热条件下产生的高温蒸气经氧化、冷凝而形成的。高温蒸气主要来自焊条或焊丝端部的液态金属及熔渣。焊接烟尘的成分见表1—26。常用焊条的发尘量见表1—27。

表1—26　　焊接烟尘成分　　%

| 成分＼药皮类型 | 钛钙型 | 低氢钠型 | 成分＼药皮类型 | 钛钙型 | 低氢钠型 |
|---|---|---|---|---|---|
| $Fe_2O_3$ | 45.6～51.8 | 33～36 | CaO | 0.9～2.15 | 14.655～26.7 |
| $SiO_2$ | 20.75～21.38 | 7.44～12.30 | MgO | 0.38～1.08 | 0.38 |
| MnO | 6.99～8.10 | 5.46～7.27 | $CaF_2$ | — | 7.57～18.2 |
| TiO | 5.22～5.76 | 0.8～1.99 | Ca | 0.2 | 0.12 |
| $Al_2O_3$ | 1.19～2.75 | 1.32～2.47 | | | |

表 1—27　　常用焊条发尘量

| 焊条型号（牌号） | 药皮类型 | 直径（mm） | 电流（A） | 发尘量（g/kg） |
|---|---|---|---|---|
| E4303 | 钛钙型 | 4 | — | 7.30 |
| E5015 | 低氢钠型 | 4 | — | 15.60 |
| 奥 407 | 低氢钠型 | 4 | 170 | 12.02 |
| 铬 207 | 低氢钠型 | 4 | 160～170 | 10.18 |
| 热 317 | 低氢钠型 | 4 | 180 | 14.03 |
| 堆 256 | 低氢钠型 | 4 | 170 | 18.10 |

2）有害气体。在各种熔焊过程中，焊接区内都会产生或多或少的有害气体，主要有臭氧、氮氧化物、一氧化碳、氟化物和氯化物等。

①臭氧。焊接区内的臭氧是经过高温光化学反应而产生的。电弧与等离子弧辐射出的短波紫外线，使空气中的氧分子分解成为氧原子，这些氧原子或氧分子在高温下获得一定能量后，互相撞击即可形成臭氧（$O_3$）。臭氧是一种浅蓝色气体，具有强烈刺激性的腥臭味。臭氧是极强的氧化剂，容易同各种物质起化学反应，可使橡皮和棉织品老化，在浓度 13 mg/m$^3$的条件下，帆布在半个月即变性，易破碎。

②氮氧化物。在焊接电弧高温作用下，空气中的氮分子被氧化生成氮氧化物转化为二氧化氮（$NO_2$）。二氧化氮为红褐色气体，毒性较大，遇水可变成硝酸或亚硝酸，产生强烈刺激作用。



③一氧化碳。焊接过程中产生的一氧化碳，主要来源于二氧化碳在高温下的分解。一氧化碳是无色、无臭的气体，密度是空气的 1.5 倍，属窒息性气体。它与人体血液中输入氧气的血红蛋白结合成碳氧血红蛋白，使血红蛋白失去正常的携氧功能，造成组织缺氧而引起中毒。

④氟化物。在用碱性焊条电弧焊时，药皮中的萤石在高温下产生氟化氢（HF）；在埋弧焊时采用含氟化物的酸性焊剂，也可产生氟化氢气体。氟化氢是一种具有刺激气味的无色气体或液体，呈弱酸性，在空气中发出烟雾、蒸气，具有十分强烈的腐蚀性和毒性。

聚四氟乙烯在温度超过 450℃时，可分解产生毒性极大的八氟异丁烯、氟光气等，刺激呼吸道黏膜和神经系统，严重时可产生肺水肿和中毒性心肌炎。

⑤氯化物。在实际工作中，常采用四氯化碳、三氯乙烯、四氯丁烯等对容器或管道进行脱脂。如果脱脂后清洗不干净，在残存少量氯化溶剂的条件下焊接，会产生有毒的光气，损害人体健康。

3）弧光辐射。弧光辐射由紫外线、可见光、红外线辐射所组成。弧光辐射的强度与焊接方法、工艺参数、施焊点的距离及保护方法有关。各种明弧焊、保护不好的埋弧焊及处于造渣阶段的电渣焊都能产生外露电弧，形成弧光辐射。

4）高频电磁辐射。当交流电的频率达到每秒钟振荡 10 万次至 30 000 万次时，它的周围形成高频电磁场。等离子焊和钨极气体保护电弧焊采用高频振荡器引弧时，会形成高频电磁辐射。

5）热辐射。绝大多数焊接过程是应用高温热源把金属加热到熔化状态后进行的，所以施焊时有大量热能以辐射形式向作业环境中扩散。焊接电弧有 20%～30%的热量扩散到焊接环境中，使环境温度升高；预热工件或焊后保温均会使焊接环境温度升高。焊接环境温度过高，可导致作业人员代谢机能显著变化，使人大量出汗，体内水、盐比例失调，同时增加触电的危险。焊接作业要特别注意高温条件下的保护问题，严格控制环境温度不要过高，及时供给作业人员盐水饮用，以补充人体内的水、盐含量，以防止触电事故发生。

6）放射线。放射线主要指钨极氩弧焊和等离子焊的钍放射性污染和电子束焊的 X 射线。焊接过程中放射线污染不严重，钍钨极现已被铈钨极取代，对电子束焊 X 射线的防护主要是屏蔽，以减少泄漏。

7）噪声。在焊接环境中，噪声存在于一切焊接方法中，其中声强大、危害突出的焊接方法如等离子切割、等离子喷涂以及碳弧气刨，其噪声强度可达 120～130 dB 或更高，噪声已经成为某些焊接与切割工艺中存在的主要职业有害因素。

噪声是声强和频率变化都无规律，杂乱无章的声音。焊工接触的噪声有的来自其他工种（如矫正时的锤击、铲边、修复铲根），这些噪声的强度远高于焊接及其设备产生噪声的强度，也应采取措施，防止对焊工的危害。

（2）焊接环境分类。为了预防焊接触电和电气火灾爆炸事故的发生，首先应了解该工作环境场所产生触电与火灾爆炸危险性的类型，以及存在的可能发生触电或火灾爆炸的不安全因素，从而采取有效措施预防事故的发生。

1）触电危险性环境分类。电焊需要在不同的工作环境中进行。根据工作环境的潮湿、粉尘、腐蚀性气体或蒸汽、高温等条件的不同，触电危险性环境可分为三类：

①普通环境。触电危险性较小，应符合以下条件：

- 干燥，即相对湿度不超过 75%。
- 无导电粉尘。
- 用木材、沥青或瓷砖非导电性材料铺设地面。
- 金属占有系数（即金属物品所占面积与建筑物面积之比）小于 20%。

②危险环境。凡具有下列条件之一者，均属危险环境。

- 潮湿，即相对湿度超过 75%。
- 有导电粉尘。
- 有泥、砖、湿木板、钢筋混凝土、金属等材料或其他导电材料的地面。
- 金属占有系数大于 20%。
- 炎热、高温，平均温度经常超过 30℃。
- 人体能同时接触接地导体和电气设备的金属外壳。

③特别危险环境。凡具有下列条件之一者，均属特别危险环境。

- 作业场所特别潮湿，相对湿度接近 100%。
- 作业场所有腐蚀性气体、蒸汽、煤气或游离物存在。
- 同时具有上述危险环境的两个条件。

2）爆炸和火灾危险场所分类。根据发生事故的可能性和后果，在危险程度设计规范中将爆炸和火灾危险场所划分为三类八级。

①第一类是气体或蒸汽爆炸性混合物场所，共分为三级。

● Q－1 级场所，在正常情况下能形成爆炸性混合物的场所。

● Q－2 级场所，在正常情况下不能形成爆炸性混合物，仅在不正常情况下才形成爆炸性混合物的场所。

● Q－3 级场所，在不正常情况下整个空间形成爆炸性混合物的可能性较小，爆炸后果较轻的场所。

②第二类是粉尘或纤维爆炸性混合物场所，共分为两级。

● G－1 级场所，在正常情况下能形成爆炸性混合物（如镁粉、铝粉、煤粉等与空气的混合物）的场所。

● G－2 级场所，在正常情况下不能形成爆炸性混合物，仅在不正常情况下才能形成爆炸性混合物的场所。

③第三类是火灾危险场所，共分为三级。

● H－1 级场所，在生产过程中产生、使用、加工储存或转运闪点高于场所环境温度的可燃物体，而它们的数量和配量能引起火灾危险的场所。

● H－2 级场所，在生产过程中出现悬浮状、堆积可燃粉尘或可燃纤维，它们虽然不会形成爆炸性混合物，但在数量与配置上能引起火灾危险的场所。

● H－3 级场所，有固体可燃物质，在数量与配置上能引起火灾危险的场所。



3）焊接环境空气中有害物质允许浓度。空气是人类生存的基本条件之一。人体从空气中不断吸取生命所必需的氧气，并将物质代谢过程中产生的二氧化碳排出体外。正常人对空气的需要量为：轻工作时约为 1.6 $m^3/h$，重工作时约为 2.5 $m^3/h$。因此，空气的质量是保证人体健康的必要条件。

在焊接时产生的有害物质是以焊接烟尘和有毒气体两种状态存在于焊接环境空气中的。焊接环境空气中有害物质最高允许浓度见表 1—28。

**表 1—28　　焊接环境空气中有害物质最高允许浓度**

| 有害物质名称 | 最高允许浓度（$mg/m^3$） |
|---|---|
| 金属汞 | 0.01 |
| 氟化氢及氟化物（换算成氟） | 4 |
| 臭氧 | 0.3 |
| 氧化氮（换算成 $NO_2$） | 5 |
| 氧化锌 | 5 |
| 氧化镉 | 0.1 |
| 砷化氢 | 0.3 |
| 铅烟 | 0.03 |
| 铅金属、含铅漆料铅尘 | 0.05 |
| 氧化铁 | 10.0 |

续表

| 有害物质名称 | 最高允许浓度（mg/m³） |
| --- | --- |
| 一氧化碳 | 30.0 |
| 硫化铅 | 0.5 |
| 铍及其化合物 | 0.001 |
| 钼（可溶性、不溶性） | 4.6 |
| 锰及其化合物（换算成 $MnO_2$） | 0.2 |
| 锆及其化合物 | 5 |
| 铬酸盐（$Cr_2O_3$） | 0.1 |
| 含10%以上二氧化硅粉尘 | 2.0 |
| 含10%以下二氧化硅粉尘 | 10.0 |
| 其他粉尘 | 10.0 |

## 三、焊接劳动保护

### 1. 焊接对人体健康的影响

焊接过程中会产生有害气体、焊接烟尘、强烈弧光辐射、高频电磁场以及噪声等，这些有害因素对人体的呼吸系统、皮肤、眼睛及神经系统都有不良的影响。同时，在焊接施工中存在着很多安全隐患，这些隐患包括电击、坠落以及空中坠落物等。

### 2. 焊接劳动保护措施

为了防止有害气体、焊接烟尘、弧光等对人体的危害及其他安全隐患造成的人体伤害，在各种焊接与切割中，一定要按规定佩戴、使用劳动保护用品。

（1）劳动保护用品的种类及要求。劳动保护用品是保护工人在劳动过程中安全和健康所需要的、必不可少的个人预防性用品，包括防护面罩、焊接滤光片、焊接防护眼镜、防尘口罩及防毒面具、噪声防护用具、安全帽、安全带、防护服、电焊手套、工作鞋及鞋盖等。

1）焊接防护面罩。配有合适滤光片的面罩，在焊接作业时用以保护眼睛和面部。焊接防护面罩可分为手持式、头戴式及安全帽与面罩组合式。防护面罩必须使用耐高低温、耐腐蚀、耐潮湿、阻燃并具有一定强度的不透光材料制作，面罩表面光洁，不得有起层、气泡及透光的缺陷。常用焊接面罩如图 1—34 和图 1—35 所示。

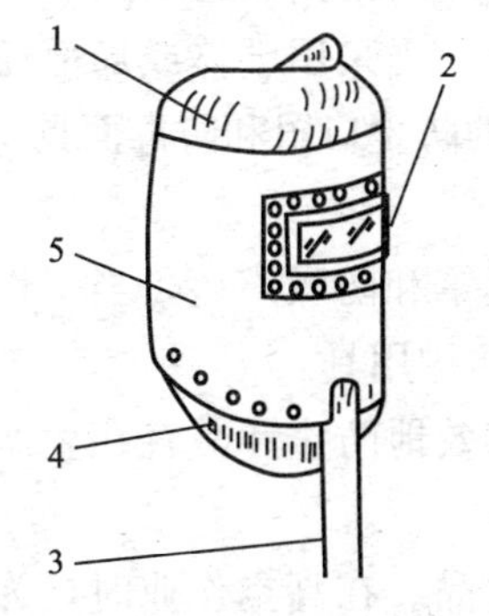


图 1—34 手持式电焊面罩

1—上弯司 2—观察窗 3—手柄 4—下弯司 5—面罩主体

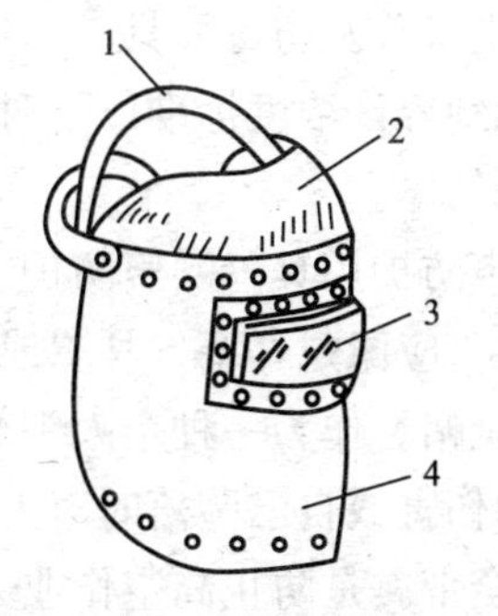


图 1—35 头戴式电焊面罩

1—头箍 2—上弯司 3—观察窗 4—面罩主体

单元 1

2）焊接滤光片。可以防御焊接作业中的有害眩光、同时可以减少对人眼危害的紫外和红外辐射的特殊滤光片。焊接滤光片距边缘 5 mm 以内范围应平滑，着色应均匀，无划痕、条纹、气泡、霉斑、橘皮、霍光、异物或有损光学性能的其他缺陷。滤光片的作用，是适当地透过可见光，使操作人员既能观察熔池，又能将紫外线和红外线减弱到允许值（透过率不大于 0.000 3%）以下。选择滤光片的颜色时，根据人眼对颜色的适应性，镜片的颜色以黄绿、蓝绿、黄褐为好。推荐使用的遮光号列于表 1—29 中。

**表 1—29　　焊接滤光片遮光号的选用**

| 遮光号 | 电弧焊接与切割 |
|---|---|
| 1.2<br>1.4<br>1.7<br>2 | 防侧光与杂散光 |
| 3<br>4 | 辅助工 |
| 5<br>6 | 30 A 以下的电弧作业 |
| 7<br>8 | 30～75 A 电弧作业 |
| 9<br>10<br>11 | 75～200 A 电弧作业 |
| 12<br>13 | 200～400 A 电弧作业 |
| 14 | 400 A 以上电弧作业 |

3）防护眼镜。带有侧面防护的眼镜框架上配以合适的滤光片，在焊接作业时用以保护眼睛。防护眼镜应根据焊接、切割工件的厚度、火焰能率大小选择。

4）防尘口罩及防毒面具。在焊接、切割作业时，当采用整体或局部通风不能使烟尘浓度降低到容许浓度标准以下时，必须选用合适的防尘口罩和防毒面具，过滤或隔离烟尘和有毒气体。

5）噪声防护用具。噪声防护用具包括耳塞、耳罩和防噪声盔，当工作环境噪声超过 85 dB 时，应佩戴耳塞、耳罩或防噪声盔等噪声防护用具。

6）安全帽。作为一种个人头部防护用品，能有效地防止和减轻在生产作业中遭受坠落物体的伤害或自己坠落时对人体头部的伤害。

7）安全带。是防止高空作业人员坠落的防护用品。在高空作业时，为了防止意外坠落造成伤亡事故，应使用安全带加以防护。

8）防护工作服。焊工用防护工作服，应符合国家标准（GB 15701—1995）《焊接防护服》的规定，具有良好的隔热和屏蔽作用，以保护人体免受热辐射、弧光辐射和飞溅物等伤害。常用的是棉质白帆布工作服，焊接与切割作业的工作服不能采用化纤织物制作。

9）电焊手套。电焊手套是防御焊接时的高温、熔融金属、火花烧（灼）手的个人防护用品。电焊手套应选用耐磨、耐热的皮革或棉帆布和皮革合制材料制成，其长度不应小于 300 mm，缝制要结实。

焊工在可能导电的焊接场所工作时，所用的手套应该用具有绝缘性能的材料（或附加绝缘层）制成，并经耐电压 5 000 V 试验合格后，方能使用。

10）工作鞋。工作鞋应具有绝缘、耐热、不易燃、耐磨和防滑性能。橡胶鞋底应经耐电压 5 000 V 的试验合格，如在易燃易爆场合焊接时，鞋底不应有鞋钉，以免产生摩擦火星。在有积水的地面焊接切割时，焊工应穿经过耐电压 6 000 V 试验合格的防水橡胶鞋。

11）其他防护用品。在进行焊接、切割作业时，要根据具体情况选择使用一些其他防护用品，如围裙、护腿、护脚、披肩等。为了保护脚和脚腕不受电弧辐射热、熔渣和金属飞溅损伤而使用护脚，在进行仰焊、切割或其他操作过程中，必要时佩戴皮质或其他耐火材质的披肩等。

（2）劳动保护用品的使用

1）穿着工作服时要把衣领和袖子扣扣好，上衣不要系在工作裤里边，工作服不应有破损、孔洞和缝隙，不允许粘有油脂，不许穿潮湿的工作服。

2）在仰焊、切割时，为了防止火星、熔渣从高处溅落到头部和肩上，焊工应穿戴用防燃材料制成的护肩，穿戴好套袖、鞋盖。

3）电焊手套和焊工防护鞋不应潮湿和破损。

4）选择好焊接防护面罩上滤光片的遮光号以及气焊、气割防护镜的眼镜片。

5）采用送风式头盔时，应经常使口罩内保持适当的正压，若在寒冷季节，应将空气适当加温后再供人使用。

6）佩戴各种耳塞时，要将塞帽部分轻轻推入外耳道内，使它和耳道贴合，不要使劲太猛或塞得太紧。

7）使用耳罩时，应先检查外壳有无裂纹和漏气，使用时务必使耳罩软垫圈与周围皮肤贴合。

8）佩戴安全帽前，要仔细检查合格证、使用说明、使用期限，并调整帽衬尺寸，其顶端与帽壳内顶之间必须保持 20～50 mm 的空间。有了这个空间，才能形成一个能量吸收系统，使遭受的冲击力分布在头盖骨的整个面积上，减轻对头部的伤害。其次，不能随意对安全帽进行拆卸或添加附件，以免影响其原有的防护性。

9）安全带使用时应注意高挂低用，即安全带的绳挂在高处，人在下面工作。

**3. 特殊环境焊接的安全操作规程**

在焊接实际操作过程中，焊工经常要与易燃易爆气体 、压力容器、燃料容器及带电设备接触，危险性较大，容易发生重大的工伤事故。为了保证从业人员的人身安全和生产任务的顺利进行，要求每一名从事焊接的从业人员，必须认真学习和掌握焊接安全操作技术，严格遵守焊接安全操作规程。

所谓特殊环境是指在一般工业企业正规厂房以外的地方，例如高空、野外、水下、容器内部进行的焊接等。在这些地方焊接时，除遵守上面介绍的一般安全技术外，还要遵守一些特殊的规定。

（1）容器内的焊接。在容器内进行气焊时，点燃和熄灭焊炬的操作应在容器外部进行，以防止有未燃的可燃气聚集在容器内发生爆炸。

1）在容器内焊接时，内部尺寸不应过小。外面必须设人监护，或两人轮换工作，应有良好的通风措施，照明电压应采用 12 V。禁止在已进行涂装或喷涂过塑料的容器内焊接，严禁用氧气代替压缩空气在容器内进行吹风。

2）在容器内进行氩弧焊时，焊工应戴专用面罩，以减少臭氧及粉尘的危害，不应在容器内部进行电弧气刨。

3）若在已使用过的容器或储罐内部进行焊接，必须将内部原来剩下的介质清理干净。若该介质是易燃、易爆物质，还必须进行严格的化学清理并经检验确实无危险后，才能进行焊接。

4）在打开被焊容器的人孔、手孔、清扫孔等后方可进入容器内进行焊接。

5）在容器内焊接时，焊工要特别注意加强个人防护，穿好工作服、绝缘鞋，戴好皮手套，最好垫上绝缘垫。焊接电缆、焊钳的绝缘必须完好。

（2）高空作业焊接。凡在坠落高度基准面 2 m 以上（含 2 m）进行的作业，称为高处作业。由于高处作业往往范围窄小，不方便，发现事故征兆后很难做紧急回避，发生事故的可能性比较大，而且事故严重程度高，因此必须加以特殊保护。高处焊接作业易发生的事故有触电、高处坠落、火灾和物体打击等。



1）预防高处触电

①距高压线 3 m 或距低压线 1.5 m 范围以内作业时，必须停电操作。切断电源后在开关闸盒上挂上“有人工作、严禁合闸”的标志牌，然后才能开始工作。

②设专人监护，密切注意焊工的动态，随时准备拉闸。

③高处焊接时，不准使用带有高频振荡器的焊机，以防焊工受高频伤害后失足坠落。

2）预防高处坠落

①焊工必须系紧符合国家标准要求的安全带，穿胶底防滑鞋。

②安全网的架设应外高里低，铺设平整，不留缝隙，随时清理网上的杂物；安全网应随作业点的升高而提升，发现安全网破损应按要求更换。

③高处焊割作业的脚手板应事先经过检查，不得使用有腐蚀或机械损伤的木板或铁木混合板；脚手板单行人行道宽度不得小于 0.6 m，双行人行道宽度不得小于 1.2 m，上下坡度不得大于 1∶3，板面要钉防滑条，脚手架的外侧应按规定加装围栏防护。

3）预防高处落物伤人

①进入高处作业区，必须戴安全帽。

②电焊条及随手工具、小零件必须装在牢固无孔洞的工具袋内。工作过程中应将作业点周围的一切物件清理干净，以防落物伤人。

③焊条头不准随意乱扔。

4）预防火灾

①焊接飞溅及铁水可能掉落的范围之内，要彻底清除易燃易爆物。

②工作现场 10 m 以内要设栏杆挡隔。

③工作过程中要设专人观察火情。

④作业现场必须配备有效的消防器材。

⑤严禁将焊接用橡胶软管缠绕在身上进行操作。

5）其他注意事项

①高处焊割作业人员必须经体检合格后，方可上岗。患有高血压、心脏病、精神病、癫痫等疾病的，不能从事高处作业。

②若遇六级以上的大风或雨、雪及雾等恶劣天气，禁止高处焊割作业。

（3）露天或野外作业的焊接

1）夏季在露天工作时，必须有防风、雨棚或临时凉棚。

2）露天作业时应注意风向，不要让吹散的铁水及熔渣伤人。

3）雨天、雪天或雾天时不准露天施焊，在潮湿地带工作时，焊工应站在铺有绝缘物的地方，并穿好绝缘鞋。

4）设置简易屏蔽板，遮挡弧光，以免伤害附近工作人员或行人的眼睛。

5）夏天露天气焊时，应防止氧气瓶、乙炔瓶直接受烈日暴晒，以免气体膨胀发生爆炸。冬天如遇瓶阀或减压器冻结时，应用热水解冻，严禁用火烤。

## 单元测试题



**一、单项选择题**（下列每题的选项中，只有 1 个是正确的，请将其代号填在横线空白处）

1. 熔化极电弧焊不包括________。

A. 手工钨极氩弧焊　　B. 焊条电弧焊　　C. 埋弧焊

2. 角焊缝基本符号是________。

A. |/　　B. ◺　　C. ⎾⏋

3. H 是________的元素符号。

A. 氧　　B. 氮　　C. 氢

4. 铁的元素符号是________。

A. Ca　　B. Mn　　C. Fe

5. 当锯削软材料时选用________锯条。

A. 粗齿　　B. 细齿　　C. 合金

6. 利用金属的塑性变形和弹性变形，使管子和管板达到密封和紧固成一体的连接工艺方法是________。

A. 铆接　　B. 粘接　　C. 胀接

7. 只是消除内应力，组织不发生变化的退火是________。

A. 完全退火　　B. 球化退火　　C. 去应力退火

8. 按钢中________的质量分数分类，可分为低碳钢、中碳钢、高碳钢。

A. 硫　　　　C. 锰　　　　C. 碳

9. 电流通过人体内部，破坏人体器官的过程称为________。

A. 电伤　　　　B. 电击　　　　C. 电磁场生理伤害

10. 在各种熔焊过程中，焊接区内都会产生或多或少的有害气体，这些气体不包括________。

A. 氢气　　　　B. 一氧化碳　　　　C. 臭氧

**二、判断题**（下列判断正确的打"√"，错误的打"×"）

1. 使被连接的构件表面局部加热熔化成液体，然后冷却结晶成一体的方法称为熔化焊接。（　）

2. 左视图确定了物体上、下、左、右四个不同部位，反映了物体的高度和长度。（　）

3. 在焊接装配图中，当基本符号在实线侧时，表示焊缝在箭头侧。（　）

4. 分子是化学变化中最小的微粒。（　）

5. S是磷的元素符号。（　）

6. 扁錾适用于錾削平面。（　）

7. 矫正工艺不适用于脆性材料。（　）

8. 材料在外力作用下抵抗塑性变形和破裂的能力称为韧性。（　）

9. 普通碳素结构钢Q235中，"235"表示该材料的最低抗拉强度。（　）

10. 流经人体的电流越大，引起心室颤动所需的时间越短，致命的危险性越大。（　）



## 单元测试题答案

**一、单项选择题**

1. A　2. B　3. C　4. C　5. A　6. C　7. C　8. C　9. B　10. A

**二、判断题**

1. √　2. ×　3. √　4. ×　5. ×　6. √　7. √　8. ×　9. ×　10. √

# 第2单元

# 焊前准备

# 第一节　焊接材料

→ 熟悉焊条的分类、组成及作用
→ 了解碳钢焊接材料的检验和保管方法
→ 了解碳钢焊接材料的选用原则
→ 熟悉焊条、焊丝的型号（牌号）表示方法
→ 能够正确选择及使用焊条、焊丝、保护气体

焊接过程中，各种填充金属以及为了提高焊接质量而附加的保护物质统称为焊接材料。随着焊接技术的迅速发展，焊接材料的应用范围日益扩大。而且，焊接技术的发展对焊接材料在品种和质量方面都提出了越来越高的要求。

焊接生产中使用的焊接材料主要包括焊条、焊丝、焊剂和保护气体等。

焊接材料的质量对保证焊接过程的稳定和获得满足使用要求的焊缝金属起着决定性作用。归纳起来，焊接材料应具有以下作用：

第一，保证电弧稳定燃烧和焊接熔滴顺利过渡。

第二，在焊接过程中保护液态熔池金属，以防止空气侵入。

第三，进行冶金反应和过渡合金元素，调整和控制焊缝金属的成分与性能。

第四，防止气孔、裂纹等焊接缺陷的产生。

第五，改善焊接工艺性能，在保证焊接质量的前提下尽可能提高焊接效率。



## 一、焊条

电弧焊中使用的涂有药皮的熔化电极称为焊条。

### 1. 焊条的组成和作用

焊条由焊芯和药皮（涂层）两部分组成，其外形如图 2—1 所示。

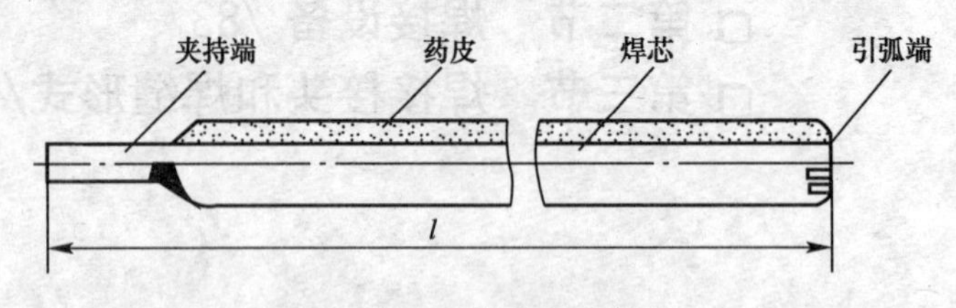


图 2—1　焊条外形示意图

（1）焊芯。焊条中被药皮包覆的金属芯称为焊芯。焊芯的作用：在焊接时传导电流，产生电弧；熔化成为焊缝的填充金属。

平常所说的焊条直径是指焊芯的直径。焊条直径的规格有 $\phi$1.6、$\phi$2.5、$\phi$3.2、$\phi$4、$\phi$5、$\phi$6 mm 几种，长度为 200～550 mm。焊芯直径、焊芯材料不同，决定了焊条允许通过的电流密度不同。

焊芯采用焊接专用的金属丝（即焊丝）。焊芯牌号的首位字母是“H”，后面的数字表示含碳量，其他合金元素含量的表示方法与钢材的表示方法大致相同。对高质量的焊条焊芯，尾部加“A”表示高级优质钢，加“E”表示特级优质钢。

（2）药皮。焊芯表面的涂层称为药皮。焊条药皮由多种原材料组成，焊条药皮可以采用氧化物、碳酸盐、有机物、氟化物、铁合金等数十种原材料粉末，按照一定的配方混合后涂压在焊芯上。各种原材料根据其在焊条药皮中的作用，可分成以下几类：稳弧剂、造渣剂、脱氧剂、造气剂、合金剂、增塑剂、黏结剂。焊条的具体作用如下：

1）机械保护作用。焊接时，焊条药皮熔化后产生大量的气体笼罩着电弧区和熔池，并且形成熔渣覆盖在熔滴和熔池金属表面，防止空气中的氧、氮侵入熔池，起到了渣-气保护作用。

2）冶金处理和渗合金。通过熔渣和渗入铁合金进行脱氧、去硫、去磷、去氢，去除有害元素，通过渗合金增添有用元素。焊条药皮中含有合金元素，熔化后过渡到熔池中，以弥补电弧高温下合金元素的烧损，使焊缝金属的质量得以改善。

3）改善焊接工艺性能。焊接工艺性能主要包括引弧性能、电弧稳定性、焊缝的成型、飞溅的大小、脱渣性和熔敷效率等。由于药皮中含有稳弧剂，在焊接过程中能起到引弧容易、稳定电弧的作用。焊条药皮中还含有合适的稀渣成分，焊接时可获得流动性良好的熔渣，以便得到成型美观的焊缝。焊条药皮的熔点稍低于焊芯的熔点（低 100～250℃），但因焊芯处于电弧的弧柱中心区，温度较高，所以焊芯先熔化，药皮稍晚一点熔化。这样，在焊条引弧端形成一小段药皮套筒，该套筒使电弧热量更集中，电弧吹力更强，有利于熔滴过渡，并可减小金属飞溅，稳定电弧，提高熔敷效率。

总之，药皮的作用是保证焊缝金属获得符合要求的化学成分和力学性能，并使焊条具有良好的焊接工艺性能。



**2. 焊条的分类**

焊条的分类方法很多，可分别按用途、熔渣的碱度、焊条药皮的主要成分、焊条性能特征等进行分类。

（1）按用途分类。焊条按用途可分为十大类，见表 2—1，表中还列出焊条型号按化学成分分类的方法，以便于比较。

**表 2—1　　焊条的分类**

| 焊条牌号 | | | 焊条型号 | | |
|---|---|---|---|---|---|
| 序号 | 焊条分类（按用途分类） | 代号 汉字（字母） | 焊条分类（按化学成分分类） | 代号 | 国家标准 |
| 1 | 结构钢焊条 | 结（J） | 碳钢焊条 | E | GB/T 5117—1995 |
| 2 | 钼及铬钼耐热钢焊条 | 热（R） | 低合金钢焊条 | E | GB/T 5118—1995 |
| 3 | 低温钢焊条 | 温（W） | | | |
| 4 | 不锈钢焊条：<br>铬不锈钢焊条<br>铬镍不锈钢焊条 | 铬（G）<br>奥（A） | 不锈钢焊条 | E | GB/T 983—1995 |

续表

| 焊条牌号 | | | 焊条型号 | | |
|---|---|---|---|---|---|
| 序号 | 焊条分类（按用途分类） | 代号 汉字（字母） | 焊条分类（按化学成分分类） | 代号 | 国家标准 |
| 5 | 堆焊焊条 | 堆（D） | 堆焊焊条 | ED | GB 984—2001 |
| 6 | 铸铁焊条 | 铸（Z） | 铸铁焊条 | EZ | GB/T 10044—2006 |
| 7 | 镍及镍合金焊条 | 镍（Ni） | 镍及镍合金焊条 | ENi | GB/T 13814—1992 |
| 8 | 铜及铜合金焊条 | 铜（T） | 铜及铜合金焊条 | TCu | GB/T 3670—1995 |
| 9 | 铝及铝合金焊条 | 铝（L） | 铝及铝合金焊条 | TAl | GB/T 3669—2001 |
| 10 | 特殊用途焊条 | 特（TS） | | | |

（2）按熔渣碱度分类。在实际生产中，通常将焊条分为两大类——酸性焊条和碱性焊条（又称低氢型焊条），即按熔渣中酸性氧化物与碱性氧化物的比例分类。酸性焊条的熔渣主要成分是酸性氧化物，碱性焊条的熔渣主要成分是碱性氧化物和氟化钙。

从焊接工艺性能来比较，酸性焊条容易引弧、电弧稳定，飞溅小，熔渣流动性和覆盖性均好，脱渣性好，因此，焊缝外表美观，焊波细密，成型平滑，对铁锈、油等污物不敏感。酸性焊条可用交流、直流焊接电源，适用于各种位置的焊接，焊前焊条的烘干温度较低。酸性焊条的药皮中含有较多的氧化铁、氧化钛及氧化硅等，氧化性较强，因此在焊接过程中合金元素烧损较多，同时由于焊缝金属中氧和氢含量较多，因而熔敷金属的塑性和韧性较低，抗裂性较差，因此，适用于一般低碳钢和不太重要的钢结构中。



碱性焊条药皮中含有大量的大理石和萤石，并含有较多的铁合金作为脱氧剂和渗合金剂，因此药皮具有足够的脱氧能力；另外，碱性焊条主要靠大理石等碳酸盐分解出$CO_2$作为保护气体。与酸性焊条相比，弧柱气氛中氢的分压较低，且萤石中的氟化钙在高温时与氢结合成氟化氢（HF），从而降低了焊缝中的含氢量，故碱性焊条又称为低氢型焊条。但由于氟的反电离作用，为了使碱性焊条的电弧能稳定燃烧，一般只能采用直流反接（即焊条接正极）进行焊接，只有当药皮中含有大量的稳弧剂时，才可以交直流两用。用碱性焊条焊接时，由于焊缝金属中氧和氢含量较少，非金属夹杂物也少，故具有较高的塑性和冲击韧性，抗裂性好。所以，碱性焊条适用于合金钢和重要的碳钢结构的焊接。

碱性焊条的熔滴过渡是短路过渡，电弧不够稳定，熔渣的覆盖性差，焊缝形状凸起，且焊缝外观波纹粗糙，在深坡口焊接中脱渣性不好。但在向上立焊时，容易操作。碱性焊条的主要缺点是工艺性差，对油、锈、水分等敏感。焊接时产生的灰尘量也较高。

酸性焊条和碱性焊条的特性对比见表2—2。

（3）按药皮的主要成分分类。焊条药皮由多种原材料组成，按照药皮的主要成分可以确定焊条的药皮类型。药皮中以钛铁矿为主的称为钛铁矿型；当药皮中含有30%以上的二氧化钛及20%以下的钙、镁的碳酸盐时，就称为钛钙型。唯有低氢型例外，虽然

表 2—2　　酸性焊条和碱性焊条的特性对比

| 酸性焊条 | 碱性焊条 |
| --- | --- |
| 1. 对水、铁锈的敏感性不大，使用前经 100～150℃烘焙，保温 1～2 h | 1. 对水、铁锈的敏感性大，使用前经 350～400℃烘焙，保温 1～2 h |
| 2. 电弧稳定，可采用交流或直流施焊 | 2. 直流反接施焊，药皮加稳弧剂后，可采用交、直流焊 |
| 3. 焊接电流较大 | 3. 焊接电流比同规格酸性焊条约小 10% |
| 4. 可长弧操作 | 4. 须短弧操作，否则易引起气孔 |
| 5. 合金元素过渡效果差 | 5. 合金元素过渡效果好 |
| 6. 熔深较浅，焊缝成型较好 | 6. 熔深稍深，焊缝成型一般 |
| 7. 熔渣呈玻璃状，脱渣较容易 | 7. 熔渣呈结晶状，脱渣不如酸性焊条容易 |
| 8. 焊缝的常温、低温冲击韧度一般 | 8. 焊缝的常温、低温冲击韧度较高 |
| 9. 焊缝的抗裂性较差 | 9. 焊缝的抗裂性好 |
| 10. 焊缝的含氢量较高 | 10. 焊缝的含氢量低 |
| 11. 焊接时烟尘较少 | 11. 焊接时烟尘较大 |

它的药皮主要成分为钙、镁的碳酸盐和萤石，但却以焊缝中含氢量最低作为其主要特征来命名。对于有些药皮类型，由于使用的黏结剂分别为钾水玻璃（或以钾为主的钾钠水玻璃）或钠水玻璃，因此，同一药皮类型又可进一步划分为钾型和钠型，如低氢钾型和低氢钠型。前者可使用交直流焊接电源，而后者只能使用直流电源。焊条药皮类型及主要特点见表 2—3。

由于药皮配方组分不同，致使各种药皮类型焊条的焊接工艺性能、焊接熔渣的特性以及焊缝金属力学性能均有很大差别，因此，在选用焊条时，要充分考虑各类焊条药皮类型的特点。此外，药皮中含有大量铁粉的焊条，可以称为铁粉焊条。按照相应焊条药皮的主要成分，又可分为铁粉钛型、铁粉钛铁矿型、铁粉钛钙型、铁粉氧化铁型及铁粉低氢型等，构成了铁粉焊条系列。



（4）按焊条性能分类。按性能分类的焊条，都是根据其特殊使用性能而制造的专用焊条，如超低氢焊条、低尘低毒焊条、立向下焊条、打底层焊条、高效铁粉焊条、防潮焊条、水下焊条、重力焊条等。

表 2—3　　焊条药皮类型及主要特点

| 药皮类型 | 焊条牌号 | 电源种类 | 主要特点 |
| --- | --- | --- | --- |
| 不属已规定类型 | □××0 | 不规定 | 在某些焊条中采用氧化锆、金红石等，这些新渣系目前尚未形成系列 |
| 氧化钛型 | □××1 | 直流或交流 | 含大量氧化钛，焊条工艺性能良好，电弧稳定，引弧方便，飞溅很小，熔深很浅，熔渣覆盖性良好，脱渣容易，焊缝波纹特别美观，可全位置焊接。适用于薄板焊接，但焊缝塑性和抗裂性稍差。随药皮中钾、钠及铁粉等用量的变化，分为高钛钾型、高钛钠型及铁粉钛型等 |
| 钛钙型 | □××2 | 直流或交流 | 药皮中含氧化钛 30%以上，钙、镁的碳酸盐 20%以下，焊条工艺性能良好，熔渣流动性好，熔深一般，电弧稳定，焊缝美观，脱渣方便，适用于全位置焊接，如 J422 即属此类型，是目前碳钢焊条中使用最广泛的一种焊条 |

续表

| 药皮类型 | 焊条牌号 | 电源种类 | 主要特点 |
|---|---|---|---|
| 钛铁矿型 | □××3 | 直流或交流 | 药皮中含钛铁矿不小于30%，焊条熔化速度快，熔渣流动性好，熔深较深，脱渣容易，焊波整齐，电弧稳定，平焊、平角焊工艺性能较好，立焊稍次，焊缝有较好的抗裂性 |
| 氧化铁型 | □××4 | 直流或交流 | 药皮中含大量氧化铁和较多的锰铁脱氧剂，熔深大，熔化速度快，焊接生产率高，电弧稳定，再引弧方便，立焊、仰焊较困难，飞溅稍大，焊缝抗裂性能较好，适用于中厚板焊接。由于电弧吹力大，适于野外操作。若药皮中加入一定量的铁粉，则为铁粉氧化铁型 |
| 纤维素型 | □××5 | 直流或交流 | 药皮中含15%以上的有机物，30%左右的氧化钛，焊接工艺性能良好，电弧稳定，电弧吹力大，熔深大，熔渣少，脱渣容易。可作立向下焊、深熔焊或单面焊双面成型焊接，立、仰焊工艺性好，适用于薄板结构、油箱管道、车辆壳体等的焊接。随药皮中稳弧剂、黏结剂含量变化，分为高纤维素钠型（采用直流反接）、高纤维素钾型两类 |
| 低氢钾型 | □××6 | 直流或交流 | 药皮成分以碳酸盐和萤石为主，焊条使用前须经300～400℃烘焙。短弧操作，焊接工艺性一般，可全位置焊接，焊缝有良好的抗裂性和综合力学性能，适用于焊接重要的结构。按照药皮中稳弧剂量、铁粉量和黏结剂不同，分为低氢钠型、低氢钾型和铁粉低氢型等 |
| 低氢钠型 | □××7 | 直流 | |
| 石墨型 | □××8 | 直流或交流 | 药皮中含有大量石墨，通常用于铸铁或堆焊焊条。采用低碳钢焊芯时，焊接工艺性能较差，飞溅较多，烟雾较大，熔渣少，适用于平焊。采用有色金属焊芯时，能改善其工艺性能，但电流不宜过大 |
| 盐基型 | □××9 | 直流 | 药皮中含大量氯化物和氟化物，主要用于铝及铝合金焊条。吸潮性强，焊前要烘干。药皮熔点低，熔化速度快。采用直流电源，焊接工艺性较差，短弧操作，熔渣有腐蚀性，焊后常用热水清洗 |

单元 2

### 3. 碳钢焊条的型号与牌号

（1）焊条的型号。焊条型号是以焊条国家标准为依据，反映焊条主要特性的一种表示方法。焊条型号包括以下含义：焊条类别、焊条特点（如焊芯金属类型、使用温度、熔敷金属化学组成或抗拉强度等）、药皮类型及焊接电源。不同类型焊条的型号表示方法也不同，下面主要介绍碳钢焊条的型号表示方法。

根据GB/T 5117—1995《碳钢焊条》标准规定，碳钢焊条型号按熔敷金属抗拉强度、药皮类型、焊接位置和焊接电源种类来划分。该类焊条包括E43系列和E50系列两类，见表2—4。

**表2—4　　碳钢焊条（GB/T 5117—1995）**

| 焊条类型 | 药皮类型 | 焊接位置 | 电流种类 |
|---|---|---|---|
| E43系列（熔敷金属抗拉强度大于等于420 MPa） | | | |
| E4300 | 特殊型 | 平、立、仰、横 | 交流或直流正、反接 |
| E4301 | 钛铁矿型 | | |
| E4303 | 钛钙型 | | |

续表

| 焊条类型 | 药皮类型 | 焊接位置 | 电流种类 |
| --- | --- | --- | --- |
| E43 系列（熔敷金属抗拉强度大于等于 420 MPa） | | | |
| E4310 | 高纤维素钠型 | 平、立、仰、横 | 直流反接 |
| E4311 | 高纤维素钠型 | | 交流或直流反接 |
| E4312 | 高钛钠型 | | 交流或直流正接 |
| E4313 | 高钛钠型 | | 交流或直流正、反接 |
| E4315 | 低氢钠型 | | 直流反接 |
| E4316 | 低氢钾型 | | 交流或直流反接 |
| E4320 | 氧化铁型 | 平 | 交流或直流正、反接 |
| | | 平角焊 | 交流或直流正接 |
| E4322 | | 平 | 交流或直流正接 |
| E4323 | 铁粉钛钙型 | 平、平角焊 | 交流或直流正、反接 |
| E4324 | 铁粉钛型 | | 交流或直流正、反接 |
| E4327 | 铁粉氧化铁型 | 平 | 交流或直流正、反接 |
| | | 平角焊 | 交流或直流正接 |
| E4328 | 铁粉低氢型 | 平、平角焊 | 交流或直流反接 |
| E50 系列（熔敷金属抗拉强度大于等于 490 MPa） | | | |
| E5001 | 钛铁矿型 | 平、立、仰、横 | 交流或直流正、反接 |
| E5003 | 钛钙型 | | 直流反接 |
| E5010 | 高纤维素钠型 | | 交流或直流反接 |
| E5011 | 高纤维素钾型 | | 交流或直流反接 |
| E5014 | 铁粉钛型 | | 交流或直流正、反接 |
| E5015 | 低氢钠型 | | 直流反接 |
| E5016 | 低氢钾型 | | 交流或直流反接 |
| E5018 | 铁粉低氢钾型 | | |
| E5018M | 铁粉低氢型 | | 直流反接 |
| E5023 | 铁粉钛钙型 | 平、平角焊 | 交流或直流正、反接 |
| E5024 | 铁粉钛型 | | 交流或直流正、反接 |
| E5027 | 铁粉氧化铁型 | | 交流或直流正接 |
| E5028 | 铁粉低氢型 | | 交流或直流反接 |
| E5048 | | 平、横、仰、立向下 | |

注：1. 焊接位置栏中文字含义：平—平焊，立—立焊，仰—仰焊，横—横焊，平角焊—水平角焊，立向下—向下立焊。

2. 直径不大于 4.0 mm 的 E5014、E××15、E××16、E5018 和 E5018M 型焊条及直径不大于 5.0 mm 的其他型号的焊条，可适用于立焊和仰焊。

3. E4322 型焊条适用于单道焊。

碳钢焊条型号编制方法为：首字母“E”表示焊条，前面的两位数字表示熔敷金属抗拉强度的最小值，单位为 MPa（1 kgf/mm²），第三位数字表示焊接位置，“0”及“1”表示焊条适用于全位置焊接（即可进行平、立、仰、横焊），“2”表示焊条适用于平焊及平角焊，“4”表示焊条适用于向下立焊，第三位和第四位数字组合表示焊接电流种类及药皮类型。第四位数字后附加“R”表示耐吸潮焊条，附加“M”表示耐吸潮和力学性能有特殊规定的焊条，附加“－1”表示冲击性能有特殊规定的焊条。

例如：

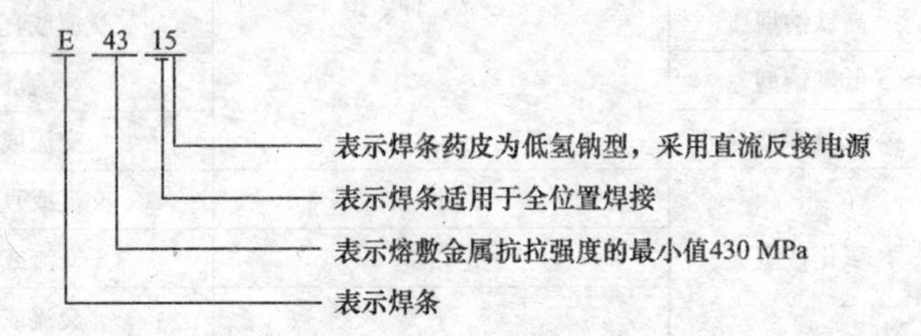


（2）焊条的牌号编制。碳钢焊条的牌号是根据熔敷金属的抗拉强度、药皮类型和电流种类来划分的，具体表示方法如下：

前加“J”（或“结”字）表示结构钢焊条。牌号前两位数字表示熔敷金属抗拉强度等级。牌号第三位数字表示药皮类型和焊接电源种类。药皮中含有大量铁粉，焊条效率为 105％以上，在牌号末尾加注“Fe”字；焊条效率大于 130％时，焊条牌号后面可加注“Fe”及二位数字（以效率的十分之一表示）。如 J502Fe16，表示熔敷金属抗拉强度大于 490 MPa 的铁粉钛钙型焊条，其焊条效率为 160％左右。对于某些具有特殊性能的焊条，也可在焊条牌号的后面加注拼音字母，如 J507XG、J507RH 焊条，“X”表示向下立焊，“G”表示管子，“R”表示高韧性，“H”表示超低氢。结构钢焊条有特殊性能和用途的，则在牌号后面加注起主要作用的化学元素符号或主要用途的拼音字母。



牌号举例：

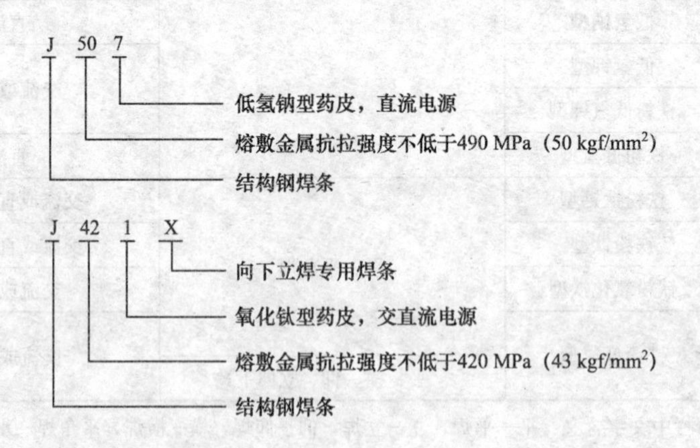


#### 4. 碳钢焊条的选用原则

焊条的选用须在确保焊接结构安全、可靠使用的前提下，根据被焊材料的化学成分、力学性能、板厚及接头形式、焊接结构特点、受力状态、结构使用条件对焊缝性能的要求、焊接施工条件和技术经济效益等，有针对性地选用焊条，必要时还需进行焊接性试验。

(1) 考虑焊缝金属力学性能。对于普通结构钢，通常要求焊缝金属与母材等强度，应选用熔敷金属抗拉强度等于或稍高于母材的焊条。在焊接结构刚度大、接头应力高、焊缝易产生裂纹的不利情况下，应考虑选用比母材强度低的焊条。当母材中碳、硫、磷等元素的含量偏高时，焊缝中容易产生裂纹，应选用抗裂性能好的碱性低氢型焊条。

(2) 考虑焊接构件使用性能和工作条件。对承受动载荷和冲击载荷的焊件，除满足强度要求外，主要应保证焊缝金属具有较高的冲击韧度和塑性，可选用塑性、韧性指标较高的低氢型焊条。

(3) 考虑焊接结构特点及受力条件。对结构形状复杂、刚度大的厚大焊接件，由于焊接过程中产生很大的内应力，易使焊缝产生裂纹，应选用抗裂性能好的碱性低氢焊条。对受力不大、焊接部位难以清理干净的焊件，应选用对铁锈、氧化皮、油污不敏感的酸性焊条。对受条件限制不能翻转的焊件，应选用适于全位置焊接的焊条。

(4) 考虑施工条件和经济效益。在满足产品使用性能要求的情况下，应选用工艺性好的酸性焊条。在狭小或通风条件差的场合，应选用酸性焊条或低尘焊条。对焊接工作量大的结构，有条件时应尽量采用高效率焊条，如铁粉焊条、高效率重力焊条等，或选用底层焊条、立向下焊条之类的专用焊条，以提高焊接生产率。

**5. 焊条的保管和使用**

(1) 碳钢焊条的保管。焊条管理的好坏对焊接质量有直接影响。焊条保管不善或存放时间过长，有可能出现焊条吸潮、锈蚀、药皮脱落等现象。轻者影响焊条的使用性能，如飞溅增大、产生气孔和白点、焊接过程中药皮成块脱落等；严重的会使焊条报废，造成经济损失。保管不善还可能造成错发错用，造成质量事故。因此，正确储存、保管焊条非常重要。

1) 焊条应按种类、牌号、批次、规格、入库时间分类堆放，每垛应有明确的标志，避免混乱。发放焊条时应遵循先进先出的原则，避免焊条存放时间太长。

2) 焊条必须存放在通风良好、干燥的库房内。库房要保持一定的温度和湿度，温度应不低于5℃，相对湿度在60%以下。

3) 储存焊条必须垫高，与地面和墙壁的距离均应大于0.3 m以上，保持上下左右空气流通，以防受潮变质。

4) 为了防止破坏包装及药皮脱落，搬运和堆放时不得乱摔、乱砸，应小心轻放。

5) 为防止焊条受潮，尽量做到现用现拆包装。

6) 对于已受潮、药皮变色和焊芯有锈蚀的焊条，须经烘干后进行质量评定。若各项性能指标都满足要求，方可入库。

(2) 碳钢焊条的使用要求。为了保证焊缝的质量，碳钢焊条在使用前须对焊条的外观进行检查以及烘干处理。

1) 焊条的外观检查。对焊条进行外观检查是为了避免由于使用不合格的焊条，而造成焊缝质量的不合格。外观检查包括：

①偏心。是指焊条药皮沿焊芯直径方向偏心的程度。焊条若偏心，焊接时焊条药皮熔化速度不同，无法形成正常的套筒，导致焊接时产生电弧偏吹，使电弧不稳定，造成

母材熔化不均匀，影响焊缝质量。应尽量不使用偏心的焊条，否则应通过改变焊条操作角度来调整电弧偏吹。

②锈蚀。是指焊芯生锈的现象。若焊芯仅有轻微的锈蚀，基本上不影响性能。如果焊接质量要求高，则不应使用。

③药皮裂纹或脱落。药皮在焊接过程中起着很重要的作用，如果药皮出现裂纹甚至脱落，则直接影响焊缝质量。禁止使用药皮脱落的焊条。

2）焊条的烘干

①烘干的目的。在焊条出厂时，所有的焊条都有一定的含水量，含水量根据焊条型号的不同而不同。焊条出厂时具有含水量是正常的，对焊缝质量没有影响。但是，焊条在存放时会从空气中吸收水分，在相对湿度较高时，焊条涂料吸收水分很快。普通碱性焊条裸露在外面一天，受潮就很严重。受潮的焊条在使用中是很不利的，不仅会使焊接工艺性能变坏，而且影响焊接质量，容易产生裂纹、气孔等缺陷，造成电弧不稳定、飞溅增多、烟尘增大等。因此，焊条（特别是低氢型碱性焊条）在使用前必须烘干。

②烘干温度。不同焊条品种要求不同的焊条烘干温度和保温时间。在各种焊条的说明书中对此均作了规定。酸性焊条药皮中，一般均含有带结晶水的物质和有机物，烘干温度一般规定为75～150℃，保温1～2 h。由于碱性焊条在空气中极易受潮，烘干温度要求较高，一般需350～400℃，保温1～2 h。

③烘干方法及要求。焊条烘干应放在专用的电焊条烘干设备中进行，不能在炉子上烘烤。烘干焊条时，应缓慢加热、保温、缓慢冷却。禁止将焊条直接放进高温炉内，或从高温炉内突然取出冷却，以防止焊条因骤冷骤热而产生药皮开裂脱落。经烘干的焊条应放入温度控制在80～100℃的恒温箱内存放，随用随取。



烘干焊条时，焊条不应成垛或成捆堆放，应铺成层状。$\phi$4 mm焊条不超过3层，$\phi$3.2 mm焊条不超过5层。否则，焊条叠起太厚，造成温度不均匀，局部过热而使药皮脱落，而且也不利于潮气排除。

使用低氢型碱性焊条或焊接重要产品时，应配备焊条保温筒，将烘干的焊条放入保温筒内，随用随取，筒内温度保持在50～60℃。低氢型焊条在常温下超过4 h，应重新烘干，重新烘干次数不超过2次。

## 二、焊丝

焊接时作为填充金属或同时用来导电的金属丝，称为焊丝。

**1. 焊丝的分类**

按制造方法焊丝可分为实心焊丝和药芯焊丝两大类，其中药芯焊丝又可分为气保护和自保护两种。

按焊接工艺方法焊丝可分为埋弧焊焊丝、气体保护焊焊丝、电渣焊焊丝、堆焊焊丝和气焊焊丝等。

按被焊材料的性质焊丝可分为碳钢焊丝、低合金钢焊丝、不锈钢焊丝、铸铁焊丝和有色金属焊丝等。

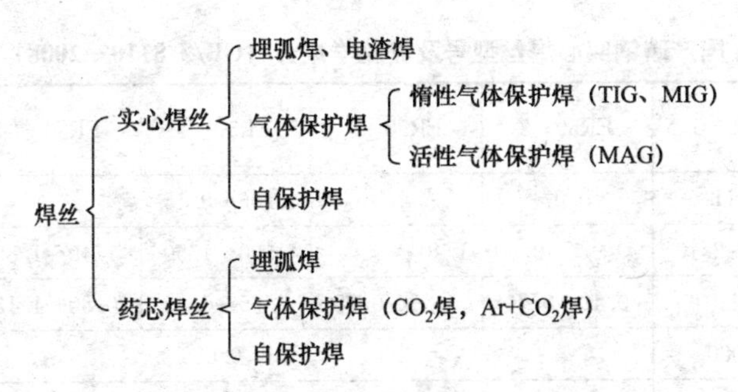


（1）实心焊丝。实心焊丝是由热轧线材经拉拔加工而成。为了防止焊丝生锈，需对焊丝（除不锈钢焊丝外）表面进行特殊处理，目前主要是镀铜处理。实心焊丝包括埋弧焊、电渣焊、$CO_2$ 气体保护焊、氩弧焊、气焊以及堆焊用的焊丝。

1）埋弧焊和电渣焊用焊丝。埋弧焊和电渣焊时，焊丝主要作为填充金属，同时向焊缝添加合金元素。根据被焊材料的不同，埋弧焊焊丝又分为低碳钢焊丝、低合金高强度钢焊丝、Cr－Mo 耐热钢焊丝、低温钢焊丝、不锈钢焊丝、表面堆焊焊丝等。

2）气体保护焊用焊丝。气体保护焊分为惰性气体保护焊（TIG、MIG）和活性气体保护焊（MAG）。根据焊接方法的不同，气体保护焊用焊丝分为 TIG 焊接用焊丝、MIG 和 MAG 焊接用焊丝、$CO_2$ 焊接用焊丝。

3）自保护焊用焊丝。利用焊丝中所含有的合金元素在焊接过程中进行脱氧、脱氮，以消除从空气中进入焊接熔池的氧和氮的不良影响。为此，除提高焊丝中的 C、Si、Mn 含量外，还要加入强脱氧元素 Ti、Zr、Al、Ce 等。

（2）药芯焊丝。药芯焊丝是将药粉包在薄钢带内卷成不同的截面形状经轧拔加工制成的焊丝。药芯焊丝粉剂的作用与焊条药皮相似。药芯焊丝可制成盘状供应，易于实现机械化焊接。药芯焊丝分为埋弧焊焊丝、气体保护焊焊丝（有外加保护气）和自保护焊焊丝（无外加保护气）。根据药芯焊丝结构，药芯焊丝可分为有缝焊丝和无缝焊丝两种。



与实心焊丝相比，药芯焊丝具有下列特点：

1）药芯焊丝具有比实心焊丝更高的熔敷速度，特别是在全位置焊接场合，可使用大电流，提高了焊接效率。

2）电弧柔软，飞溅较少。

3）焊道外观平坦、美观。

4）烟尘较多。

5）需要清理焊渣。

**2. 碳钢焊丝型号与牌号**

（1）实心焊丝的型号与牌号

1）实心焊丝型号。根据 GB/T 8110—2008《气体保护电弧焊用碳钢、低合金钢焊丝》的规定，气体保护电弧焊用碳钢焊丝按化学成分和采用熔化极气体保护电弧焊时熔敷金属的力学性能分类。

焊丝型号的表示方法为 ER××-×，字母“ER”表示焊丝，ER 后面的两位数字表示熔敷金属的最低抗拉强度，“-”后面的数字表示焊丝化学成分分类代号。国产碳钢实心焊丝型号及其化学成分见表 2—5，国产碳钢实心焊丝型号及其力学性能见表 2—6。

**表 2—5　　国产碳钢实心焊丝型号及其化学成分（GB/T 8110—2008）　　%**

<table>
<tr><th>焊丝型号</th><th>ER49－1</th><th>ER50－2</th><th>ER50－3</th><th>ER50－4</th><th>ER50－6</th><th>ER50－7</th></tr>
<tr><td>C</td><td>0.11</td><td>0.07</td><td colspan="3">0.06～0.15</td><td>0.07～0.15</td></tr>
<tr><td>Mn</td><td>1.80～2.10</td><td colspan="2">0.90～1.40</td><td>1.00～1.50</td><td>1.40～1.85</td><td>0.50～0.80</td></tr>
<tr><td>Si</td><td>0.65～0.95</td><td>0.40～0.70</td><td>0.45～0.75</td><td>0.65～0.85</td><td>0.80～1.15</td><td>0.50～0.80</td></tr>
<tr><td>P</td><td>0.030</td><td colspan="5">0.025</td></tr>
<tr><td>S</td><td>0.030</td><td colspan="5">0.025</td></tr>
<tr><td>Ni</td><td>0.30</td><td colspan="5">0.15</td></tr>
<tr><td>Cr</td><td>0.20</td><td colspan="5">0.15</td></tr>
<tr><td>Mo</td><td>—</td><td colspan="5">0.15</td></tr>
<tr><td>V</td><td>—</td><td colspan="5">0.03</td></tr>
<tr><td>Ti</td><td>—</td><td>0.05～0.15</td><td colspan="4">—</td></tr>
<tr><td>Zr</td><td>—</td><td>0.02～0.12</td><td colspan="4">—</td></tr>
<tr><td>Al</td><td>—</td><td>0.05～0.15</td><td colspan="4">—</td></tr>
<tr><td>Cu</td><td colspan="6">0.05</td></tr>
<tr><td>其他元素总量</td><td colspan="6">—</td></tr>
</table>

**表 2—6　　国产碳钢实心焊丝型号及其力学性能（GB/T 8110—2008）**

<table>
<tr><th>焊丝型号</th><th>保护气体</th><th>抗拉强度（MPa）</th><th>屈服强度（MPa）</th><th>伸长率（%）</th><th>试验温度（℃）</th><th>V形缺口冲击吸收功（J）</th></tr>
<tr><td>ER49－1</td><td rowspan="6">CO₂</td><td>≥490</td><td>≥372</td><td>≥20</td><td>室温</td><td>≥47</td></tr>
<tr><td>ER50－2</td><td rowspan="5">≥500</td><td rowspan="5">≥420</td><td rowspan="5">≥22</td><td>−30</td><td rowspan="2">≥27</td></tr>
<tr><td>ER50－3</td><td>−20</td></tr>
<tr><td>ER50－4</td><td>—</td><td>—</td></tr>
<tr><td>ER50－6</td><td rowspan="2">−30</td><td rowspan="2">≥27</td></tr>
<tr><td>ER50－7</td></tr>
</table>

注：ER50－2、ER50－3、ER50－4、ER50－6、ER50－7 型焊丝，当伸长率超过最低值时，每增加 1%，屈服强度和抗拉强度可减少 10 MPa，但抗拉强度最低值不得小于 480 MPa，屈服强度最低值不得小于 400 MPa。

焊丝型号举例：

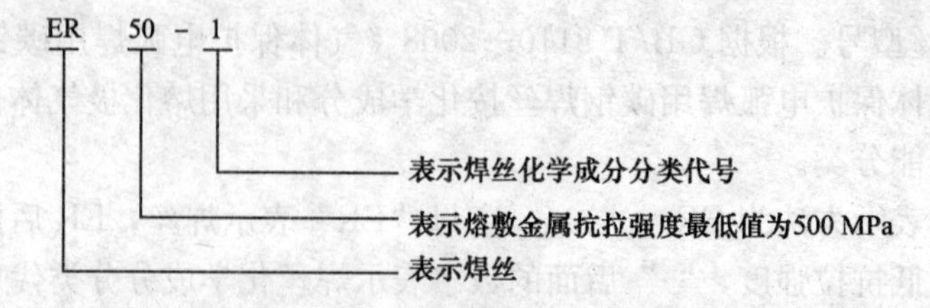

2）实心焊丝牌号。牌号第一个字母“H”表示焊接用实心焊丝，H后面的一位或两位数字表示含碳量，接下来的化学符号及其后面的数字表示该元素含量的大致百分数。合金元素含量小于1%时，该合金元素化学符号后面的数字省略。在结构钢焊丝牌号尾部有时会标有“A”或“E”，A表示硫、磷含量要求低的高级优质钢，E表示硫、磷含量要求特别低的焊丝。国产碳钢实心焊丝的牌号及主要成分见表2—7。

焊丝牌号举例：

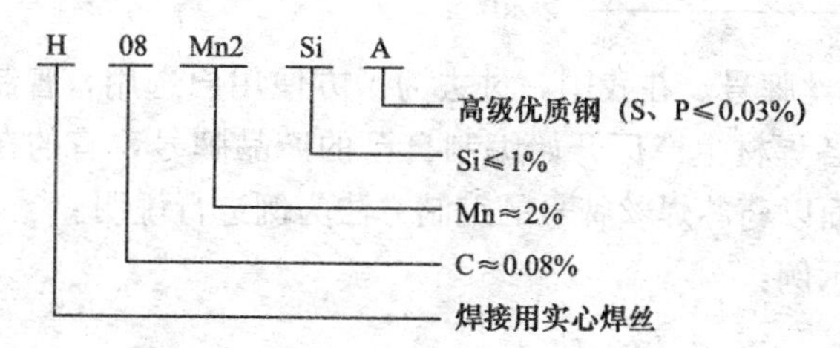


**表2—7　　国产碳钢实心焊丝的牌号及主要成分（GB/T 14957—1994）**

| 序号 | 牌号 | 化学成分（%） | | | | | | | |
|---|---|---|---|---|---|---|---|---|---|
| | | C | Mn | Si | Cr | Ni | Cu | S | P |
| 1 | H08A | ≤0.10 | 0.30～0.55 | ≤0.03 | ≤0.20 | ≤0.30 | ≤0.20 | ≤0.030 | ≤0.030 |
| 2 | H08E | ≤0.10 | 0.30～0.55 | ≤0.03 | ≤0.20 | ≤0.30 | ≤0.20 | ≤0.020 | ≤0.020 |
| 3 | H08C | ≤0.10 | 0.30～0.55 | ≤0.03 | ≤0.10 | ≤0.10 | ≤0.20 | ≤0.015 | ≤0.015 |
| 4 | H08MnA | ≤0.10 | 0.80～1.10 | ≤0.07 | ≤0.20 | ≤0.30 | ≤0.20 | ≤0.030 | ≤0.030 |
| 5 | H15a | 0.11～0.18 | 0.35～0.65 | ≤0.03 | ≤0.20 | ≤0.30 | ≤0.20 | ≤0.030 | ≤0.030 |
| 6 | H15Mn | 0.11～0.18 | 0.80～1.10 | ≤0.03 | ≤0.20 | ≤0.30 | ≤0.20 | ≤0.035 | ≤0.035 |

（2）碳钢药芯焊丝的型号与牌号

1）碳钢药芯焊丝型号。根据GB/T 10045—2001《碳钢药芯焊丝》标准规定，碳钢药芯焊丝型号根据其熔敷金属力学性能、焊接位置及焊丝类别特点（保护类型、电流类型及渣系特点等）进行划分。

碳钢药芯焊丝型号中，字母“E”表示焊丝，字母“E”后面的两位数字表示熔敷金属的力学性能。第三位数字表示推荐的焊接位置，其中“0”表示平焊和横焊位置，“1”表示全位置。字母“T”表示药芯焊丝，“-”后面的数字表示焊丝的类别特点。字母“M”表示保护气体为75%～80% Ar+$CO_2$；当无字母“M”时，表示保护气体为$CO_2$或自保护类型。字母“L”表示焊丝熔敷金属的冲击性能，在－40℃时其V形缺口冲击功不小于27 J；无“L”时，表示焊丝熔敷金属的冲击性能符合一般要求。

碳钢药芯焊丝型号编制方法示例如下：

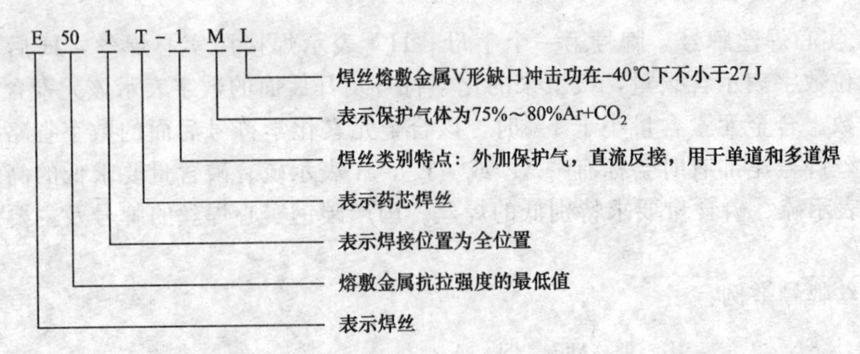


2）碳钢药芯焊丝牌号。在我国，过去为了方便用户选用，曾制定了统一牌号，如YJ501－1。目前，各焊材生产厂开始编制自己的产品牌号，有的在原统一牌号前加上企业名称代号。下面以药芯焊丝牌号的编制方法为例进行说明。

药芯焊丝牌号示例：

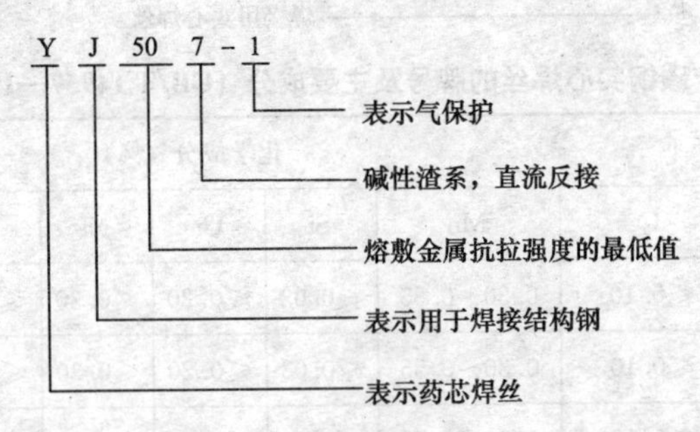




第一位字母“Y”表示药芯焊丝，第二位字母“J”表示用于焊接结构钢，字母后面的两位数字表示熔敷金属抗拉强度最低值，第三位数字表示渣系和电流种类，如“1”表示金红石型，“2”为钛钙型，“7”为碱性渣系。“-”后的数字表示焊接时的保护类型，如“1”表示气保护，“2”为自保护，“3”为气保护与自保护两用，“4”表示其他保护形式。

## 三、钨极

钨极是钨极氩弧焊的电极材料，起传导电流、引燃电弧和维持电弧正常燃烧的作用，对电弧的稳定性和焊接质量有很大的影响。通常要求钨极具有电流容量大、施焊损耗小、引弧和稳弧性好等特点。这主要取决于钨极的电子发射能力大小。

**1. 钨极的种类**

钨极种类有纯钨极、钍钨极、铈钨极、锆钨极等，目前常用的是铈钨极。

（1）纯钨极。纯钨极含钨 99.85％以上，熔点很高（3 390～3 470℃），沸点也很高（约为 5 900℃），不易熔化和蒸发。它基本上可以满足焊接的要求，但在使用交流电时，纯钨极电流承载能力较低，抗污染能力差，要求焊接电源有较高的空载电压，故目前已很少采用。

（2）钍钨极。在纯钨极的基础上加入 1％～2％的氧化钍的钨极即是钍钨极。由于

钨棒内含有钍元素，使钨极的电子发射能力增强，电流承载能力较好，寿命较长且抗污染性能较好。使用这种钨极时，引弧比较容易，并且电弧比较稳定。其缺点是成本较高，具有微量放射性。

（3）铈钨极。在纯钨极中加入2%的氧化铈即得到铈钨极。与钍钨极相比，它具有如下优点：直流小电流焊接时，易建立电弧，引弧电压比钍钨极低50%，电弧燃烧稳定；弧柱的压缩程度较好，在相同的焊接参数下，弧束较长，热量集中，烧损率比钍钨极低5%～50%，修磨端部次数少，使用寿命比钍钨极长，最大许用电流密度比钍钨极高5%～8%，放射性极低，是我国建议尽量采用的钨极。

（4）锆钨极。它的性能介于纯钨极和钍钨极之间。用于交流焊接时，具有纯钨极理想的稳定特性和钍钨极的载流量及引弧特性。

2. 钨极的牌号

钨极牌号一般是根据其化学元素符号及化学成分的平均含量来表示。

铈钨极牌号表示方法：

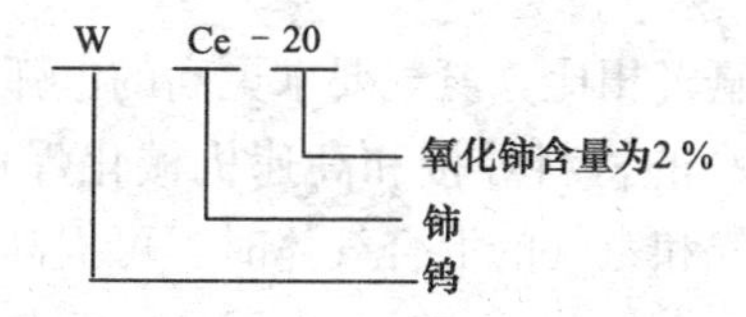


钍钨极牌号表示方法：

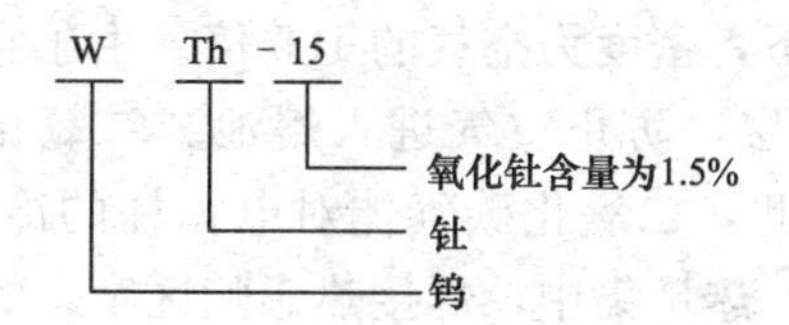




## 四、保护气体

1. 氩气

氩气（Ar）是一种无色、无味的单原子气体，原子量为39.948。一般由空气液化后，用分馏法制取氩。

（1）氩气的性质

1）氩气的密度是空气的1.4倍，是氦气的10倍。因为氩气比空气重，因此氩能在熔池上方形成一层较好的覆盖层。另外在焊接过程中用氩气保护时，产生的烟雾较少，便于控制焊接熔池和电弧。

2）氩气是一种惰性气体，在常温下与其他物质均不起化学反应，在高温下也不溶于液态金属中。故在焊接有色金属时更能显示其优越性。

3）氩气是一种单原子气体。在高温下，氩气直接离解为正离子和电子。因此能量损耗低，电弧燃烧稳定。

4）氩气对电弧的冷却作用小，所以电弧在氩气中燃烧时，热量损耗小，稳定性比较好。

5）氩气对电极具有一定的冷却作用，可提高电极的许用电流值。

6）因为氩气的密度大，可形成稳定的气流层，故有良好的保护性能。同时分解后的正离子体积和质量较大，对阴极的冲击力很强，具有强烈的阴极破碎作用。

7）氩气对电弧的热收缩效应较小，加上氩弧的电位梯度和电流密度不大，维持氩弧燃烧的电压较低，一般 10 V 即可。故焊接时拉长电弧，其电压改变不大，电弧不易熄灭，这点对手工氩弧焊非常有利。

（2）对氩气纯度的要求。焊接时，氩气纯度应达到 99.99％，如果氩气中的杂质含量超标，在焊接过程中不但影响对熔化金属的保护，而且极易使焊缝产生气孔、夹渣等缺陷，使焊接接头质量变坏，并使钨极的烧损量增加。

**2. 氦气**

氦气是最轻的单原子气体，原子量是 4。氦气是从天然气中分离出来的。氦气纯度的要求是 99.99％。虽然氦气可以液体形式供给，但通常都使用高压气瓶装氦气。

氦气的热导率较高，与氩气相比，氦气要求更高的电弧电压和线能量。由于氦弧的能量较高，故对于热传导率高的材料焊接和高速机械化焊接是十分有利的。焊接厚板时，应采用氦气。当使用氩气和氦气的混合气体时，可提高焊速。

**3. 二氧化碳**

（1）二氧化碳的性质。二氧化碳是一种无色无味的多原子气体，来源广、成本低。



二氧化碳在标准状况下，密度为空气的 1.5 倍。由于它比空气重，因此能在熔池上方形成一层较好的保护层，防止空气进入熔池。二氧化碳在电弧的高温作用下，将发生吸热分解反应。因此，二氧化碳气体对电弧柱的冷却作用较强，产生的热收缩效应也较强，弧柱区窄，热量集中，焊接热影响区窄，焊接变形小，特别适用于焊接薄板。

二氧化碳气体是氧化性气体，在电弧高温作用下，二氧化碳分解成一氧化碳和原子态氧。在电弧区中，有 40％～60％的二氧化碳气体分解，分解出的原子态氧具有强烈的氧化性，使金属氧化。因此，使用二氧化碳气体要解决好对熔池金属的氧化问题。一般是采用含有脱氧剂的焊丝来进行焊接。

（2）对二氧化碳纯度的要求。焊接用的二氧化碳气体必须有较高的纯度，一般要求不低于 99.5％，露点低于－40℃。液态二氧化碳中除可溶解占总质量 0.05％的水分外，还有部分自由状态的水分沉于瓶底。为了减少气体中的水分对焊接的影响，可将新灌气瓶倒立 1～2 h，再打开瓶阀，由于液态二氧化碳比水轻，这样可将水排出，然后关闭瓶阀，将瓶放正。使用前再放气 2～3 min，二氧化碳气体中水分的含量与气压有关，气体压力越低，气体中水分的含量越高。在使用压力低的二氧化碳气体焊接时，焊缝中就容易出现气孔。所以，要求瓶内压力不低于 0.98 MPa。

# 第二节 焊接设备

→ 了解焊接电源的种类和铭牌
→ 熟悉焊条电弧焊、手工钨极氩弧焊及 $CO_2$ 气体保护焊设备的型号、表示方法及基本要求
→ 能够正确选择焊接设备及常用工具

## 一、弧焊电源

弧焊电源是为电弧负载提供电能并保证焊接工艺过程稳定的装置。它除了具有一般电力电源的特点外，还需具有与各种焊接工艺方法相适应的特性。常用的电弧焊如焊条电弧焊（SMAW）、熔化极气体保护焊（GMAW）、钨极氩弧焊（GTAW）、等离子弧焊（PAW）、埋弧焊（SAW）等对电源都有不同的要求。

我国的工业电网采用三相四线制交流供电，频率为 50 Hz，相电压为 220 V，线电压为 380 V。而电弧负载常用的电压为 20～40 V，电流为几十至上千安，因此在工业电网与焊接电弧负载之间必须有一种能量传输与变换装置，这就是弧焊电源。工业电网的电压远高于一般电弧焊的需要，而且威胁焊接操作者的人身安全，因此将电网电压降低到适合电弧工作的电压是弧焊电源的首要功能。通常弧焊电源输出电压为 20～80 V。降压的基本方法是采用基于电磁感应原理的变压器。由于在弧焊电源中使用的变压器都是降压变压器，根据变压器工作原理，降压变压器在降低电压的同时提供大的输出电流，这也恰好满足焊接电弧大电流特性的要求。一般焊接电源的输出电流为 30～1 500 A，所以低电压、大电流是弧焊电源与其电弧特性相适应的基本电特性之一。变压器的另一个重要作用就是它的阻抗变换作用，大大降低了负载短路时对电网的冲击，因为在电弧焊中，电弧短路是不可避免的，甚至是一种焊接工艺上的特殊需要。



弧焊电源中的变压器有两种基本形式，一种是直接将工业电网电压降低的变压器，也称为工频变压器，这是传统弧焊电源的主要组成部分。在工频变压器中，独立作为交流电源使用的采用单相变压器，为直流电源配套的则多为三相变压器。另一种是工作在 20 kHz 的中频变压器，这种变压器必须借助专用的逆变电路才能工作，这就是所谓的逆变电源。同等功率的 20 kHz 中频变压器的体积和质量仅为工频变压器的十几分之一。

### 1. 弧焊电源的种类

国内外对弧焊电源的分类方法有各种各样的见解。归纳起来，大致有如下几种：按输出电流的种类分大类，再按关键器件分小类；按旋转和静止分大类，再按焊接功率的调节方法分小类；按外特性分类或按额定电流等级分类等。

弧焊工艺对弧焊电源提出的电特性要求为：合适的外特性形状；足够大的参数调节范围和良好的动特性。弧焊电源的控制机构和采用的器件是决定弧焊电源性能的关键因素，尽管控制机构和器件是多种多样的，但从本质上可以归纳为机械调节、电磁控制和电子控制三类基本的控制方法。图 2—2 列出了三种控制类型的各种弧焊电源。

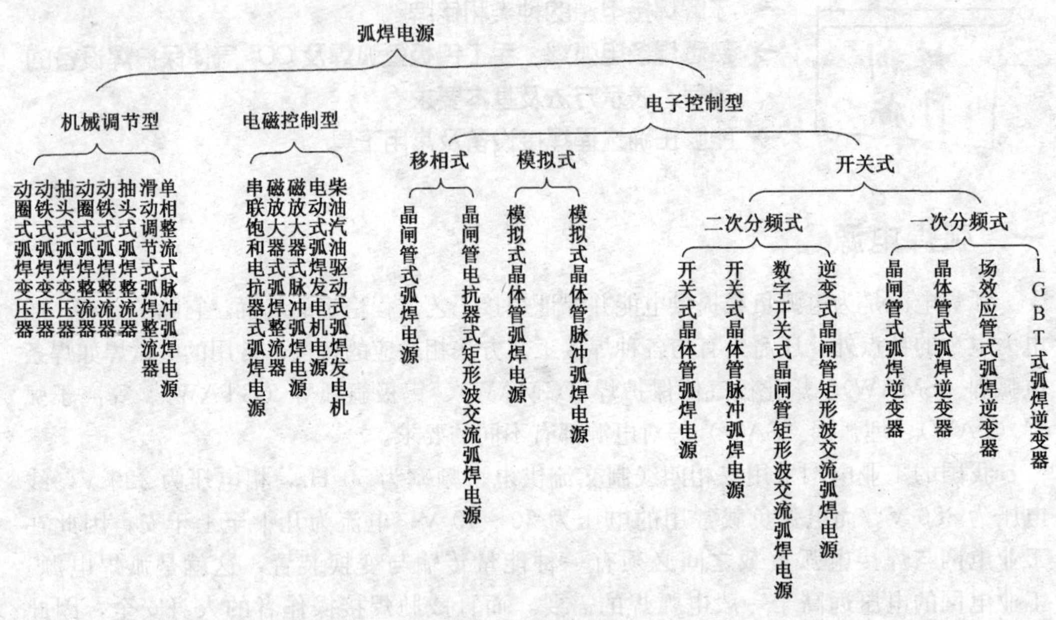


图 2—2　三种控制类型的各种弧焊电源



（1）机械调节型弧焊电源。它的特点是借助于机械移动装置来实现其对弧焊电源外特性的调节。例如，移动弧焊变压器的动铁心、动绕组或改变绕组匝数（抽头）等，就可以改变外特性。属于机械调节型的弧焊电源有弧焊变压器和弧焊整流器。这种电源既简单又可靠，但调节不灵活，笨重而且耗料多，只能用在要求不高的场合。

（2）电磁控制型弧焊电源。这种弧焊电源靠改变励磁电流大小调节铁心饱和程度来实现对外特性曲线和参数的控制。属于电磁控制型的弧焊电源包括磁放大器式整流器和弧焊发电机。这类弧焊电源的特点是结构简单、坚固、工作可靠、耐用，但调节参数少，不精确，不灵活，动态响应速度慢，只适合要求不高的焊接场合。

（3）电子控制型弧焊电源。电子控制型弧焊电源简称电子弧焊电源。无论外特性还是动特性，都完全借助于电子线路（含反馈电路）来进行控制，包括对输出电流、电压波形的任意控制，且稳定性好，抗干扰性强，与本身结构没有决定性的关系。电子控制型弧焊电源有晶闸管式弧焊整流器、晶体管式弧焊整流器、弧焊逆变器、矩形波交流弧焊电源和微机控制的弧焊电源等。

电子控制型弧焊电源的出现使弧焊电源的发展进入一个新的时代，具有取代普通弧焊电源的趋势。目前，一些工业发达国家已淘汰了弧焊发电机，磁放大器式弧焊整流器也正在逐步淘汰中，有些国家准备逐步减少弧焊变压器的生产，只有在要求较低的场合才使用这些“粗糙”的弧焊电源。我国已于1992年决定停止生产弧焊发电机。

**2. 对焊接电源（焊机）的基本要求**

电弧引燃容易、燃烧稳定是获得优质接头的基本条件，具体要求如下。

（1）有适当的空载电压。电源外电路开路时，其输出端电压称为电源空载电压。焊接电流的空载电压高，加在电极与工件间的电压高，有利于阴极发射电子和气体分子电离，使电弧容易引燃及稳定。但是空载电压太高，对焊工安全不利，制造焊机耗材多，因此对于焊接电流的空载电压，直流电源为55～90 V，交流电源为60～80 V。

（2）有合适的外特性。焊接电源输出电压与输出电流之间的关系称为电源外特性。焊接电源的外特性分为下降外特性和平特性。手工电弧焊、手工钨极氩弧焊和埋弧自动焊采用下降外特性电源。

（3）有良好的动特性。手工电弧焊引弧时，焊条与工件碰撞，电源要迅速提供合适的短路电流，焊条抬起时，必须很快达到空载电压，若焊接电流不能适应，电弧不能稳定燃烧甚至熄灭，这种适应性称为电流动特性。焊接电流要适应这种变化，就应具有合格的动特性。尤其是熔滴呈短路过渡的电弧焊对电源的动特性有较高要求，而不熔化极电弧焊对电流动特性无特殊要求。

（4）良好的调节特性，可以灵活地调节焊接规范。焊接时，由于焊件材质、厚度、焊接位置和焊条直径等不相同，需要选择不同的焊接电流。为此，焊接电流必须在较宽范围内能均匀灵活地调节。



**3. 弧焊电源的型号**

我国焊机型号按GB/T 10249—2010《电焊机型号编制方法》规定编制，采用汉语拼音字母和阿拉伯数字表示。型号的编排次序及含义如图2—3a所示。产品符号代码的编排次序及含义如图2—3b所示。型号中，2、4项用阿拉伯数字表示，3项用汉语拼音字母表示，3、4项如不用，可空缺；产品符号代码中，1、2、3各项用汉语拼音字母表示，4项用阿拉伯数字表示。部分电弧焊机型号的编排次序及含义见表2—8。

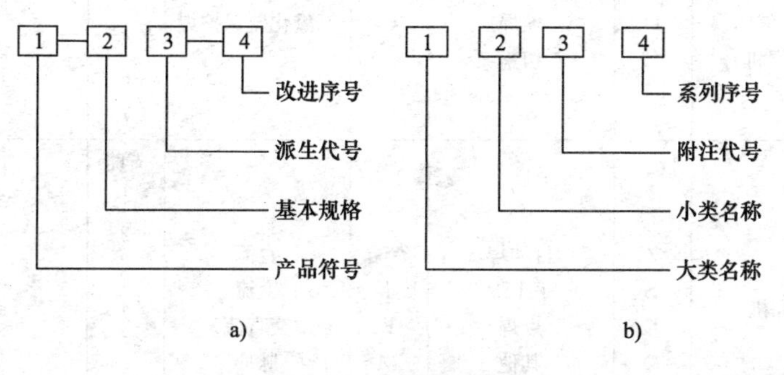


图2—3　型号的编排

a）型号的编排次序及含义　b）产品符号代码的编排次序及含义

表 2—8　　部分电弧焊机型号的编排次序及含义

| 第一字母 | | 第二字母 | | 第三字母 | | 第四字母 | |
|---|---|---|---|---|---|---|---|
| 代表字母 | 大类名称 | 代表字母 | 小类名称 | 代表字母 | 附注特征 | 数字序号 | 系列序号 |
| B | 交流弧焊机<br>（弧焊变压器） | X<br>P | 下降特性<br>平特性 | L | 高空载电压 | 省略<br>1<br>2<br>3<br>4<br>5<br>6 | 磁放大器或饱和电抗器式<br>动铁心式<br>串联电抗器式<br>动圈式<br>晶体管式<br>晶闸管式<br>变换抽头式 |
| A | 机械驱动<br>的弧焊机<br>（弧焊发电机） | X<br>P<br>D | 下降特性<br>平特性<br>多特性 | 省略<br>D<br>Q<br>C<br>T<br>H | 电动机驱动<br>单纯弧焊发电机<br>汽油机驱动<br>柴油机驱动<br>拖拉机驱动<br>汽车驱动 | 省略<br>1<br>2 | 直流<br>交流发电机整流<br>交流 |
| Z | 直流弧焊机<br>（弧焊整流器） | X<br>P<br>D | 下降特性<br>平特性<br>多特性 | 省略<br>M<br>L<br>E | 一般电源<br>脉冲电源<br>高空载电压<br>交直流两用电源 | 省略<br>1<br>3<br>4<br>5<br>6<br>7 | 磁放大器或饱和电抗器式<br>动铁心式<br>动线圈式<br>晶体管式<br>晶闸管式<br>交换抽头式<br>变频式 |
| M | 埋弧焊机 | Z<br>B<br>U<br>D | 自动焊<br>半自动焊<br>堆焊<br>多用 | 省略<br>J<br>E<br>M | 直流<br>交流<br>交直流<br>脉冲 | 省略<br>2<br>3<br>9 | 焊车式<br>横臂式<br>机床式<br>焊头悬挂式 |
| N | MIG/MAG 焊机<br>（熔化极惰性<br>气体保护弧焊<br>机/活性气体<br>保护弧焊机） | Z<br>B<br>D<br>U<br>C | 自动焊<br>半自动焊<br>点焊<br>堆焊<br>切割 | 省略<br>M<br>C | 直流<br>脉冲<br>二氧化碳保护焊 | 省略<br>1<br>2<br>3<br>4<br>5<br>6<br>7 | 焊车式<br>全位置焊车式<br>横臂式<br>机床式<br>旋转焊头式<br>台式<br>焊接机器人<br>变位式 |
| W | TIG 焊机 | Z<br>S<br>D<br>Q | 自动焊<br>手工焊<br>点焊<br>其他 | 省略<br>J<br>E<br>M | 直流<br>交流<br>交直流<br>脉冲 | 省略<br>1<br>2<br>3<br>4<br>5<br>6<br>7<br>8 | 焊车式<br>全位置焊车式<br>横臂式<br>机床式<br>旋转焊头式<br>台式<br>焊接机器人<br>变位式<br>真空充气式 |

续表

| 第一字母 | | 第二字母 | | 第三字母 | | 第四字母 | |
|---|---|---|---|---|---|---|---|
| 代表字母 | 大类名称 | 代表字母 | 小类名称 | 代表字母 | 附注特征 | 数字序号 | 系列序号 |
| L | 等离子弧焊机/<br>等离子切割机 | G<br>H<br>U<br>D | 切割<br>焊接<br>堆焊<br>多用 | 省略<br>R<br>M<br>J<br>S<br>F<br>E<br>K | 直流等离子<br>熔化极等离子<br>脉冲等离子<br>交流等离子<br>水下等离子<br>粉末等离子<br>热丝等离子<br>空气等离子 | 省略<br>1<br>2<br>3<br>4<br>5<br>8 | 焊车式<br>全位置焊车式<br>横臂式<br>机床式<br>旋转焊头式<br>台式<br>手工等离子 |

## 二、焊条电弧焊设备

### 1. 对焊条电弧焊电源的要求

焊条电弧焊电源是对焊接电弧提供电能的装置，除需满足一般电力电源的要求之外，还需具备电弧特性和弧焊工艺对电源要求的特殊性能。一般要求是：结构上要简单轻巧、制造容易、消耗材料少、节省电能、成本低；使用上要方便、可靠、安全、性能良好并容易维修。特殊要求主要是：易于引弧；电弧能稳定燃烧；焊接工艺参数稳定；具有足够宽的焊接工艺参数调节范围。在特殊环境下（如高原、水下和野外等）工作的弧焊电源，还需具备对环境的适应性。

现仅从电气性能方面讨论对焊条电弧焊电源的要求。

（1）陡降的外特性。焊条电弧焊的电源要求具有陡降的外特性，这样不但能保证电弧稳定燃烧，而且能保证短路时不会因为产生过大的短路电流而将电焊机烧毁。

（2）合适的空载电压。弧焊电源的空载电压越高，引弧越容易，电弧燃烧越稳定。但空载电压过高，不仅不利于焊工的人身安全，而且使电源的容量和体积增大，效率和功率因数降低。因此，在满足焊接工艺的前提下，空载电压应尽可能低一些。

（3）合理的调节特性。为了适应不同材质、不同厚度、不同结构及不同坡口形式焊件的焊接，弧焊电源应有令人满意的调节焊接工艺参数的特性。这里所指的焊接工艺参数主要是电弧工作电压和工作电流。调节焊接工艺参数借助调节电源的外特性来实现。

（4）良好的动特性。熔化极电弧焊过程中，焊条金属熔化形成了熔滴向熔池过渡，由此引起弧长频繁地变化。当大颗粒熔滴进入熔池时，还可能造成电弧短路。因此，焊接过程中电弧电压、电流是不断发生变化的。电弧的这种动负载特性，要求弧焊电源具有良好的动特性。所谓弧焊电源的动特性，是指负载发生瞬时变化时，其输出电流和电压对时间的关系。也可以用一组参数表征弧焊电源的这种对负载瞬变的反应能力。一般来说，弧焊变压器的电磁惯性小，动特性均能符合要求，而直流弧焊电源却要考核其动特性指标。

### 2. 焊条电弧焊电源的工作原理及特点

焊条电弧焊电源按电流种类不同可分为交流弧焊电源、直流弧焊电源和逆变式弧焊电源。

（1）交流弧焊电源。交流弧焊电源实质是一个降压变压器，与普通电力变压器的不同之处有以下几点：为了保证电弧引燃并能稳定燃烧和得到陡降的外特性，弧焊变压器必须具有较大的漏抗，而普通变压器的漏抗很小；在结构上，弧焊变压器是在电力变压器的基础上增加了一个电抗器。根据电抗器与变压器的结构方式和电抗器本身的结构特点，以及获得下降外特性的方法，弧焊变压器有以下类型。

1）同体式弧焊变压器。弧焊变压器的下降特性是借助电抗绕组所产生的电压降而获得的。空载时，由于无焊接电流流过，电抗绕组中不产生电压降，因此，空载电压基本上等于二次电压。焊接时，由于焊接电流通过电抗绕组而产生电压降，使输出电压降低，从而获得下降的外特性。短路时，由于较大的短路电流通过电抗绕组，产生较大的电压降，使弧焊变压器的输出电压接近于零，由此，也限制了短路电流。同体式弧焊变压器结构示意图如图 2—4 所示。

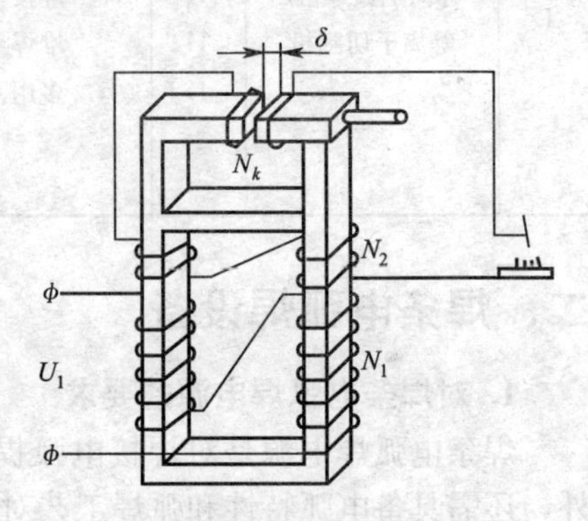

图 2—4　同体式弧焊变压器结构示意图

这类弧焊变压器结构紧凑、节省材料，由于小电流焊接时电弧不够稳定，故宜做成中大容量的电源。

国产同体式弧焊变压器有以下系列：BX 系列有 BX-500 型，用于手工电弧焊，靠手摇传动机构调节焊接电流；BX2 系列有 BX2-500、BX2-700、BX2-1000 和 BX2-2000 型，用于埋弧焊。后两种型号因容量大，因而配有电动机驱动的电流调节机构。



2）动铁心式弧焊变压器。动铁心式弧焊变压器的下降特性是借助动铁心的增强漏磁作用获得的。

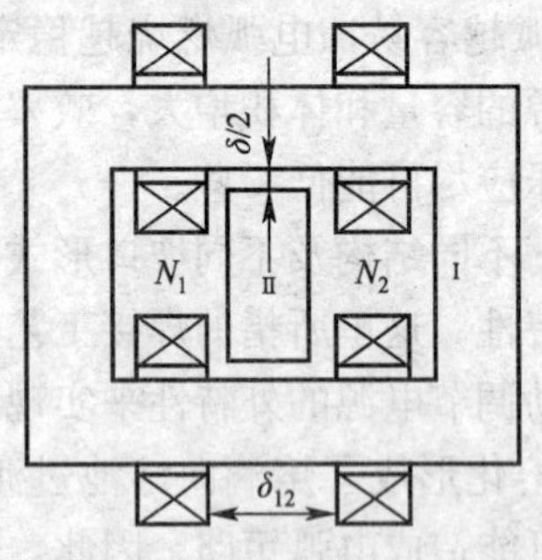

图 2—5　动铁心式弧焊变压器结构示意图

空载时，由于无焊接电流通过，形成较高空载电压，其大小与一、二次绕组圈数比（$N_1/N_2$）及耦合系数有关。焊接时，二次绕组有焊接电流流过，漏磁增加，相应漏抗增大，从而使次级输出电压下降，获得下降的外特性。短路时，电弧电压为零，空载电压完全降在漏抗上，也就是漏抗限制了短路电流。动铁心式弧焊变压器结构示意图如图 2—5 所示。

这类弧焊变压器的结构简单、易造易修，但由于有两个空隙，附加损耗较大，故宜做成中小容量的产品。国产动铁心式弧焊变压器有 BX1 系列，包括 BX1－135、BX1－300、BX1－500 等型号。

3）动圈式弧焊变压器。空载时，空载电压不仅取决于一次与二次绕组匝数之比，而且与一、二次绕组之间的耦合系数有关。当一、二次绕组之间距离增大时，耦合系数减小；当两绕组之间距离减小时，耦合系数增大。所以两绕组之间距离变化时，空载电压将有 3%～5%的变化。焊接时，除一次绕组外，二次绕组也产生了漏磁，因而总漏抗增大，使输出电压下降，从而获得下降外特性。短路时，电弧电压等于零，这时要靠总漏抗限制短路电流。

这类弧焊变压器的优点是没有活动铁心，因而没有由于铁心振动而造成的小电流焊接时的电弧不稳现象。缺点是电流调节下限受到铁心高度的限制，因而只适用于中等容量；消耗的电工材料较多，经济性较差。

4）抽头式弧焊变压器。负载时，有一次漏磁通和二次漏磁通，对应产生漏磁，靠漏抗得到下降外特性。两心柱抽头式弧焊变压器的结构如图 2—6 所示。

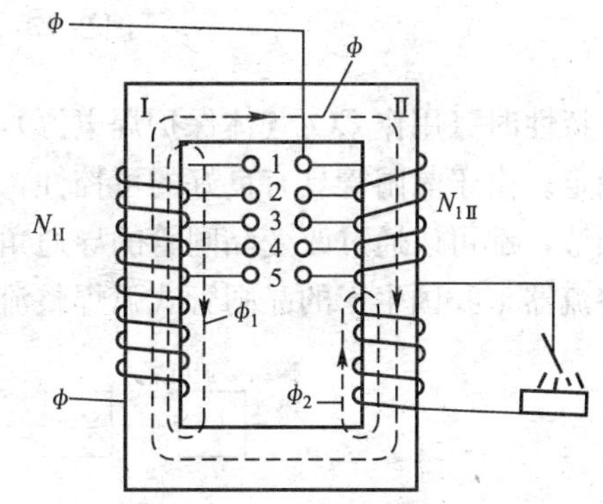

图 2—6　两心柱抽头式弧焊变压器

这种弧焊变压器的结构简单，易于制造，电弧稳定，无噪声，使用可靠，成本低廉，但调节性能较差。一般做成小容量轻便型，适用于维修工作。

国产抽头式弧焊变压器型号有 BX6－120－1。

（2）直流弧焊电源。直流弧焊电源分为两大类，一类是弧焊发电机，一类是弧焊整流器。弧焊发电机是使用较早的直流焊接电源，它具有引弧容易、电弧稳定、过载能力强等优点，其缺点为耗电多、费材料、噪声大。弧焊发电机已属淘汰产品，不再生产。弧焊整流器是随着半导体技术的发展于 20 世纪 60 年代发展起来的，它与弧焊发电机相比，具有制造方便、价格低、空载损耗小、噪声小等优点，而且可以远距离调节，能自动补偿电网电压波动时对焊接电压、电流的影响。



直流弧焊整流器是把交流电经降压整流后获得直流电的。弧焊整流器由变压器、半导体整流元件以及调节特性的装置等组成。根据所用的半导体整流元件不同，这种弧焊电源又可分为硅弧焊整流器和晶闸管式弧焊整流器两类。

1）硅弧焊整流器

①组成。硅弧焊整流器的组成如图 2—7 所示。主变压器的作用是把三相 380 V 电压降至所要求的空载电压。电抗器（磁放大器）的作用是控制外特性形状并调节焊接电流。整流器的作用是将交流电整流成直流电。输出电抗器的作用是改善和控制电源的动特性，也起滤波作用。也有无电抗器的硅弧焊整流器，这类弧焊整流器由于主变压器是增强漏磁的，因而无须外加电抗器即可获得下降外特性并调节焊接工艺参数。

②工作原理。磁饱和电抗器相当于一个很大的电感，空载时无焊接电流通过，因此不产生压降，电源输出较高的空载电压，焊接时由于磁饱和电抗器通交流电，且电流越大压降也越大，从而使电源获得陡降的外特性。

此外，还有无反馈磁放大器式弧焊整流器，型号有 ZXG7-300、ZXG7-500 等，以及动线圈式弧焊整流器，型号有 ZXG1-160、ZXG1-250、ZXG1-400 和 ZXG6-300 等。

2）晶闸管式弧焊整流器。晶闸管式弧焊整流器用晶闸管作为整流元件，组成如图 2—8 所示。其主电路由变压器 T、晶闸管整流器 VT 和输出电感 L 组成。当要求得到下降外特性时，触发脉冲的相位由给定电压 $U_{gi}$ 和电流反馈信号 $U_{fi}$ 确定；当要求得到平

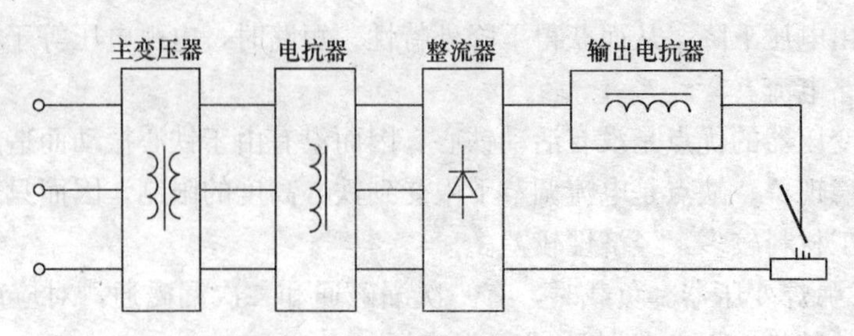


图 2—7　硅弧焊整流器的组成

外特性时（用作 $CO_2$ 气体保护焊电源），触发脉冲相位则由给定电压 $U_{gu}$ 和电压反馈 $U_{fu}$ 确定。由于晶闸管具有良好的可控性，因此，焊接电源外特性的控制和焊接工艺参数的调节，都可以通过改变晶闸管的导通角来实现，而无须用电抗器。它的性能优于硅弧焊整流器。我国生产的晶闸管式弧焊整流器有 ZX5 系列和 ZDK－160、ZDK－500 型等。

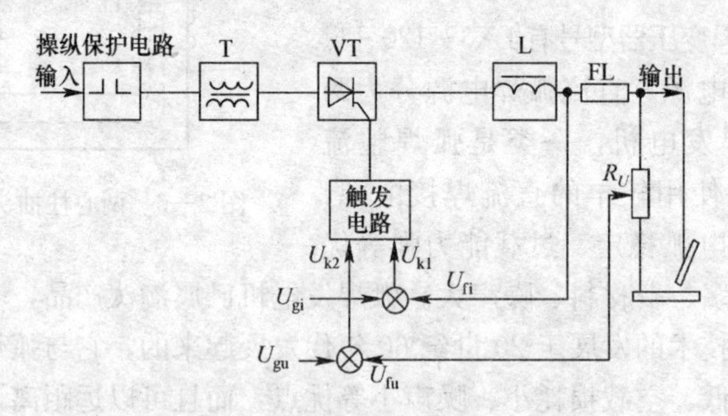


图 2—8　晶闸管式弧焊整流器的组成



晶闸管式弧焊整流器有以下特点：

①控制性能好。由于它可以用很小的触发功率控制整流器的输出，且电磁惯性小，因而易于控制；通过不同的反馈方式可以获得各种形状外特性；电流、电压可以在很宽范围内均匀、精确、快速地调节；易于实现电网电压补偿。

②动特性好。由于它的内部电感小，因此电磁惯性小，反应速度快。

③节能、省料、噪声小。

（3）弧焊逆变器。弧焊逆变器是一种新型的弧焊电源，20 世纪 80 年代初才面市。图 2—9 所示为晶闸管式弧焊逆变器的原理方框图。单相或三相 50 Hz 的交流网路电压先经输入整流器整流和滤波变为直流电，再通过大功率开关电子元件（本图为晶闸管，也可用晶体管或场效应管）的交替开关作用，变为几百赫兹或几万赫兹的中频交流电，后经变压器降至适合用于焊接的几十伏电压。若直接输出，此逆变器便是交流电源；若再用输出整流器整流并经电抗器滤波，则可输出适用于焊接的直流电，此逆变器便是直流电源。

弧焊逆变器采用了较复杂的变流顺序，这就是：工频交流→直流→中频交流→降压→交流或直流。主要思路是将工频交流变为中频交流之后再降至适用于焊接的电压，这样做可以带来许多好处。

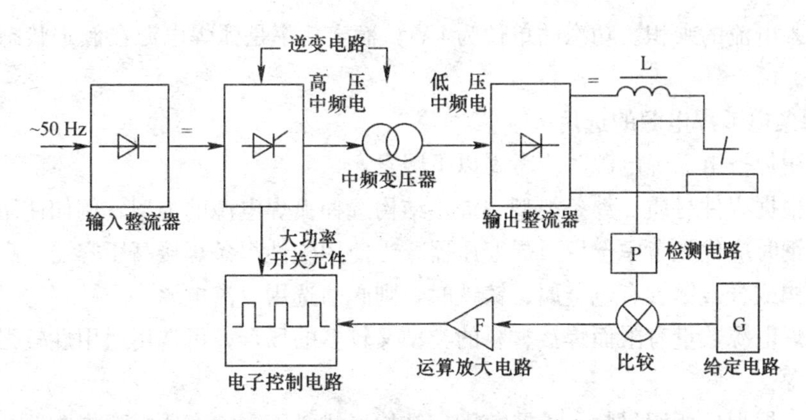


图 2—9 晶闸管式弧焊逆变器原理方框图

弧焊逆变器与前述传统式弧焊电源相比，具有如下优点：

①质量轻、体积小。主变压器的质量仅为传统式弧焊电源的几十分之一，整机质量、整机体积分别为传统弧焊电源的 1/10～1/5 和 1/3 左右。

②高效节能。效率为 80％～90％，功率因数高达 0.99，空载损耗极小，只有几十瓦至百余瓦，是一种节能效果十分显著的弧焊电源。

③具有良好的动特性和焊接工艺性能。由于采用电子控制电路，易于获得各种焊接工艺所需的外特性，并具有良好的动特性。

**3. 焊条电弧焊电源铭牌**



每台焊接设备上都带有铭牌，铭牌上标明了焊机的名称、型号、各项主要技术参数、制造厂、生产日期、产品编号等。铭牌上的主要参数包括暂载率、额定焊接电流、一次电压、功率等。

（1）暂载率。电弧焊电源的温升既与焊接电流大小有关，也和电弧焊电源的工作状态有关。发热严重，温升过高，内部绝缘受损，会导致电源的寿命降低，过于严重会使电源烧损。

在焊条电弧焊时，每焊完一根焊条就要更换新焊条、清渣，因而电弧焊电源处于周期性断续负载的工作状态。焊接时，电源处于负荷状态，各部分温度升高；更换焊条时，电源处于空载状态，温度降低。电源的这种负荷状态以暂载率来表示。所谓暂载率就是负载工作的持续时间与全工作周期时间的比值，即：

$$暂载率=\frac{负载时间}{负载时间+空载时间}\times 100\%=\frac{负载时间}{工作周期}\times 100\%$$

按国家规定，焊条电弧焊时，工作周期定为 5 min，额定暂载率为 60％，即在每个工作周期中，负载时间为 3 min，空载时间为 2 min。按额定值使用焊机最为经济合理、安全可靠。

（2）额定焊接电流。在额定暂载率工作时允许使用的最大焊接电流称为额定焊接电流。如果暂载率增大，即规定的工作周期内焊接工作时间延长，则电源允许使用的焊接电流就减小。焊机铭牌上一般列出几种不同暂载率下的许用焊接电流。

（3）功率。功率是指电源工作时单位时间输入电源的热能，即单位时间内电源输入电压与输入电流的乘积。功率的单位为kW，额定功率是弧焊电源在额定状态工作时的输入功率。

**4. 焊条电弧焊电源的选用**

在选用焊条电弧焊电源时应考虑以下因素：

（1）根据焊件材质、焊条类型、焊接结构选择弧焊电源的类型。例如使用酸性焊条焊接低碳钢时应优先考虑选用弧焊变压器。当使用碱性焊条焊接高压容器、高压管道等重要钢结构或合金钢、有色金属、铸铁时，则必须选用直流电源。

在弧焊电源数量有限而焊接材料的类型又较多的场合，可选用通用性较强的交、直流两用电源。

（2）根据焊件所用材料、板厚范围、结构形式等因素确定所需弧焊电源的容量，然后参照弧焊电源技术数据，选用相应的电源型号。

（3）要考虑价格、效率、电网容量、操作维修费用以及占地面积等。

**5. 弧焊工具**

（1）焊钳。焊钳是一种夹持器，焊工用焊钳能夹住和控制焊条，并起着从焊接电缆向焊条传导焊接电流的作用。焊钳分为多种规格，以适应各种标准焊条直径。对电焊钳的一般要求是：导电性能好、不易发热、质量轻、焊条夹持稳固、换装焊条方便等。

在使用焊钳时，应防止摔碰，经常检查焊钳和焊接电缆连接是否牢固，手把处是否绝缘良好。钳口上的熔渣要经常清除，以减少电阻、降低发热量、延长使用寿命。

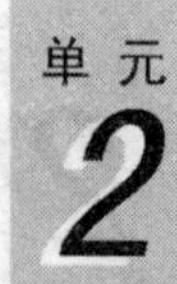


（2）焊接电缆。焊接电缆是焊接回路的一部分，它的作用是传导电流，一般用多股纯铜软线制成，绝缘性好，必须耐磨和耐擦伤。焊接电缆可制成各种规格，焊接电缆要根据焊接所用的最大电流、焊接电路的长度等具体情况来选用。

（3）焊接电缆快速接头。它是一种快速方便的连接焊接电缆装置，采用导电性好并且具有一定强度的锻制黄铜加工而成，并在外面套上氯丁橡胶护套，可保证接线处接触良好和安全可靠。

## 三、手工钨极氩弧焊设备

手工钨极氩弧焊设备通常由焊接电源、引弧及稳弧装置、焊枪、供气系统、水冷系统和焊接程序控制装置等部分组成。图2—10是手工钨极氩弧焊设备系统示意图，其中控制箱内已包括了引弧及稳弧装置、焊接程序控制装置等。

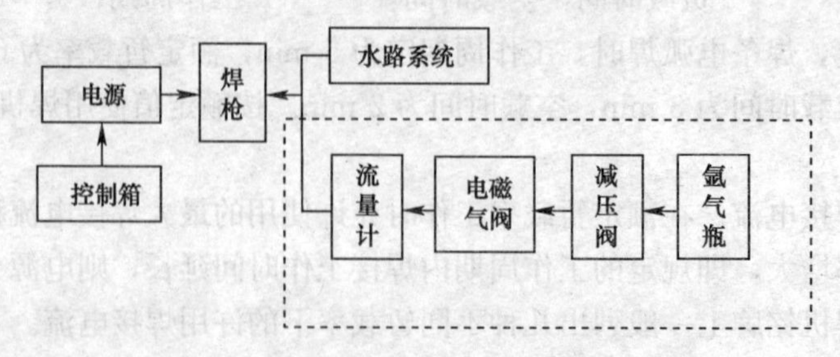


图2—10　手工钨极氩弧焊设备系统示意图

**1. 焊接电源**

(1) 电源的外特性。钨极氩弧焊要求采用陡降外特性的电源，以减少或排除因弧长变化而引起的焊接电流波动。

(2) 电源种类。作为钨极氩弧焊的电源有直流电源、交流电源、交直流电源及脉冲电源，这些电源从结构与要求上和一般焊条电弧焊并无多大差别，原则上可以通用，只是外特性要求更陡些。目前使用最为广泛的是晶闸管式弧焊电源，而各种逆变电源具有优良的性能指标及节能效果，今后将会成为主导产品。

**2. 引弧及稳弧装置**

(1) 引弧方法

1) 短路引弧。依靠钨极和引弧板或者工件之间接触引弧。其缺点是引弧时钨极损耗较大，端部形状容易被破坏，应尽量少用。

2) 高频引弧。利用高频振荡器产生的高频高压击穿钨极与工件之间间隙（3 mm左右）而引燃电弧。

3) 高压脉冲引弧。在钨极与工件之间加一高压脉冲，使两极间气体介质电离而引弧（脉冲幅值≥800 V）。

4) 高频叠加辅助直流电源引弧。交流氩弧焊时，在电源两端并联一个辅助的直流电源，如图2—11所示，提供一个正接的恒定电流（约5 A）帮助引弧。

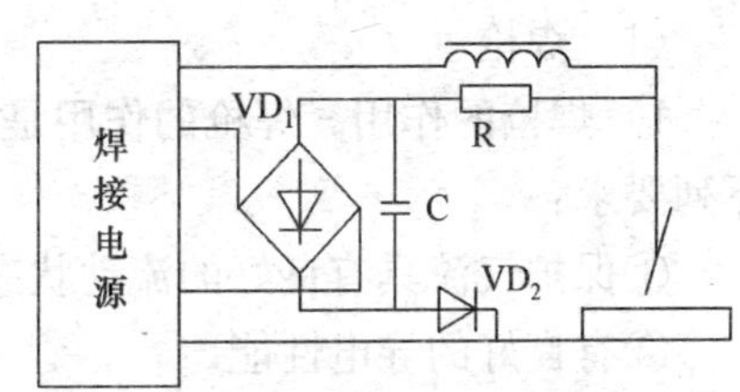

图2—11　高频叠加辅助直流电源

(2) 稳弧方法。交流氩弧的稳定性很差，在正接性转换成反接性的瞬间必须采取稳弧措施。

1) 高频稳弧。采取高频高压稳弧，可以在稳弧时适当降低高频的强度。

2) 高压脉冲稳弧。在电流过零瞬间加上一个高压脉冲。

3) 交流矩形波稳弧。利用交流矩形波在过零瞬间有极高的电流变化率，帮助电弧在极性转换时很快地反向引燃。

**3. 供气系统和水冷系统**

(1) 供气系统。由高压气瓶、减压阀、流量计和电磁气阀组成，如图2—12所示。氩气瓶规定外表涂成蓝灰色。减压阀将高压气瓶中的气体压力降至焊接所要求的压力，流量计用来调节和测量气体的流量，目前国内常用的是浮子式流量计和指针式流量计两种形式，电磁阀以电信号控制气流的通断，有时将流量计和减压阀做成一体，成为组合式。

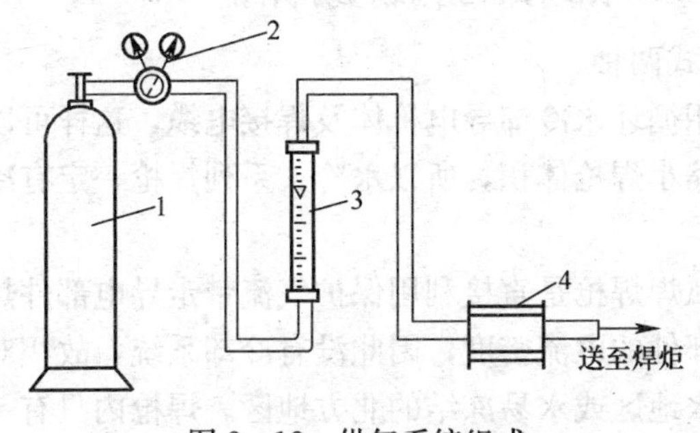

图2—12　供气系统组成

1—高压气瓶　2—减压阀　3—流量计　4—电磁气阀

(2) 水冷系统。许用电流大于100 A的焊枪一般为水冷式，用水冷却焊枪和钨极。对于手工水冷式焊枪，通常将焊接电缆装入通水软管中做成水冷电缆，这样可大大提高电流密度，减轻电缆质量，使焊枪更轻便。有时水路中还接入水压开关，保证冷却水接通并有一定压力后才能启动焊机。必要时可采用水泵，使水箱内的水循环使用。

**4. 焊接程序控制装置**

焊接程序控制装置应满足如下要求：

（1）焊接提前 1～4 s 输送保护气，以驱除管内及焊接区域的空气。

（2）焊接延迟 5～15 s 停气，以保护尚未冷却的钨极和熔池。

（3）自动接通和切断引弧和稳弧电路。

（4）控制电源的通断。

（5）焊接结束前电流自动衰减，以防止弧坑开裂，对于环缝焊接及热裂纹敏感材料，尤其重要。

**5. 氩弧焊焊枪和流量调节器**

（1）焊枪

1）焊枪的作用。焊枪的作用是夹持钨极，传导焊接电流和输送保护气，它应满足下列要求：

①保护气流具有良好的流动状态和一定的挺度。

②有良好的导电性能。

③充分的冷却，以保证持久工作。

④喷嘴与钨极间绝缘良好，以免喷嘴和焊件接触时产生短路、打弧。

⑤质量轻，结构紧凑，装拆维修方便。

手工钨极氩弧焊焊枪由枪体、钨极夹头、夹头套筒、绝缘帽和喷嘴等几部分组成。焊枪的型号编制及含义如下：

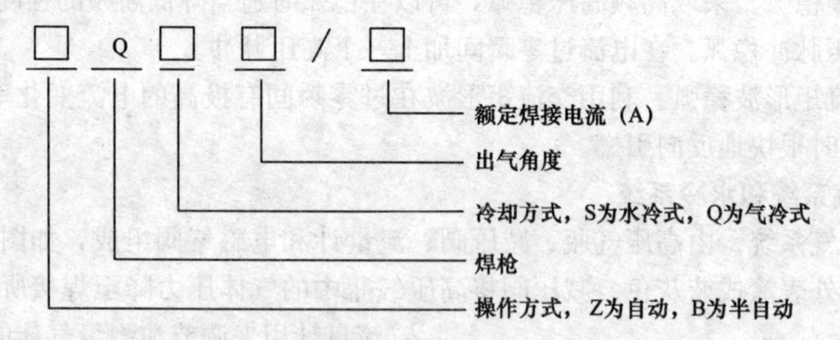


2）焊枪的分类。焊枪分水冷式和气冷式两种。

①水冷式手工氩弧焊焊枪的特点是采用循环水冷却导电枪体及焊接电缆，这样可以增大导电部件的电流密度，并减轻质量，缩小焊枪体积，所以水冷式系列焊枪一定有冷却水的进、出水管。

②气冷式（自冷式）系列手工钨极氩弧焊焊枪是直接利用保护气流带走导电部件热量的一种焊枪，设计时适当地减少了导电部件的电流密度，因此没有冷却系统，故相对地减轻了焊枪的质量，所以特别适用于无水地区或水易冻结的北方地区。焊枪内只有一根进气管，它包着电缆，因此结构简单，接管线方便。

表2—9列出了典型的手工钨极氩弧焊焊枪的技术数据。图2—13为一种水冷式焊枪结构，其中喷嘴的形状对气流的保护性能影响很大。为了使出口处获得较厚的层流层，以取得良好保护效果，采取以下措施：

第一，喷嘴上部有较大的空间作为缓冲室，以降低气流的流速。

第二，喷嘴下部为断面不变的圆柱形通道。通道越长，近壁层流层越厚，保护效果越佳；通道直径越大，保护范围越宽。

第三，有时在气流通道中加设多层铜丝或多孔隔板（称气筛或气体透镜），以限制气体横向运动，有利于形成层流。

**表2—9　　常见手工钨极氩弧焊焊枪的技术数据**

| 型号 | 冷却方式 | 出气角度 | 额定焊接电流（A） | 适用钨极尺寸（mm） | | 开关形式 | 质量（kg） |
|---|---|---|---|---|---|---|---|
| | | | | 长度 | 直径 | | |
| PQ1—150 | 循环水冷却 | 65° | 150 | 110 | 1.6，2，3 | 推键 | 0.13 |
| PQ1—350 | | 75° | 350 | 150 | 3，4，5 | 推键 | 0.3 |
| PQ1—500 | | 75° | 500 | 180 | 4，5，6 | 推键 | 0.45 |
| QS—0/150 | | 0°（笔式） | 150 | 90 | 1.6，2，2.5 | 按钮 | 0.14 |
| QS—65/700 | | 65° | 200 | 90 | 1.6，2，2.5 | 按钮 | 0.11 |
| QS—85/250 | | 85°（近直角） | 250 | 160 | 2，3，4 | 船形开关 | 0.26 |
| QS—65/300 | | 65° | 300 | 160 | 3，4，5 | 按钮 | 0.26 |
| QS—75/400 | | 75° | 400 | 150 | 3，4，5 | 推键 | 0.40 |
| QQ—0/10 | 气冷却（自冷） | 0°（笔式） | 10 | 100 | 1.6，1.0 | 微动开关 | 0.08 |
| QQ—65/75 | | 65° | 75 | 40 | 1.6，1.0 | 微动开关 | 0.09 |
| QQ—0～90/75 | | 0°～90°（可变角） | 75 | 70 | 1.2，1.6，2 | 按钮 | 0.15 |
| QQ—85/100 | | 85°（近直角） | 100 | 160 | 1.6，2 | 船形开关 | 0.2 |
| QQ—0～90/150 | | 0°～90° | 150 | 70 | 1.6，2，3 | 按钮 | 0.2 |
| QQ—85/150-1 | | 85° | 150 | 110 | 1.6，2，3 | 按钮 | 0.15 |
| QQ—85/150 | | 85° | 150 | 110 | 1.6，2，3 | 按钮 | 0.2 |
| QQ—85/200 | | 85°（近直角） | 200 | 150 | 1.6，2，3 | 船形开关 | 0.26 |

3）喷嘴的类型。当前生产中使用的喷嘴形式有三种，喷嘴截面为收敛形、等截面形和扩散形，如图2—14所示。其中等截面喷嘴喷出的气流有效保护区域最大，应用最广泛；收敛形喷嘴电弧可见度较好，又便于操作，应用也很普遍；扩散形通常用于熔化极气体保护焊。

喷嘴的材料有陶瓷、纯铜和石英三种。高温陶瓷喷嘴既绝缘又耐热，应用广泛，但

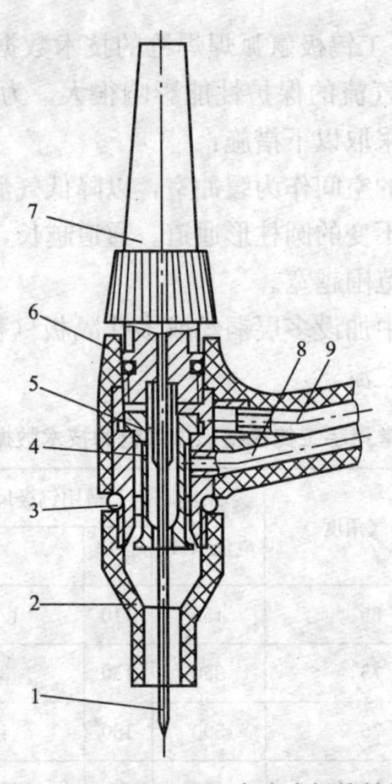


图 2—13　PQ1-150 水冷式焊枪结构

1—钨极　2—陶瓷喷嘴　3—密封环　4—夹头套管　5—电极夹头
6—枪体　7—绝缘帽　8—进气管　9—冷却水管



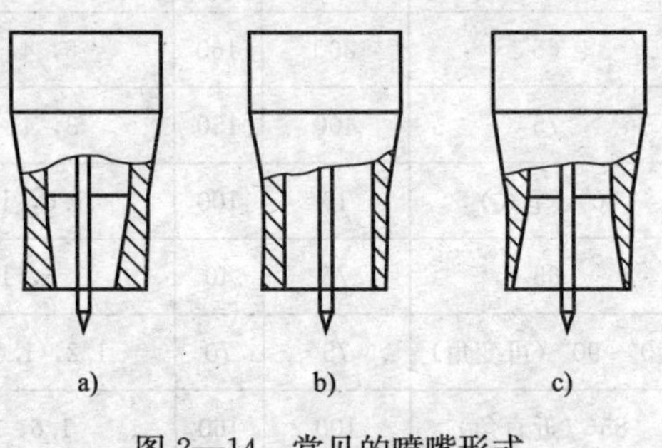


图 2—14　常见的喷嘴形式

a）收敛形　b）等截面形　c）扩散形

通常焊接电流不能超过 350 A。纯铜喷嘴使用电流可达 500 A，需用绝缘套将喷嘴和导电部分隔离。石英喷嘴较贵，但焊接时可见度好。

表 2—10 列出了喷嘴孔径与钨极尺寸之间的相应关系。

**表 2—10　　喷嘴孔径与钨极尺寸之间的相应关系**

| 喷嘴孔径（mm） | 钨极直径（mm） |
|---|---|
| 6.4 | 0.5 |
| 8 | 1.0 |
| 9.5 | 1.6 或 2.4 |
| 11.1 | 3.2 |

（2）氩气流量调节器。瓶装氩气充气压力一般达到 14.71 MPa，由于瓶装氩气的压力很高，而工作时所需压力较低，因而需要一个减压阀将高压氩气降至工作压力，且使整个焊接过程中氩气工作压力稳定，不会因瓶内压力的降低或氩气流量的增减而影响工作压力。

使用氩气流量调节器不仅能起到降压和稳压的作用，而且可方便地调节氩气流量。AT－15、30 型氩气流量计的外形如图 2—15 所示。

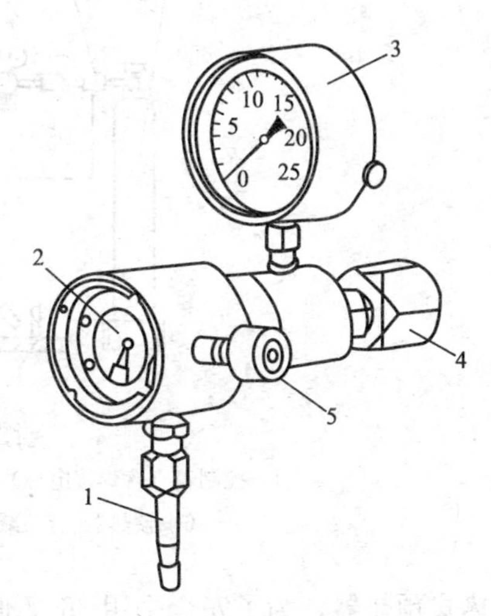


图 2—15　AT－15、30 型氩气流量调节器

1—出气管　2—流量表　3—高压表　4—进气口　5—流量调节旋钮

**6. 手工钨极氩弧焊设备的使用**

（1）焊机应按外部接线图正确安装，并应检查铭牌电压值与网路电压值是否相符，不相符时严禁使用。

（2）焊接设备在使用前，必须检查水、气管的连接是否良好，以保证焊接时正常供水、气。

（3）焊机外壳必须接地，未接地或地线不合格时不准使用。

（4）应定期检查焊枪的钨极夹头夹紧情况和喷嘴的绝缘性能是否良好。

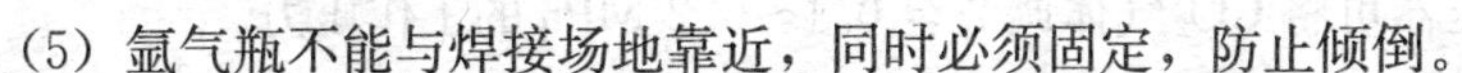

（5）氩气瓶不能与焊接场地靠近，同时必须固定，防止倾倒。

（6）工作完毕或临时离开工作场地，必须切断焊机电源，关闭水源及气瓶阀门。

（7）必须建立健全焊机一、二级设备保养制度并定期进行保养。

（8）使用设备前，应熟悉焊接设备使用说明书，掌握焊接设备一般构造和正确的使用方法。



## 四、$CO_2$气体保护焊设备

**1. $CO_2$气体保护焊设备的组成**

$CO_2$气体保护焊是利用$CO_2$气体进行保护的电弧焊，简称$CO_2$焊。$CO_2$气体保护焊设备由供气系统、焊接电源、送丝机构、焊枪四部分构成。其焊接示意图如图 2—16 所示。

（1）供气系统。供气系统通常由气瓶、预热器、干燥器、减压器、流量计、输气管路及电磁气阀等器件组成。

1）$CO_2$气瓶。$CO_2$气体保护焊通常由$CO_2$气瓶供气。钢瓶漆成灰色并用黄字写上$CO_2$标志。容量为 40 L 的标准气瓶，可以灌入 25 kg 的液态$CO_2$，此时为“满瓶”状态。实际上液态$CO_2$沉在气瓶中约占气瓶容积的 80%，其余 20%左右的上部空间充满着汽化的$CO_2$。所以$CO_2$气瓶必须竖立使用。

2）预热器。气瓶内$CO_2$汽化后在通过阀门及减压器时会进一步膨胀，伴有强烈的制冷效应。为了防止气体中的水分在气瓶阀门处及减压器中结冰，使气路堵塞，在减压之前要将$CO_2$气体通过预热器进行预热，所以预热器应装在紧靠气瓶出口处。常使用电

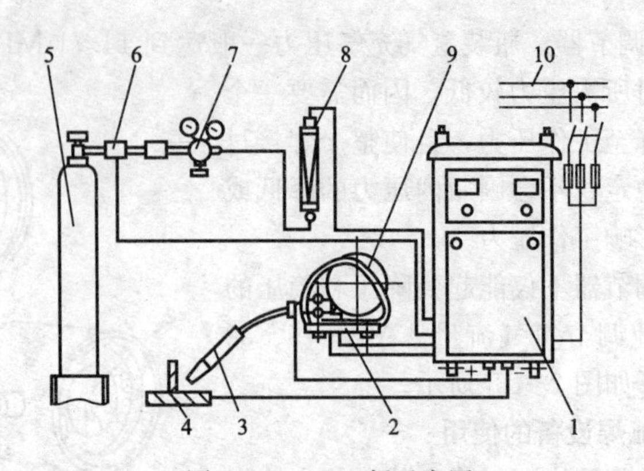


图 2—16　$CO_2$ 焊示意图

1—控制箱（含焊接电源）　2—送丝机构　3—焊枪　4—工件　5—$CO_2$ 钢瓶
6—预热器　7—减压器　8—流量计　9—焊丝盘　10—电网

热式预热器，为了安全采用 36 V 低压交流电供电加热，加热器的功率为 100～150 W。

3）干燥器。如果 $CO_2$气体的含水量按质量分数超过 0.005%，就可能使焊缝金属中的含氢量增加并出现气孔。为此可在 $CO_2$气路中加设过滤式干燥器降低水分。鉴于工业 $CO_2$气体纯度的提高，通常已能满足 $CO_2$焊的需要。所以现在国内外商品化的 $CO_2$焊设备，除非特别要求，已不附带干燥器。

4）减压器。减压器可将 $CO_2$气体调节至 0.1～0.2 MPa 的工作压力。



5）流量计。流量计用于控制和测量 $CO_2$气体的流量，以形成良好的保护气流。

（2）电源系统。由于 $CO_2$电弧的静特性是上升的，所以平的和下降的电源外特性均能满足电弧稳定燃烧的要求。但根据不同直径焊丝 $CO_2$焊的工艺特点，一般细焊丝（焊丝直径≤1.2 mm）适宜于平特性电源，而粗焊丝（焊丝直径≥1.6 mm）则适宜于下降特性电源。

1）平特性电源。细焊丝 $CO_2$焊送丝速度高，宜采用等速送丝方式，配合的电源要求具有平缓的外特性。对于细焊丝短路过渡焊接，其外特性的缓降度不应超过 4 V/100 A。此时在焊接工艺上有如下优点：

①可获得稳定的短路过渡。

②良好的引弧性。在引弧或发生粘丝时，平特性电源能够提供足够大的短路电流，熔化接触处的金属，继而爆断，产生电弧。

③可避免焊丝返烧。因为焊接结束，停止送丝时电弧拉长，电压上升。平缓外特性的电源就会使电流大幅度下降，于是焊丝的熔化速度降低，未及烧至导电嘴，电弧就因电流过低而熄灭。

④焊接参数调节方便。平缓外特性的电源，电弧电压可通过改变电源外特性曲线的高低位置来调节；而焊接电流则可通过改变送丝速度来调节。两者的调节可单独进行，也可联合进行。

2）下降特性电源。粗丝 $CO_2$焊的熔滴过渡一般为滴状过渡过程。宜采用下降的外特性电源配合变速送丝的方式（也称弧压反馈控制方式）。

3）电源动特性。电源动特性是衡量焊接电源在电弧负载发生变化时，供电参数（电压及电流）的动态响应品质。粗焊丝滴状过渡时，焊接电流的变化和波动比较小，所以对焊接电源的动特性要求不高。但是对于细焊丝短路过渡，焊接电流不断发生较大的变化，因此对电源的动特性有较高的要求。通常对动特性的要求有以下三个方面：

①适当的短路电流增长速度。

②短路时出现的峰值电流值。

③电弧电压恢复速度。

对于上述这三个方面，不同的焊丝，不同的焊接参数，有不同的要求。因此要求电源设备有兼顾这三方面的适应能力。

（3）送丝机构

1）对送丝机构的要求。送丝速度均匀稳定，调速方便，结构牢固轻巧。

2）送丝方式。送丝方式可分三种，有推丝式送丝、拉丝式送丝、推拉式送丝。

①推丝式送丝。焊枪与送丝机构是分开的，焊丝经一段软管送到焊枪中。这种焊枪的结构简单、轻便，但焊丝通过软管时受到的阻力大，因而软管长度受到限制，通常只能在离送丝机 3～5 m 的范围内操作。

②拉丝式送丝。送丝机构与焊枪合为一体，没有软管，送丝阻力小，速度均匀稳定，但焊枪结构复杂，质量大，焊工操作时的劳动强度大。

③推拉式送丝。这种送丝结构是以上两种送丝方式的组合，送丝时以推为主，由于焊枪上装有拉丝轮，可克服焊丝通过软管时的摩擦阻力，若加长软管长度至 60 m，能大大增加操作的灵活性，还可多级串联使用。

3）送丝轮。根据送丝轮的表面形状和结构的不同，可将推丝式送丝轮分成两类：

①平轮 V 形槽送丝机构。送丝轮上切有 V 形槽，靠焊丝与 V 形槽两个接触点的摩擦力送丝。由于摩擦力小，送丝速度不够平稳。当送丝轮夹紧力太大时，焊丝易被夹扁，甚至压出直棱，会加剧焊丝嘴内孔的磨损。

②行星双曲线送丝机构。采用特殊设计的双曲线送丝轮，使焊丝与送丝轮保持线接触，送丝摩擦力大，速度均匀，送丝距离大，焊丝没有压痕，能校直焊丝，对有轻微锈斑的焊丝有除锈作用，且送丝机构简单，性能可靠，但设计与制造较麻烦。

（4）焊枪。根据送丝方式的不同，焊枪可分成两类。

1）拉丝式焊枪。这种焊枪的主要特点是送丝均匀稳定，其活动范围大，但因送丝机构和焊丝都装在焊枪上，故焊枪结构复杂、笨重，只能使用直径 0.5～0.8 mm 的细丝焊接。

2）推丝式焊枪。这种焊枪结构简单、操作灵活，但焊丝经过软管时受较大的摩擦阻力，只能采用 $\phi$1 mm 以上的焊丝焊接。

按焊枪形状不同，可分为鹅颈式焊枪、手枪式焊枪两种。鹅颈式焊枪形似鹅颈，应用较广，但用于平焊位置较方便。手枪式焊枪形似手枪，用来焊接除水平面以外的空间焊缝较方便。

（5）控制系统。$CO_2$气体保护焊控制系统的作用是对供气、送丝和供电等部分实现控制。$CO_2$气体保护焊半自动焊的控制程序如图 2—17 所示。

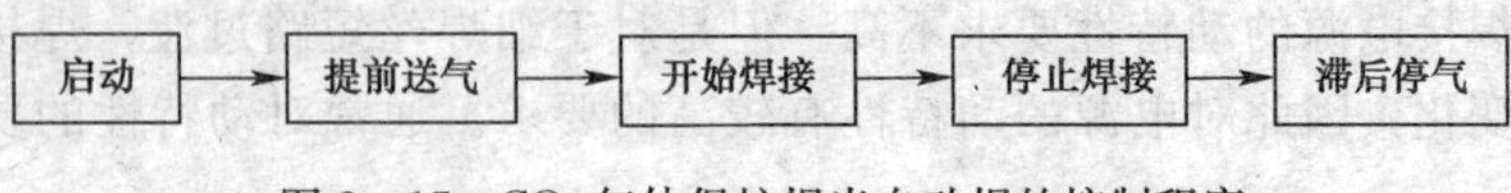


图 2—17　$CO_2$ 气体保护焊半自动焊的控制程序

**2. 设备的使用与维护**

（1）焊机的安装

1）安装要求

①电源电压、开关、熔丝容量必须符合焊机铭牌上的要求，不能将额定输入电压为 220 V 的设备接在 380 V 的电源上。

②每台设备各用一个专用开关控制，设备与墙的距离应大于 0.3 m，保证通风良好。

③设备导电外壳必须接地线，地线截面积必须大于 12 $mm^2$。

④凡需要水冷却的焊接电源或焊枪，在安装处必须有充足可靠的冷却水，为保证设备安全，最好在水路中串联一个水压继电器，无水时可自动停电，以免烧毁焊接电源及焊枪。使用循环水箱的焊机，冬天应注意防冻。

⑤根据焊接电流的大小，正确选择电缆软线的截面。如果焊接区离焊机较远，为减小线路损失，必须正确选择电焊软线及地线截面。



2）焊机的安装步骤。焊机安装前必须认真地阅读设备使用说明书，搞清基本要求后才能按下述步骤进行安装。

①查清电源的电压、开关和熔丝的容量。这些要求必须与设备铭牌上标明的额定输入参数完全一致。

②焊接电源的导电外壳必须可靠接地。

③用电缆将焊接电源输出端的负极和工件接好，将正极与送丝机接好。$CO_2$气体保护焊通常都采用直流反接，可获得较大的熔深和生产效率。如果用于堆焊，为减小堆焊层的稀释率，最好采用直流正接，两根电缆的接法正好与上述要求相反。

④接好遥控盒插头，以便焊工能在焊接处灵活地调整焊接工艺参数。

⑤将流量计至焊接电源及焊接电源至送丝机处的送气管道接好。

⑥将减压调压器上的预热器的电缆插头插至焊机插座上并拧紧（接通预热器电源）。

⑦将焊枪与送丝机接好。

⑧若焊机或焊枪需用水冷却，则接好冷却水系统，冷却水的流量和水压必须符合要求。

⑨接好焊接电源至供电电源开关间的电缆，若焊机固定不动，焊机至开关段的电缆，按要求应从埋在地下的钢管中穿过。若焊机需移动，最好采用截面合适和绝缘良好的四芯橡套电缆。

（2）焊机的维护。平时，在焊接工作开始之前，也就是在焊机通电之前和气路与水路接通之前，应进行检查。为安全起见，焊机输入端电源必须切断，然后按下列次序逐项检查：焊枪、送丝机、电缆、气路和水路、焊接电源。

1）焊枪

①喷嘴应当光滑、清洁。如发现喷嘴内、外表面黏附飞溅金属，应当立即去除。如发现喷嘴被压扁呈椭圆状或不圆滑，应当更换新的。

②绝缘应当保持绝缘良好和不损坏，否则应当更换新的。

③导电嘴表面应光滑，不要黏附飞溅金属。导电嘴内孔应当是光滑的圆孔。如发现呈椭圆状和送出的焊丝呈蛇形摆动，应当更换新的。还应注意导电嘴与焊枪本体的连接处，如果连接不可靠，应当立即更换。

④送丝弹簧软管应当平直且和内孔清洁、光滑。长期使用后，弹簧软管内易堆积铁屑、油污和灰尘等，所以应视使用情况，经常将弹簧软管抽出来清洗。如发现局部折曲，应立即更换。

2）送丝机

①送丝滚轮的沟槽里有油污和铁屑时，应及时清理。如果沟槽磨损严重应立即更换。

②焊丝导向管应保持平直，不得变形，也不得有污垢。有污垢时应清理，若有变形时应更换。

③送丝电动机的碳刷磨损过限时应更换。

④减速箱内润滑油不足时，应及时加入。

3）焊接电源

①经常清理机器内部的灰尘。

②电磁开关触点表面粗糙时应磨光。

③电缆接头应当可靠，包括电源的一次电缆、二次电缆、接地线等。还应注意焊接电缆的绝缘橡胶是否破损，如有破损应及时更换。

④气管与水管的接头应当可靠，如发现漏气与漏水应重新绑扎。如管子有破损应及时更换。



# 第三节　焊接接头和焊缝形式

→ 熟知常见焊接接头的形式
→ 熟知焊接坡口的几何尺寸构成、形式
→ 掌握坡口的加工、清理方法及要求
→ 能够正确进行焊接坡口准备

## 一、焊接接头

焊接接头是指用焊接方法连接的接头（简称接头），如图 2—18 所示。焊接接头包括焊缝（$OA$）、熔合区（$AB$）、热影响区（$BC$）。焊缝是构成焊接接头的主体部分。焊接接头的种类和形式很多，可以从不同的角度将它们加以分类。例如，根据所采用的焊接方法不同，焊接接头可以分为熔焊接头、压焊接头和钎焊接头三大类。根据接头的构造形式不同，焊接接头又可以分为对接接头、搭接接头、T形接头、角接接头四种，如图 2—19 所示。在选择焊接接头时，主要根据焊件的结构形式、钢材厚度和对强度的要求，以及焊接条件等情况而定。

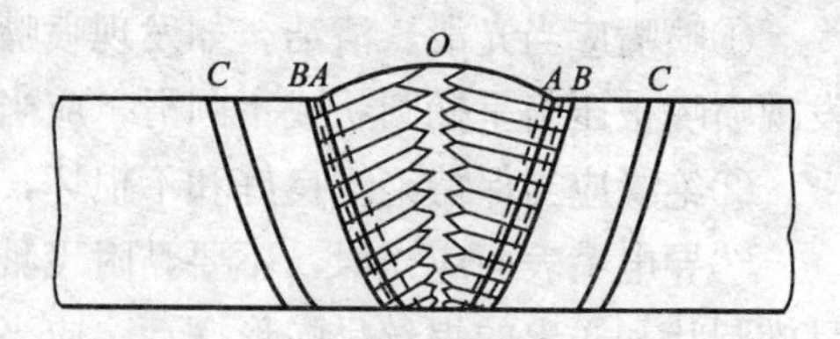

图 2—18　焊接接头组成示意图

**1. 对接接头**

两件表面构成大于或等于 135°、小于或等于 180°夹角的接头称为对接接头，如图 2—19a 所示。

**2. 搭接接头**

两焊件部分重叠在一起而形成的接头称为搭接接头，如图 2—19b 所示。

**3. T 形接头**

一焊件端面与另一焊件表面相交构成直角或近似直角的接头称为 T 形接头，如图 2—19c 所示。

**4. 角接接头**

两件端部构成大于 30°、小于 135°夹角的接头，称为角接接头，如图 2—19d 所示。另外还有十字接头、端接接头、套管接头、斜对接接头、卷边接头、锁底接头等。



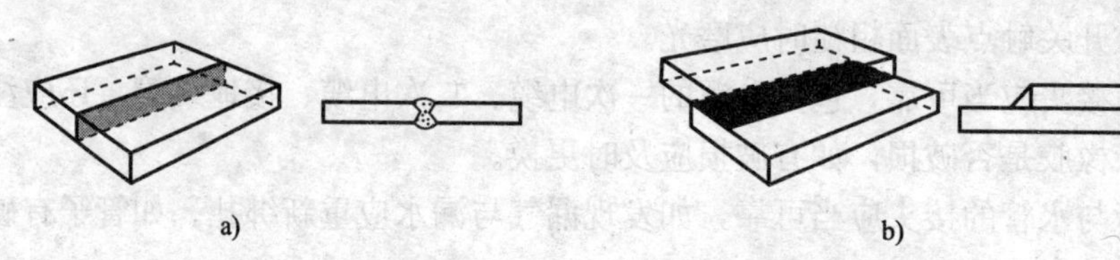


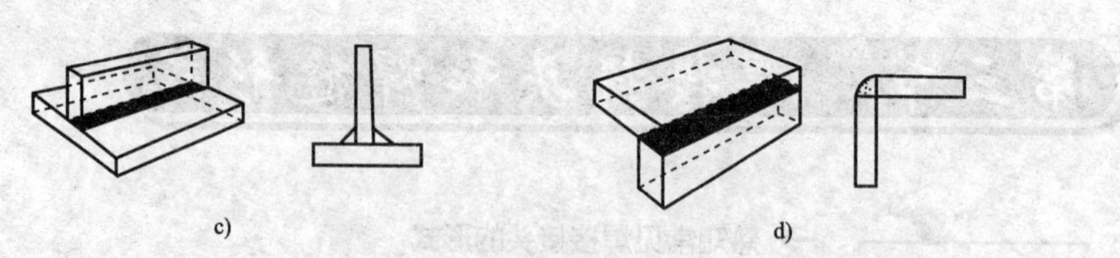


图 2—19　焊接接头的基本形式

a）对接接头　b）搭接接头　c）T 形接头　d）角接接头

## 二、坡口形式和几何尺寸

**1. 坡口形式**

根据设计或工艺需要，在焊件的待焊部位加工成一定几何形状的沟槽，称为坡口。

主要的坡口形式有I形、V形、U形、J形等，如图2—20所示。开坡口的主要目的是保证焊缝根部焊透，使焊接电极能深入接头根部，以确保接头质量，同时还能起到调节基体金属与填充金属比例的作用。

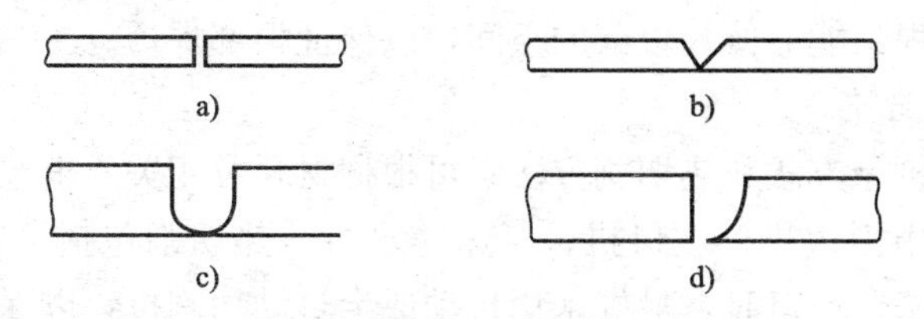


图2—20　坡口形式

a）I形坡口　b）V形坡口　c）U形坡口　d）J形坡口

（1）坡口形式的选择原则

1）能保证焊件焊透。

2）坡口的形状容易加工。

3）应尽可能地提高生产率，节省填充金属。

4）焊件焊后变形应尽可能小。

（2）几种常见坡口形式的特点

1）V形坡口。是最常用的坡口形式。这种坡口便于加工，焊接时通常为单面焊，焊后焊件容易产生变形。

2）X形坡口。是在V形坡口基础上发展起来的，采用X形坡口后，在同样厚度下，能减少焊缝金属量约1/2，并且是对称焊接，焊后焊件的残余变形小，但缺点是焊接时需要翻转焊件。



3）U形坡口。在焊件厚度相同的条件下U形坡口的空间面积比V形坡口小得多，所以当焊件厚度较大，只能单面焊接时，为提高生产率，可采用U形坡口。但这种坡口由于根部有圆弧，加工比较复杂，特别是在圆筒形焊件的筒壳上加工更加困难。

**2. 坡口的几何尺寸**

（1）坡口面。焊件上的坡口表面称为坡口面，如图2—21所示。

（2）坡口面角度和坡口角度。焊件表面的垂直面与坡口面之间的夹角称为坡口面角度，两坡口面之间的夹角称为坡口角度。开单面坡口时，坡口角度等于坡口面角度，开双面对称坡口时，坡口角度等于两倍的坡口面角度，如图2—21所示。

（3）根部间隙。焊前，在焊接接头根部之间预留的空隙称为根部间隙，如图2—21所示。根部间隙的作用在于焊接打底焊道时，能保证根部可以焊透。

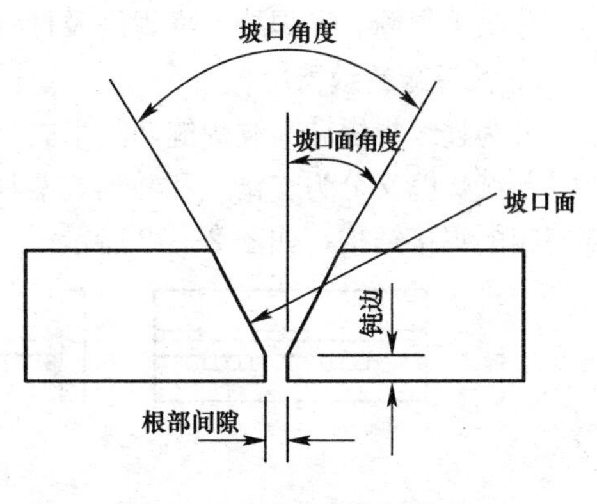


图2—21　坡口的几何尺寸

（4）钝边。焊件开坡口时，沿焊件厚度方向未开坡口的端面部分称为钝边，如图2—21所示。钝边的作用是防止焊缝根部烧穿。

（5）根部半径。在U形坡口底部的半径称为根部半径。根部半径的作用是增大坡口根部的空间，使焊条能够伸入根部的空间，以保证根部焊透。

**3. 坡口的加工方法**

坡口加工可用机械方法和热切割方法，可根据材料及相关要求选择加工方法。常用的机械加工方法采用刨边机、坡口机、车床等进行，热切割包括气割和等离子切割方法。在采用气割方法开坡口时，最好采用自动或半自动切割机，以保证坡口面的光滑平整，有利于后续的焊接工序。

**4. 坡口的清理**

坡口表面上的油污、铁锈、水分及其他有害杂质，在焊接时会产生气孔、夹渣、未焊透、裂纹等缺陷，因此焊接前必须对坡口进行清理。

坡口清理的方法有机械方法和化学方法。通常采用角向磨光机进行坡口清理，对坡口表面及两侧20 mm范围内进行打磨并出现金属光泽。

## 三、焊缝的基本形式

**1. 按焊缝结合形式**

根据国家标准的规定，分为对接焊缝、角焊缝、端接焊缝、塞焊缝、槽焊缝五种。



（1）对接焊缝。在焊件的坡口面间或一零件的坡口面与另一零件表面间焊接的焊缝。

（2）角焊缝。沿两直交或近直交零件的交线所焊接的焊缝。

（3）端接焊缝。构成端接接头所形成的焊缝。

（4）塞焊缝。两零件相叠，其中一块开圆孔，在圆孔中焊接两板所形成的焊缝。只在孔内焊角焊缝者不称塞焊。

（5）槽焊缝。两板相叠，其中一块开长孔，在长孔中焊接将两板连接在一起的焊缝。只焊角焊缝的不叫槽焊。

**2. 按施焊时焊缝在空间所处位置**

分为平焊缝、立焊缝、横焊缝及仰焊缝四种形式。

**3. 按焊缝断续情况**

分为连续焊缝和断续焊缝两种形式，通常用于角焊缝。

断续焊缝又分为交错式和并列式两种，断续焊缝只适用于对强度要求不高以及不需要密闭的焊接结构，如图2—22所示。

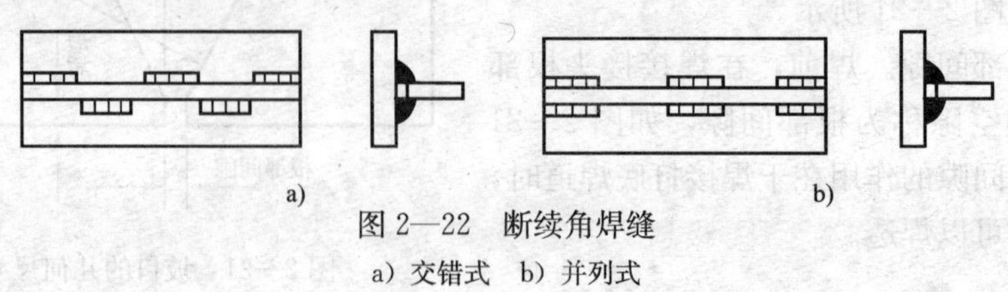


图2—22　断续角焊缝

a）交错式　b）并列式

## 四、焊接位置

**1. 焊接位置的定义**

焊接时，焊件接缝所处的空间位置，称为焊接位置，一般用两个参数来表示：

（1）焊缝倾角。焊缝轴线与水平面之间的夹角，如图 2—23 所示。

（2）焊缝转角。通过焊缝轴线的垂直面与坡口的二等分平面之间的夹角，如图 2—24 所示。

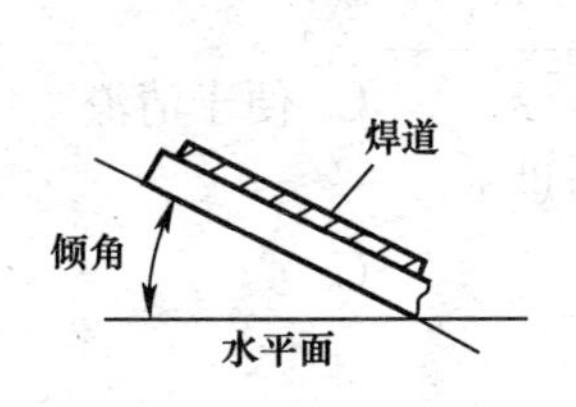


图 2—23　焊缝倾角

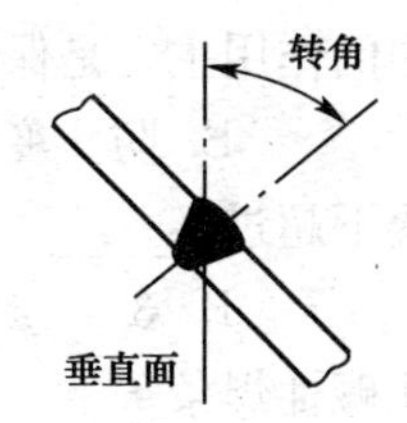


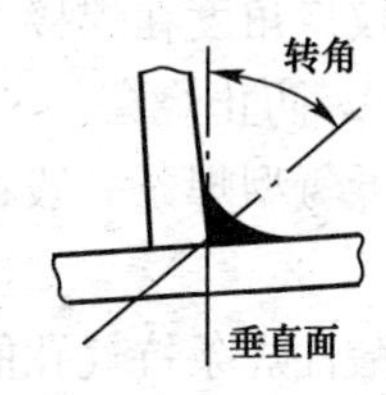


图 2—24　焊缝转角

**2. 常见焊接位置**

（1）平焊位置。焊缝倾角 0°～5°，焊缝转角 0°～10°的焊接位置。

（2）横焊位置。焊缝倾角 0°～5°，焊缝转角 70°～90°的焊接位置（对接焊缝）；焊缝倾角 0°～5°，焊缝转角 30°～55°的焊接位置（角焊缝）。

（3）立焊位置。焊缝倾角 80°～90°，焊缝转角 0°～180°的焊接位置。

（4）仰焊位置。焊缝倾角 0°～15°，焊缝转角 165°～180°的焊接位置（对接焊缝）；焊缝倾角 0°～15°，焊缝转角 115°～180°的焊接位置（角焊缝）。

**3. 常用焊接位置的名词术语**

（1）船形焊。T 形、十字形和角接接头处于平焊位置所进行的焊接，如图 2—25 所示。

（2）平焊。在平焊位置所进行的焊接。

（3）横焊。在横焊位置所进行的焊接。

（4）立焊。在立焊位置所进行的焊接。

（5）仰焊。在仰焊位置所进行的焊接。

（6）向上（下）立焊。立焊时，热源自下（上）向上（下）进行的焊接。

图 2—25　船形焊

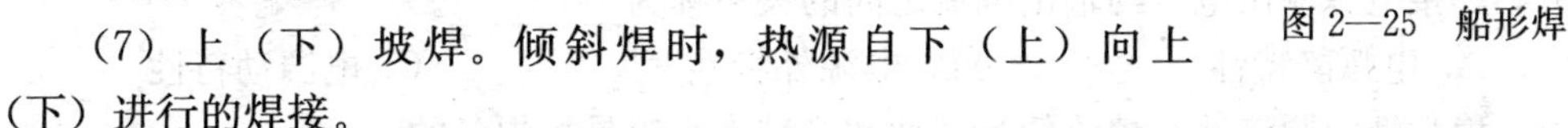

（7）上（下）坡焊。倾斜焊时，热源自下（上）向上（下）进行的焊接。

（8）全位置焊。水平固定焊接管子时，从时钟 6 点位置开始仰焊、上坡焊，一直到时钟 12 点位置进行平焊所进行的环形接缝的焊接。

## 单元测试题

**一、单项选择题**（下列每题的选项中，只有 1 个是正确的，请将其代号填在横线空白处）

1. 在同样条件下焊接，采用________坡口，焊后焊件的残余变形较小。

A. V形　　B. X形　　C. U形

2. 下列焊条中，________必须采用直流反接。

A. E4303　　B. E5015　　C. E5016

3. 焊机型号BX3－300中，“300”表示________。

A. 最大焊接电流为300 A　　B. 额定电流为300 A　　C. 短路电流为300 A

4. 碱性焊条的烟尘比酸性焊条________。

A. 大　　B. 小　　C. 一样

5. 坡口角度在焊接过程中的作用主要是保证焊透及________等。

A. 防止烧穿　　B. 防止变形　　C. 便于清渣

6. 低氢型焊条一般在常温下超过________h，应重新烘干。

A. 2　　B. 3　　C. 4

7. 酸性焊条抗气孔能力比碱性焊条________。

A. 强　　B. 弱　　C. 一样

8. 国家标准规定焊条型号中，“焊条”用字母________表示。

A. J　　B. H　　C. E

9. 焊条的直径是以________来表示的。

A. 焊芯直径　　B. 焊条外径　　C. 药皮厚度

10. 碱性焊条的优点之一是________。

A. 脱渣性好　　B. 对弧长无要求　　C. 良好的抗裂性



11. “E4303”是碳钢焊条型号完整的表示方法，其中第三位阿拉伯数字表示的是________。

A. 药皮类型　　B. 电流种类　　C. 焊接位置

12. 碱性焊条的烘干温度通常为________℃。

A. 75～150　　B. 250～300　　C. 350～400

13. 焊接接头根部预留间隙的作用在于________。

A. 防止烧穿　　B. 保证焊透　　C. 减少应力

14. 表示弧焊整流器的代号为________。

A. A　　B. B　　C. Z

15. 焊接电源输出电压与输出电流之间的关系称为________。

A. 电弧静特性　　B. 电源外特性　　C. 电源动特性

16. 稳弧性、脱渣性、熔渣的流动性和飞溅大小等是指焊条的________。

A. 冶金性能　　B. 焊接性能　　C. 工艺性能

17. E4316、E5016属于________药皮类型的焊条。

A. 钛钙型　　B. 低氢钠型　　C. 低氢钾型

18. 按我国现行规定，氩气的纯度应达到________才能满足焊接的要求。

A. 99.5%　　B. 99.95%　　C. 99.99%

19. 目前________是一种理想的电极材料，是我国建议尽量采用的钨极。

A. 纯钨极　　B. 钍钨极　　C. 铈钨极

20. 钨极氩弧焊电源的外特性是________的。

A. 陡降　　B. 水平　　C. 缓降

21. WS-250 型焊机是________焊机。

A. 交流钨极氩弧焊　　B. 直流钨极氩弧焊　　C. 熔化极氩弧焊

22. $CO_2$ 气体保护焊的送丝机中适用 $\phi$0.8 mm 细丝的是________。

A. 推丝式　　B. 拉丝式　　C. 推拉丝式

**二、判断题**（下列判断正确的打“√”，错误的打“×”）

1. 开坡口的目的是保证焊件可以在厚度方向上全部焊透。（　）
2. 焊条使用前应按要求进行烘干。（　）
3. 焊条由焊芯和药皮两部分组成。（　）
4. 低氢钠型碱性焊条焊接时，应该采用直流电源反接法。（　）
5. 焊接接头包括焊缝、熔合区和热影响区。（　）
6. 钝边的作用是防止接头根部烧穿。（　）
7. 焊条烘干温度越高越好。（　）
8. 气体保护焊的送丝机有推丝式、拉丝式、推拉丝式三种形式。（　）
9. 预热器的作用是防止 $CO_2$ 从液态变为气态时，由于放热反应使瓶阀及减压器冻结。（　）
10. 空载电压是焊机自身所具有的一个电特性，所以与焊接电弧的稳定燃烧无关。（　）
11. 焊机的负载持续率越高，可以使用的焊接电流就越大。（　）
12. 通常碱性焊条的烘干温度是 100～150℃。（　）
13. 拉丝式送丝机构适用于短距离输送焊丝。（　）
14. 碱性焊条的工艺性能差，引弧困难，电弧稳定性差且飞溅大，故只能用于一般结构的焊接。（　）
15. 焊接碳钢时，应该根据钢材的化学成分来选择相应的焊条。（　）
16. 氩气是惰性气体，它在高温下分解并与焊缝金属起化学反应。（　）



## 单元测试题答案

**一、单项选择题**

1. B　2. B　3. B　4. A　5. C　6. C　7. A　8. C　9. A　10. C　11. C　12. C　13. B　14. C　15. B　16. C　17. C　18. C　19. C　20. A　21. B　22. B

**二、判断题**

1. √　2. √　3. √　4. √　5. √　6. √　7. ×　8. √　9. √　10. ×　11. ×　12. ×　13. ×　14. ×　15. ×　16. ×

# 第3单元

## 电弧焊

# 第一节　焊条电弧焊

- → 了解焊条电弧焊的工艺特点及焊接电弧知识
- → 能够正确选择焊条电弧焊焊接工艺参数
- → 掌握引弧、运条、收弧知识及工件组对、定位焊知识
- → 能够进行平焊位置板对接单面焊双面成型
- → 能够进行横焊、立焊位置板对接双面焊
- → 能够进行 T 形接头焊接
- → 能够进行管水平转动焊接

## 一、焊条电弧焊概述

焊条电弧焊是工业生产中应用最广的一种焊接方法，它适用于厚度 2 mm 以上的各种金属材料和各种形状结构机械零件的焊接，特别适用于结构形状复杂的焊缝、短焊缝和曲线焊缝、各种空间位置焊缝的焊接。

焊条电弧焊的焊接回路由弧焊电源、电缆、焊钳、焊条、电弧和焊件组成，如图 3—1 所示。



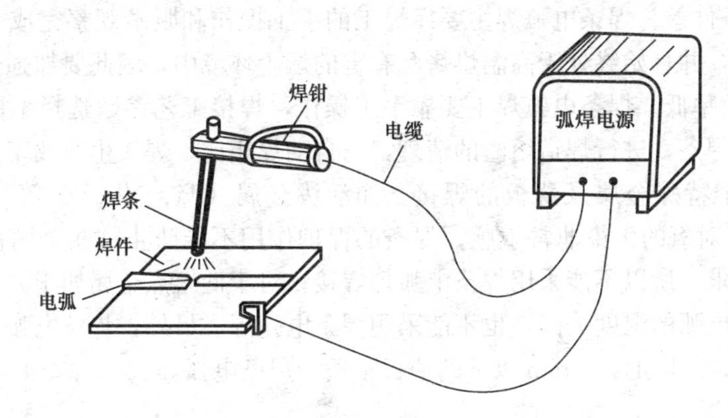


图 3—1　焊条电弧焊的焊接回路

**1. 工艺特点**

(1) 工作原理。焊条电弧焊是利用焊条和焊件之间的电弧热使金属和母材熔化形成焊缝的一种焊接方法。如图 3—2 所示，焊接过程中，在电弧高温作用下，焊条和被焊金属局部熔化。由于电弧的吹力作用，在被焊金属上形成了一个椭圆形充满液体金属的凹坑，这个凹坑称为熔池。同时，熔化了的焊条金属向熔池过渡。焊条药皮熔化过程中产生一定量的保护气体和液态熔渣。产生的气体充满在电弧和熔池周围，起隔绝大气的作用。液态熔渣浮在液态金属表面，也起着保护液态金属的作用。熔池中液态金属、液态熔渣和气体间进行着复杂的物理、化学反应，称之为冶金反应，这种反应起着冶炼焊缝金属的作用，能够提高焊缝的质量。随着电弧的

前移，熔池后方的液态金属温度逐渐下降，然后冷凝形成焊缝。

（2）工艺特点

1）焊条电弧焊设备比较简单且轻便，价格相对便宜。焊条电弧焊使用的交、直流焊机都比较简单，操作时不需要复杂的辅助设备，只需简单的辅助工具。

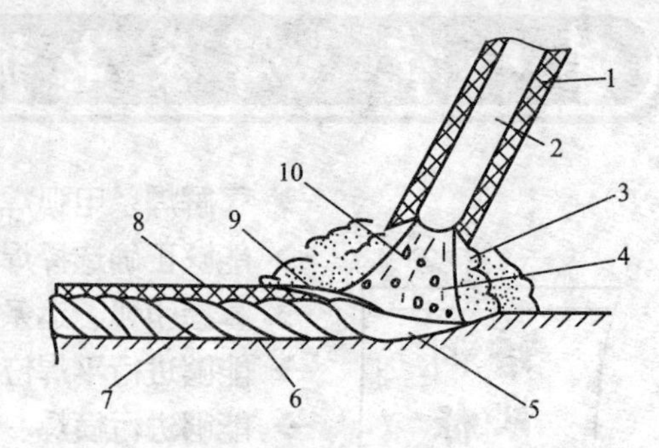


图 3—2　焊条电弧焊的工作原理

1—药皮　2—焊芯　3—保护气体　4—电弧　5—熔池　6—母材　7—焊缝　8—渣壳　9—熔渣　10—熔滴

2）操作灵活，适应性强。可用于焊接各种位置、各种厚度和形状的焊件。

3）应用范围广。可用于大多数工业用的金属和合金的焊接。选用合适的焊条，不但可以焊接碳素钢、低合金钢、高合金钢、有色金属、异种金属，还可以用于铸铁焊补和各种金属材料的堆焊等。

4）气—渣联合保护。焊条药皮中的造气剂分解产生的气体能隔离空气，保护熔池的后半部及凝固后处于高温的焊缝。

5）对焊工操作技术要求高，焊工培训费用大。焊条电弧焊的焊接质量，除靠选用合适的焊条、焊接工艺参数和焊接设备外，在一定程度上还取决于焊工的操作技术。因此，必须经常进行焊工培训。

6）劳动条件差。焊条电弧焊主要靠焊工的手工操作和眼睛观察完成全过程，焊工的劳动强度大，并且始终处于高温烘烤和有害的烟尘环境中，因此要加强劳动保护。



7）生产效率低。焊条电弧焊主要靠手工操作，焊接工艺参数选择范围较小，焊接时要经常更换焊条，进行焊道熔渣的清理，与自动焊相比，焊接生产效率低。

8）不适于特殊金属及薄板的焊接。如活泼金属（Ti、Nb、Zr 等）和难熔金属（Ta、Mo 等）对氧的污染非常敏感，焊条的保护作用不能防止这些金属被氧化，焊接质量达不到要求，所以不能采用焊条电弧焊焊接；对于低熔点金属如 Pb、Sn、Zn 及其合金等，由于电弧的温度太高，也不能采用焊条电弧焊。另外，焊条电弧焊的焊接工件厚度一般在 2 mm 以上，2 mm 以下的薄板不适于焊条电弧焊。

**2. 焊接电弧**

焊接电弧是指由焊接电源供给的、具有一定电压的两电极间或电极与母材间、在气体介质中产生的强烈而持久的放电现象。它具有两个特性，即能够放出强烈的光和大量的热。焊接就是利用电弧产生的热量作为热源来熔化母材和填充金属。

（1）焊接电弧的产生。在通常情况下，气体是不导电的，为了使其导电，必须将气体电离，即必须在气体中形成足够数量的自由电子和正离子。当焊条的一端与焊件接触时，造成短路，产生高温，使相接触的金属很快熔化并产生金属蒸气。当焊条迅速提起 2～4 mm 时，在电场的作用下，阴极表面产生电子发射。这些电子在向阳极高速运动的过程中，与气体分子、金属蒸气中的原子相互碰撞，造成气体介质和金属的电离。由电离产生的自由电子和负离子奔向阳极，正离子则奔向阴极，在它们运动过程中和到达两极时不断碰撞和复合，使动能变为热能，产生了大量的光和热。其宏观表现是强烈而持久的放电现象，即电弧，如图 3—3 所示。

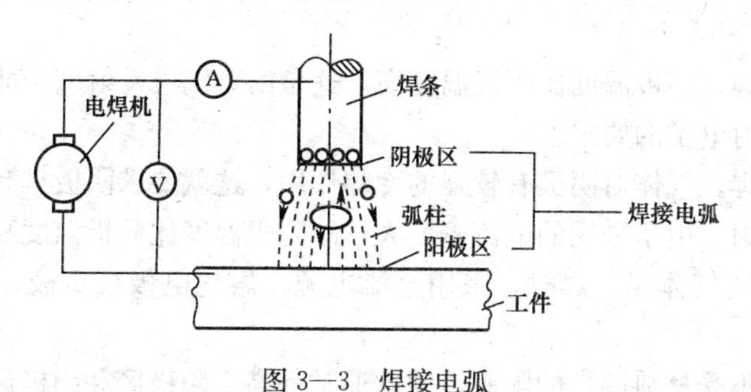


图 3—3　焊接电弧

焊接电弧引燃的顺利与否，与焊接电流、电弧中的电离物质、电源的空载电压及其特性有关。如果焊接电流大，电弧中存在容易电离的元素，电源的空载电压又较高时，电弧的引燃就容易。

（2）焊接电弧的组成及温度分布

1）焊接电弧的组成。焊接电弧由阴极区、阳极区和弧柱区三部分组成，如图 3—3 所示。

①阴极区。在阴极的端部，是向外发射电子的部分。发射电子需消耗一定的能量，因此阴极区产生的热量不多，放出热量占电弧总热量的 36%左右。

②阳极区。在阳极的端部，是接收电子的部分。由于阳极受电子轰击和吸入电子，获得很大能量，因此阳极区的温度和放出的热量比阴极区高些，约占电弧总热量的 43%左右。

③弧柱区。是位于阳极区和阴极区之间的气体空间区域，长度相当于整个电弧长度。它由电子、正负离子组成，产生的热量约占电弧总热量的 21%左右。弧柱区的热量大部分通过对流、辐射散失到周围的空气中。

2）焊接电弧的温度分布。焊接电弧中三个区域的温度是不均匀的，阴极区和阳极区温度主要取决于电极材料，而且一般阴极温度都低于阳极温度，且低于材料的沸点。阴极区和阳极区的温度见表 3—1。

**表 3—1　　阴极区和阳极区的温度**　　℃

| 电极材料 | 材料沸点 | 阴极温度 | 阳极温度 |
|---|---|---|---|
| 碳 | 4 640 | 3 500 | 4 100 |
| 铁 | 3 271 | 2 400 | 2 600 |
| 钨 | 6 200 | 3 000 | 4 250 |

在生产实践中发现，采用不同的焊接工艺方法，阳极和阴极温度高低有变化。各种焊接方法的阳极和阴极温度比较见表 3—2。

**表 3—2　　各种焊接方法的阳极和阴极温度比较**

| 工艺方法 | 焊条电弧焊 | 钨极氩弧焊 | 熔化极氩弧焊 | $CO_2$气体保护焊 |
|---|---|---|---|---|
| 温度比较 | 阳极温度高于阴极温度 | | 阴极温度高于阳极温度 | |

①焊条电弧焊。阳极温度比阴极温度高一些，这是由于阴极发射电子要消耗一部分能量。

②钨极氩弧焊。阳极温度比阴极温度高，这是由于钨极发射电子能力强，在较低的温度下能满足发射电子的要求。

③气体保护焊。气体对阴极有较强的冷却作用，这就要求阴极具有更高的温度及更大的电子发射能力。由于采用的电流密度大，故阴极温度比阳极温度高。例如$CO_2$气体保护焊或$Ar+CO_2$气体保护焊时，采用直流电源，熔化电极接负极，焊接时生产效率较高。

弧柱的温度不受材料沸点的限制，因此通常都高于阳极区和阴极区的温度，一般可以达到6 000～8 000℃。弧柱的径向温度分布是不均匀的，其中心温度最高，离开弧柱中心线温度逐渐降低。弧柱温度虽然很高，但大部分热量被辐射散发，因此要求焊接时应尽量压低电弧，使热量得到充分的利用。

3）焊接电弧的极性及应用。由于直流电源焊接时，焊接电弧正、负极上热量不同，所以采用直流电源焊接时有正接和反接之分，如图3—4所示。

①正接。工件接电源正极，焊条接电源负极，此时工件获得热量多，温度高，熔池深，易焊透，适于焊接厚件。

②反接。工件接电源负极，焊条接电源正极，此时工件获得热量少，温度低，熔池浅，不易焊透，适于焊接薄件。

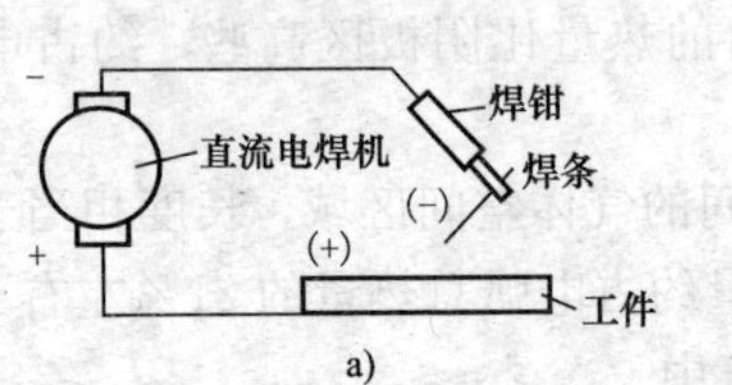


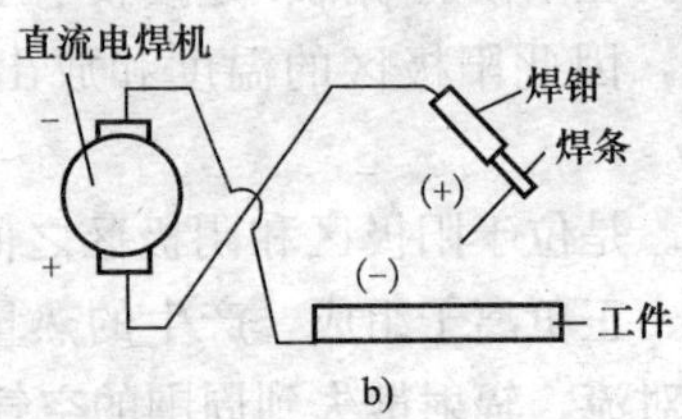


图3—4　焊接电弧的极性
a）正接　b）反接

如果焊接时使用交流电焊设备，由于电弧极性瞬时交替变化，所以两极温度也基本一样，不存在正接和反接的问题。

（3）焊接电弧静特性。在电弧稳定燃烧的情况下，两极间稳态的焊接电压和电流的关系曲线称为电弧静特性。

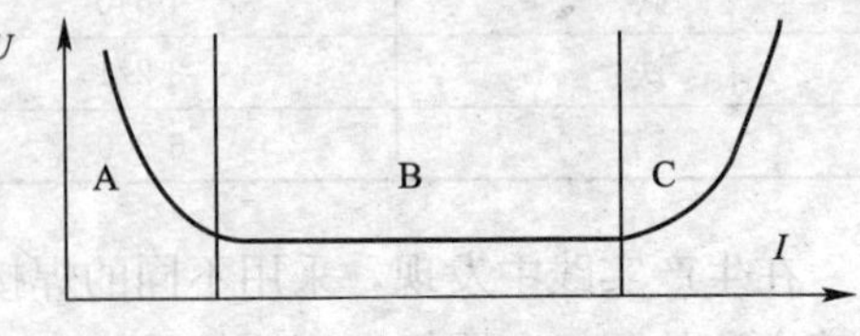


图3—5　电弧的静特性曲线

1）电弧静特性曲线的形状。电弧静特性曲线形状一般如图3—5所示，有三个不同的区域。当电流较小时（图中A区），电弧呈下降特性，随着电流的增加电压减小；当电流增大时（图中B区），电压几乎不变，电弧呈平特性，也就是当电流变化时电压几乎不变，焊条电弧焊的静特性就处于这个区域，因而焊接电流在一定范围内变化时，电弧电压不发生变化，从而保证了电弧的稳定燃烧；当电流更大时（图中C区），电压随电流的增加而升高，电弧呈上升特性。

2）静特性曲线的应用。电弧静特性虽然有三个不同的区域，但对于不同的焊接方法，在一定的条件下，其静特性只是曲线的某一区域。静特性的下降段，由于电弧燃烧不易稳定，因而很少采用；静特性的水平段，在焊条电弧焊、钨极氩弧焊中得到广泛应用；而静特性的上升段，则应用在细丝熔化极气体保护焊。

3）影响静特性曲线的因素

①电弧长度。当电弧长度增加时，电弧电压升高，其静特性曲线的位置也随之上升；电弧长度缩短时，电弧电压降低，静特性曲线的位置也随之下降。

②电弧气体的种类。气体电离能、气体导热系数、解离度及解离热等对电弧电压都有决定性的影响。

③周围气体介质压力越大，冷却越快，曲线上升。

（4）电弧偏吹。电弧偏离焊条轴线的现象叫做电弧偏吹。电弧偏吹容易产生咬边、未熔合、夹渣等焊接缺陷，故必须研究引起偏吹的原因及预防措施。

1）产生电弧偏吹的原因

①焊条药皮偏心。因药皮偏心，圆周各处药皮厚度不一致，熔化快慢不同，药皮薄的一侧熔化快，药皮厚的一侧熔化慢，焊条端部产生“马蹄形”套筒，使电弧偏向一侧，如图 3—6 所示。

②气流的影响。在钢板两端焊接时，由于热空气引起冷空气流动，使电弧向钢板外面偏吹。

③风的影响。在风的作用下，电弧向风吹的方向偏斜。

④接地线位置不当。接地线位置不当引起的电弧偏吹如图 3—7 所示。



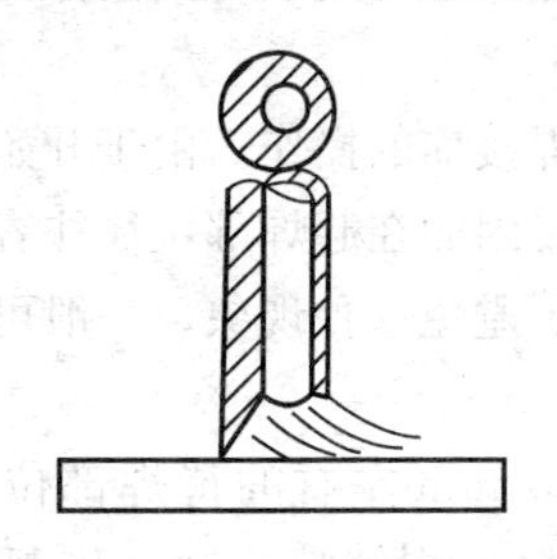

图 3—6　焊条药皮偏心引起的电弧偏吹

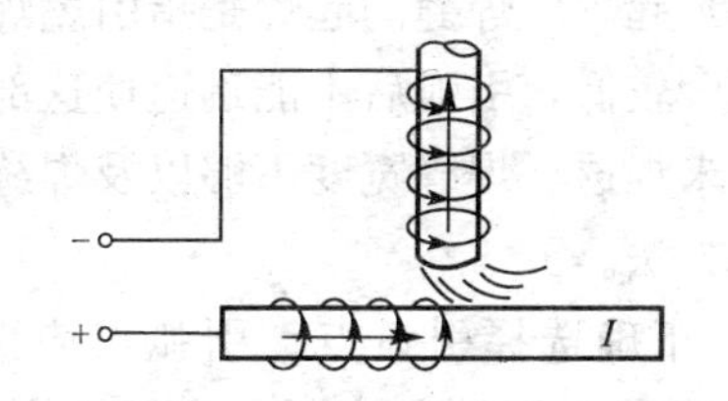


图 3—7　接地线位置不当引起的电弧偏吹

2）防止偏吹的措施

①发现焊条出现“马蹄形”，当“马蹄形”不大时，可转动焊条改变偏吹的方向调整焊缝成型；若“马蹄形”较大，则应更换焊条。

②因接地线位置不当引起偏吹时，应改变工件上的接线位置，接地线位于工件中间较好。

③焊接 T 形接头或焊接具有不对称铁磁物质的焊件时，可适当调整焊条角度，削弱立板的影响及铁磁物质对电弧磁偏吹的影响。

④焊接钢板两端时，改变焊条角度或增加引弧板。

⑤避免在有风的地方焊接或设置防护板挡风。

## 二、焊条电弧焊基本操作技术

**1. 引弧**

（1）引弧方法。焊条电弧焊采用接触引弧方法引弧，主要有划擦法和敲击法两种（见图 3—8）。

1）划擦法。先将焊条对准焊件，再将焊条像划火柴似的在焊件表面轻轻划擦，引燃电弧，然后迅速将焊条提起 2～4 mm，并使之稳定燃烧。

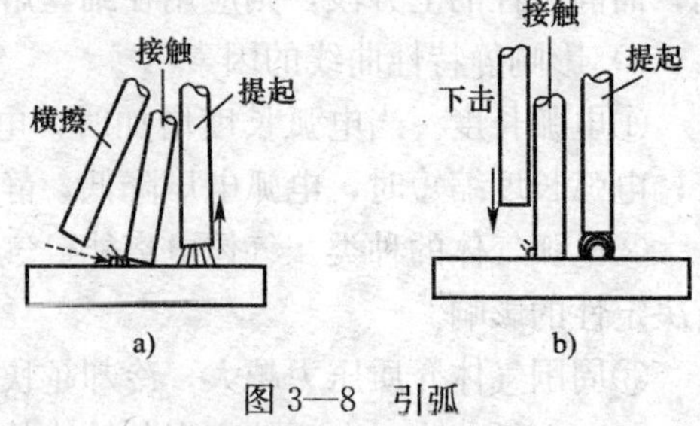


图 3—8　引弧
a）划擦法　b）敲击法

2）敲击法。将焊条末端对准焊件，然后手腕下弯，使焊条轻微碰击一下焊件，再迅速将焊条提起 2～4 mm，引燃电弧后手腕放平，使电弧保持稳定燃烧。这种引弧方法不会使焊件表面划伤，又不受焊件表面大小、形状的限制，是在生产中主要采用的引弧方法。

（2）注意事项。引弧时需注意以下事项。

1）引弧处应无油污、铁锈，以免产生气孔和夹渣。

2）焊条与焊件接触后提起的速度要适当，太快难以引弧，太慢则焊条和焊件容易粘在一起造成短路。



3）引弧时，如果焊条粘在焊件上，只需将焊条左右摆动几下，就可以脱离焊件；若不能脱离焊件，则应立即使焊钳脱离焊条，待焊条冷却后，再用手将其扳掉。如果焊条端部有药皮套筒时，将套筒去掉再引弧。

（3）起焊。焊缝的起焊是指引燃焊接电弧后到正常焊接前的操作。由于开始焊接时焊件温度较低，引弧后不能迅速使这部分金属温度升高，因而在起焊部位往往容易造成气孔、未焊透、焊缝宽度不够以及焊缝较高等缺陷。为了避免这种现象，一般可采用以下两种方法。

1）正确选择引弧点。引弧点应选在离焊缝起点 10 mm 左右的待焊部位上，电弧引燃后移至焊缝起点处，再沿焊接方向进行正常焊接；焊缝接头时，引弧点应选在前段焊缝的弧坑前方 10 mm 处，电弧引燃后移至弧坑处，待填满弧坑后再继续焊接。

2）采用引弧板。即在焊接前装配一块与焊件相同材料和厚度的金属板，从这块板上开始引弧，焊接后再割掉。这种方法适用于重要结构的焊接。

**2. 运条**

焊接过程中，为了稳定弧长、保持熔池形状、控制焊缝成型，获得均匀一致的焊缝，焊条必须做一定的运动。焊条相对于焊缝所做的各种运动总称为运条。

（1）焊条的基本运动。运条是焊接过程中最重要的环节，它直接影响焊缝的外表成型和内在质量。电弧引燃后，焊条有三个基本运动：朝熔池方向逐渐送进、沿焊接方向逐渐移动和横向摆动，如图 3—9a 所示。

1）焊条朝熔池方向送进。焊条朝熔池方向送进，既是为了向熔池填加金属，也是为了在焊条熔化后继续保持一定的电弧长度，因此焊条送进的速度应与焊条熔化的速度相同。否则，会断弧或焊条粘在焊件上。

2）焊条沿焊接方向移动。随着焊条的不断熔化，逐渐形成一条焊道。若焊条移动速度太慢，则焊道会过高、过宽、外形不整齐，焊接薄板时会产生烧穿现象；若焊条的移动速度太快，则焊条与焊件会熔化不均匀，焊道较窄，甚至产生未焊透现象。焊条移动时应与前进方向成 70°～80°夹角（见图 3—9b），以使熔化金属和熔渣推向后方，否则熔渣流向电弧的前方，会造成夹渣等缺陷。

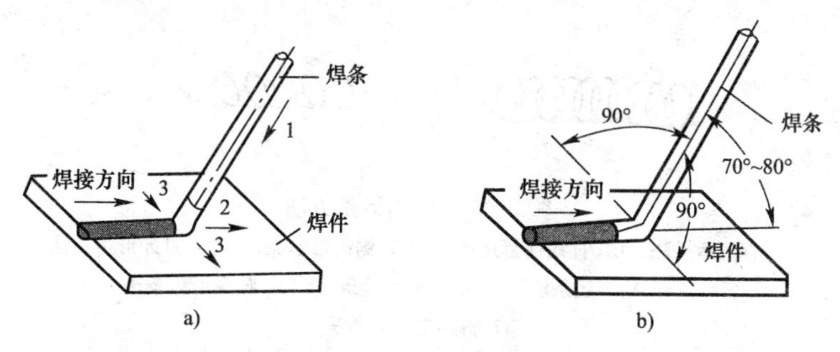


图 3—9 运条

a）焊条的三个基本运动 b）焊条与焊件的夹角

1—焊条朝熔池方向送进 2—焊条沿焊接方向移动 3—焊条横向摆动

3）焊条的横向摆动。为了对焊件输入足够的热量以便于排气、排渣，并获得一定宽度的焊缝或焊道，焊条应做横向摆动。焊条摆动的幅度根据焊件的厚度、坡口形式、焊缝层次和焊条直径等来决定。



（2）运条方法。运条方法的选用，应根据接头形式、装配间隙、焊接位置、焊条直径及性能、焊接电流大小及焊工操作水平而定。常用运条方法（见图 3—10）及适用范围如下：

1）直线形运条法。采用这种运条方法焊接时，焊条沿焊接方向做直线移动。常用于 I 形坡口的对接平焊，多层焊的第一层焊或多层多道焊。

2）直线往复运条法。采用这种运条方法焊接时，焊条末端沿焊缝的纵向做来回摆动。这种运条方法的特点是焊接速度快，焊缝窄，散热快。适用于薄板和接头间隙较大的多层焊的第一层焊。

3）锯齿形运条法。采用这种运条方法焊接时，焊条末端做锯齿形连续摆动及向前移动，并在两边稍停片刻。摆动的目的是控制熔化金属的流动和得到必要的焊缝宽度，这种运条方法在生产中应用较广，多用于厚钢板的焊接，平焊、仰焊、立焊的对接接头和立焊的角接接头。

4）月牙形运条法。采用这种运条方法焊接时，焊条的末端沿着焊接方向做月牙形的左右摆动，摆动的速度根据焊缝的位置、接头形式、焊缝宽度和焊接电流值来确定；同时需在接头两边做片刻的停留，这是为了使焊缝边缘有足够的熔深，防止咬边。这种运条方法的优点是金属熔化良好，有较长的保温时间，气体容易析出，熔渣也易于浮到

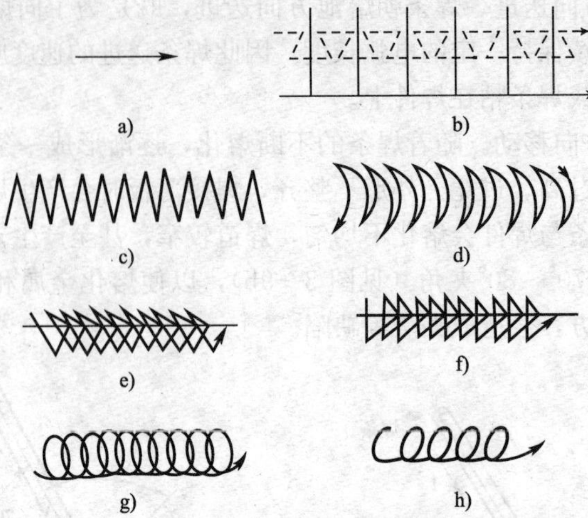

a)　b)　c)　d)　e)　f)　g)　h)

图 3—10　常用运条方法
a）直线运条法　b）直线往复运条法　c）锯齿形运条法　d）月牙形运条法
e）斜三角形运条法　f）正三角形运条法　g）圆圈形运条法
h）斜圆圈形运条法

焊缝表面，焊缝质量较高，但焊缝余高较高。这种运条方法的应用范围和锯齿形运条法基本相同。



5）三角形运条法。采用这种运条方法焊接时，焊条末端做连续的三角形运动，并不断向前移动。按照摆动形式的不同，可分为斜三角形和正三角形两种。斜三角形运条法适用于焊接平焊和仰焊位置的 T 形接头焊缝和有坡口的横焊缝，其优点是能够借焊条的摆动来控制熔化金属，促使焊缝成型良好。正三角形运条法只适用于开坡口的对接接头和 T 形接头焊缝的立焊，其特点是能一次焊较厚的焊缝断面，焊缝不易产生夹渣等缺陷，有利于提高生产效率。

6）圆圈形运条法。采用这种运条方法焊接时，焊条末端连续做正圆圈或斜圆圈形运动，并不断前移。正圆圈形运条法适用于焊接较厚焊件的平焊缝，其优点是熔池存在时间长，熔池金属温度高，有利于熔池中的氧、氮等气体的析出，便于熔渣上浮。斜圆圈形运条法适用于平、仰位置 T 形接头焊缝和对接接头的横焊缝，其优点是利于控制熔化金属不受重力影响而产生下淌现象，有利于焊缝成型。

**3. 收弧**

焊缝的收弧是指一条焊缝结束时的结尾操作方法。如收弧方法不当，则在焊缝尾部会产生弧坑，从而降低焊缝强度，并且易于形成应力集中而产生弧坑裂纹。常用收弧方法有以下三种。

（1）划圈收弧法。焊条移至焊道的终点时，利用手腕的动作做圆圈运动，直到填满弧坑再拉断电弧，如图 3—11a 所示。该方法适用于厚板焊接，用于薄板焊接会有烧穿危险。

（2）反复断弧法。焊条移至焊道终点时，在弧坑处反复熄弧、引弧数次，直到填满弧坑为止，如图 3—11b 所示。该方法适用于薄板及大电流焊接，但不适用于碱性焊条

（会产生气孔）。

（3）回焊收弧法。焊条移至焊缝尾部时立即停止，并且改变焊条角度回焊一小段后熄弧，如图 3—11c 所示。此方法适用于碱性焊条。

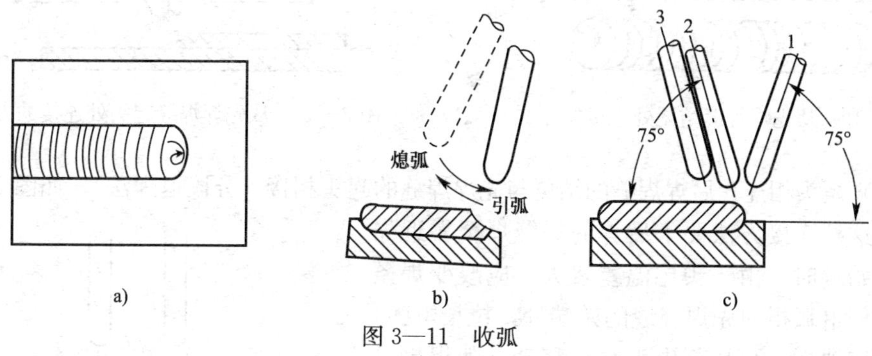


图 3—11 收弧

a）划圈收弧法 b）反复断弧收弧法 c）回焊收弧法

**4. 焊缝的接头**

后焊焊缝与先焊焊缝的连接处称为焊缝的接头。焊接过程中，由于受焊条长度的限制或其他因素的制约，有时不能用一根焊条完成一道焊缝，因而，焊缝的接头是不可避免的。为了保证焊缝的连续性，防止焊缝出现过高、脱节、宽窄不一致等缺陷，焊工应熟练掌握焊缝接头技术。焊缝的接头一般有以下四种连接方式。

（1）头尾相接。后焊焊缝的起头与先焊焊缝的结尾相接，如图 3—12a 所示。这是使用最多的一种连接方式，此方法要求先焊的焊缝在熄弧时不应出现明显的弧坑，后焊的焊缝在熔池前方 5～10 mm 处引弧后，将电弧迅速拉回至熔池中，按照原熔池的形状将焊条稍做横摆后再向焊接方向移动，如图 3—13 所示。

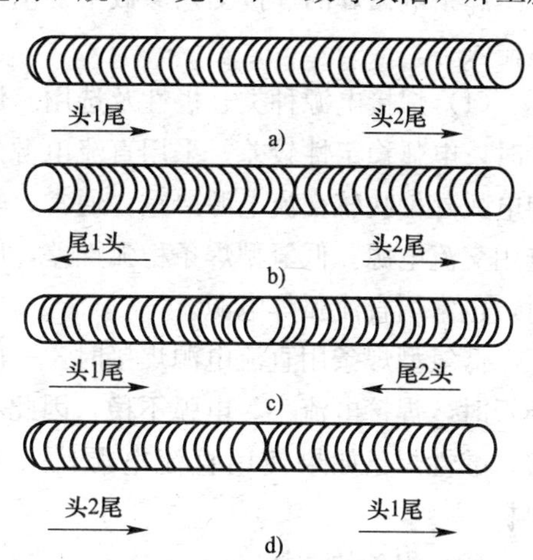


图 3—12 焊缝接头的四种连接方法

a）头尾相接 b）头头相接 c）尾尾相接 d）尾头相接

（2）头头相接。后焊焊缝的起头与先焊焊缝的起头相接（由中间往外焊），如图 3—12b 所示。这种连接方法要求先焊焊缝的起始端应略为低些，后焊的焊缝在起焊时必须在先焊焊缝的始端稍前处起弧，引弧后稍拉长电弧引回至前条焊缝的始端重叠，待连接处焊平后再向焊接方向移动，如图 3—14 所示。

（3）尾尾相接。后焊焊缝的结尾与先焊焊缝的结尾相接（由外往中间焊），如图 3—12c 所示。这种连接方法要求后焊的焊缝焊到先焊的焊缝收尾处时，焊速应放慢些，使连接处根部焊透，当填满前条焊缝的弧坑后再以较快的速度向前焊一段后熄弧，如图 3—15 所示。

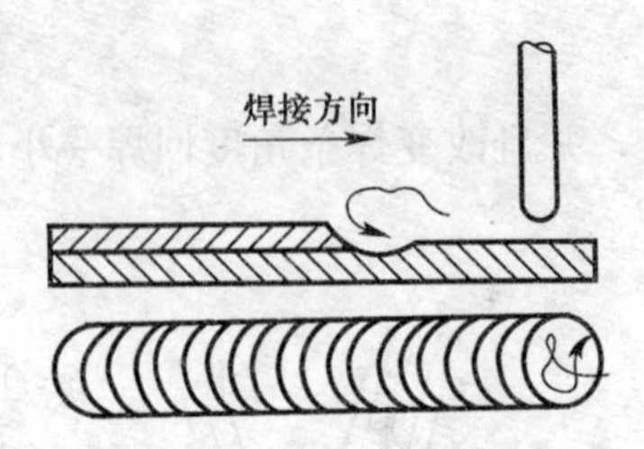


图 3—13　从先焊焊缝结尾处连接的方式

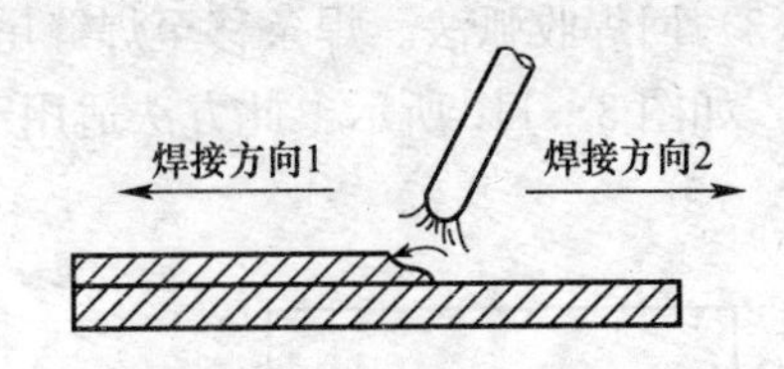


图 3—14　从先焊焊缝起头处连接的方式

（4）尾头相连。后焊焊缝的结尾与先焊焊缝的起头相接（分段退焊法），如图 3—12d 所示。这种连接方法要求后焊的焊缝焊至靠近先焊焊缝始端时，由于头尾温差较大，应改变焊条角度，使电弧指向先焊焊缝的始端处，拉长电弧，待形成熔池后，再压低电弧往后移动（朝焊接反方向），最后返回原来熔池处收弧。

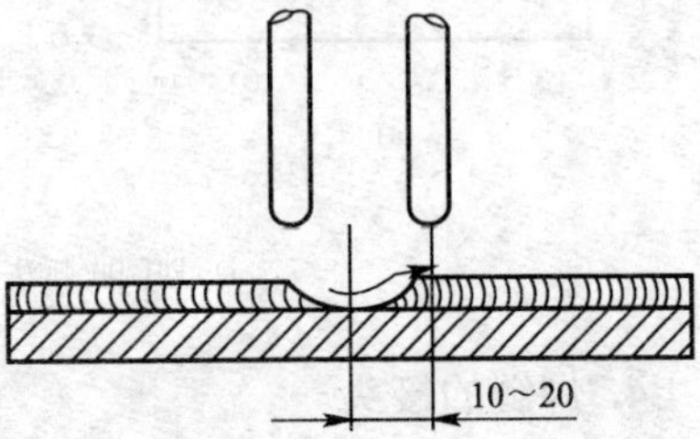

10～20

图 3—15　焊缝接头尾尾相连的熄弧方式

## 三、焊条电弧焊焊接工艺

### 1. 焊接工艺参数选择

焊条电弧焊的焊接工艺参数主要包括焊条直径、焊接电流、电弧电压、焊接速度和热输入等。



（1）焊接电源种类、极性及选用。焊接电源有交流电源和直流电源。用交流电源焊接时，电弧稳定性较差。采用直流电源焊接时，引弧容易，电弧稳定、柔顺、飞溅少，但电弧磁偏吹较交流电源严重。通常，酸性焊条可采用交流、直流两种电源，一般优先选用交流电源。低氢型焊条稳弧性差，所以必须采用直流弧焊电源。用小电流焊接薄板时，也常用直流弧焊电源。

低氢型焊条用直流电源焊接时，一般采用反接，因为反接的电弧比正接稳定。焊接薄板时，焊接电流小、电弧不稳，因此不论用碱性焊条还是酸性焊条，也应采用直流反接。酸性焊条如果使用直流电源，采用正接可以获得较大的熔深，适用于焊接中、厚板。

（2）焊条的选择

1）焊条牌号的选择。焊缝金属的性能主要是由焊条和焊件金属相互熔化所决定的。在焊缝金属中填充金属占 50%～70%。因此，选择合适的焊条牌号，才能保证焊缝金属具备所要求的性能。换言之，应根据被焊金属材料的性能和结构的重要程度及强度等级等要求来选择焊条牌号。

焊条熔敷金属的化学成分、力学性能要与母材金属相近，不能过高或过低；还要根据结构的使用性能来综合考虑选用不同牌号的焊条，否则，将影响焊缝金属的化学成分、力学性能和使用性能。常用的焊条有酸性焊条 E4303、E5003 等，碱性焊条 E5015、E4315 等。

2）焊条直径的选择。焊条直径指焊芯直径，应根据焊件厚度、焊接位置、接头形式、焊接层数等进行选择。

①焊件厚度。焊件厚度越大，则要求焊缝尺寸也越大，应选用直径大一些的焊条。焊条直径与焊件厚度之间的参考数据见表3—3。

**表3—3　　焊条直径与焊件厚度的关系**　　mm

| 焊件厚度 | ≤4 | 4～5 | 6～12 | >13 |
|---|---|---|---|---|
| 焊条直径 | <3.2 | 3.2～4.0 | 4～5 | 4～6 |

②焊缝位置。在板厚相同的条件下，焊接平焊位置焊缝用的焊条直径要比焊接立、横、仰焊位置焊缝用的大一些。立、仰焊时焊条直径不大于4 mm，而横焊时焊条直径不大于5 mm，否则，熔池过大，钢液易流淌，使焊缝成型控制不好。

③焊接层数。在多层焊时，打底层焊缝一般选用$\phi$2.5～3.2 mm的焊条，以后几层可适当选用大直径焊条。因为如果第一层选用较大直径的焊条，则焊条不能深入坡口根部，使电弧过长而造成根部焊不透。所以，对多层焊的第一层焊道，应采用小直径焊条进行焊接。

④接头形式。搭接、T形接头焊接时的焊条直径可选大些，因为这两种接头不存在全焊透的问题。

3）使用焊条时的注意事项

①所有焊条一端都有长20 mm不带药皮的部分，使用时应将不带药皮处夹在焊钳上，因为药皮不导电。

②在焊接过程中，随着焊芯的不断缩短，焊芯温度越来越高，而且越到焊条根部温度越高。所以在实际焊接时，焊芯只能用到距焊钳20～30 mm处就应更换，否则温度太高焊接质量得不到保证。

（3）焊接电流的选择。焊接电流是焊条电弧焊的主要工艺参数，焊工需要调节的只有焊接电流，而焊接速度和电弧电压都是由焊工控制的。焊接电流的选择直接影响着焊接质量和劳动生产率。

焊接电流越大，熔深越大，焊条熔化快，焊接效率也高，但是焊接电流太大时，飞溅和烟雾大，焊条尾部易发红，部分涂层会失效或崩落，而且容易产生咬边、焊瘤、烧穿等焊接缺陷，增大焊件变形，还会使接头热影响区晶粒粗大，焊接接头的韧性降低；焊接电流太小，则引弧困难，焊条容易粘连在工件上，电弧不稳定，易产生未焊透、未熔合、气孔和夹渣等焊接缺陷，且生产率低。因此，选择焊接电流时，应根据焊条类型、焊条直径、焊件厚度、接头形式、焊缝位置及焊接层数来综合考虑，主要考虑焊条直径、焊接位置、焊条类型和焊道层次等因素。首先应保证焊接质量，其次应尽量采用较大的电流，以提高生产效率。板较厚的T形接头和搭接接头，在施焊环境温度低时，由于导热较快，所以焊接电流要大一些。

1）焊条直径。焊条直径越大，熔化焊条所需的热量越多，必须增大焊接电流。每种焊条都有一个最合适电流范围，表3—4是常用的各种直径焊条合适的焊接电流参考值。

表 3—4　　焊条直径与焊接电流的关系

| 焊条直径（mm） | 1.6 | 2.0 | 2.5 | 3.2 | 4.0 | 5.0 | 6.0 |
|---|---|---|---|---|---|---|---|
| 焊接电流（A） | 25～40 | 40～65 | 50～90 | 90～130 | 160～210 | 200～270 | 260～300 |

当使用碳钢焊条焊接时，还可以根据选定的焊条直径，用下面的经验公式计算焊接电流：

$$I=dK$$

式中　$I$——焊接电流，A；

$d$——焊条直径，mm；

$K$——经验系数，A/mm，见表 3—5。

表 3—5　　焊接电流经验系数与焊条直径的关系

| 焊条直径 $d$（mm） | 1.6 | 2～2.5 | 3.2 | 4～6 |
|---|---|---|---|---|
| 经验系数 $K$ | 20～25 | 25～30 | 30～40 | 40～50 |

2）焊接位置。在平焊位置焊接时，可选择偏大些的焊接电流，非平焊位置焊接时，为了易于控制焊缝成型，焊接电流比平焊位置小 10%～20%。

3）焊条类型。在其他条件相同时，酸性焊条使用的焊接电流应比碱性焊条大 10%左右。酸性焊条使用的焊接电流过小，易产生夹渣等缺陷。

4）焊道层次。通常焊接打底焊道时，为保证背面焊道的质量，应使用较小的焊接电流；焊接填充焊道时，为提高效率，保证熔合良好，应使用较大的焊接电流；焊接盖面焊道时，为防止咬边和保证焊道成型美观，使用的焊接电流应稍小些。



综合以上因素所求得的焊接电流只是一个大概数值，在实际生产中，凭焊工的工作经验，可以从下述几个方面来判断焊接电流是否选得合适。

①看飞溅。焊接电流过大时，电弧吹力大，大颗粒的液态金属向熔池外飞溅，焊接过程中有较大的爆裂声；焊接电流过小时，电弧吹力小，熔渣与液态金属很难分离，容易形成夹渣。

②看焊缝成型。焊接电流过大时，熔深大，焊缝两侧易产生咬边；焊接电流过小时，熔深浅，焊缝余高不足，且两侧与母材熔合过渡不良。

③看焊条熔化情况。焊接电流过大时，当焊条熔化了大半根后，剩余部分的焊条头会发红，使焊条药皮因电阻热过高而变质，失去保护作用；焊接电流过小时，电弧燃烧不稳定，焊条易粘在焊件上。

（4）电弧电压。当焊接电流调好以后，焊机的外特性曲线就确定了。实际上电弧电压主要是由电弧长度来决定的。电弧长，电弧电压高；反之则低。在焊接过程中，电弧不宜过长，否则会出现电弧燃烧不稳定、飞溅大、熔深浅及产生咬边、气孔等缺陷；若电弧太短，则容易粘焊条。一般情况下，电弧长度等于焊条直径的 0.5～1 倍为好，相应的电弧电压为 16～25 V。碱性焊条的电弧长度不超过焊条直径，最好为焊条直径的一半，应尽可能地选择短弧焊；酸性焊条的电弧长度应等于焊条直径。

（5）焊接速度。焊条电弧焊的焊接速度是指焊接过程中焊条沿焊接方向移动的速度，即单位时间内完成的焊缝长度。焊接速度过快，会造成焊缝变窄、严重凸凹不平，容易产生咬边及焊缝波形变尖；焊接速度过慢会使焊缝变宽、余高增加、工效降低。

(6) 焊缝层数。焊缝层数视焊件厚度而定。中、厚板一般都采用多层焊。焊缝层数多些，有利于提高焊缝金属的塑性和韧性。对于质量要求较高的焊缝，每层厚度最好不大于 4～5 mm。多层焊的焊缝如图 3—16 所示。

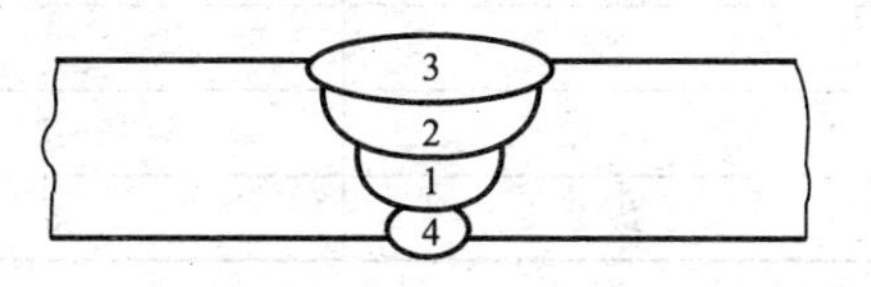

图 3—16　多层焊的焊缝

(7) 热输入。熔焊时，由焊接能源输入给单位长度焊缝上的热能称为热输入。其计算公式如下：

$$Q=\eta IU/v$$

式中 $Q$——单位长度焊缝的热输入，J/cm；

$I$——焊接电流，A；

$U$——电弧电压，V；

$v$——焊接速度，cm/s；

$\eta$——热效率系数，焊条电弧焊为 0.7～0.8。

热输入对低碳钢焊接接头性能的影响不大，因此，对于低碳钢焊条电弧焊一般不规定热输入。对于低合金钢和不锈钢等钢种，热输入太大时，接头性能可能降低；热输入太小时，有的钢种焊接时可能产生裂纹。一般需要通过试验来确定既不产生焊接裂纹、又能保证接头性能合格的热输入范围。允许的热输入范围越大，越便于焊接操作。

**2. 工件组对及定位焊**

(1) 工件组对。在正式施焊前将焊件按照图样所规定的形状、尺寸装配在一起，称为工件组对。在工件组对前，应按要求对坡口及其两侧一定范围内的母材进行清理。工件组对时应尽量减小错边量，保证装配间隙符合工艺要求，必要时可采用适当的焊接夹具。

(2) 定位焊。定位焊是指焊前为固定焊件的相对位置而进行的焊接操作，俗称点固焊。定位焊所形成的断续而又短小的焊缝称为定位焊缝。在焊接结构的制造过程中，几乎所有零部件均需先通过定位焊进行组装，然后再焊成一体，因而定位焊的质量将影响焊缝质量以至整个产品质量，应引起足够的重视。进行定位焊时应主要考虑以下几方面因素：

1) 定位焊焊条。定位焊缝一般作为正式焊缝留在焊接结构中，因而定位焊所用焊条应与正式焊接所用焊条型号相同，不能用受潮、脱皮、不知型号的焊条或者焊条头代替。

2) 定位焊部位。双面焊反面清根的焊缝，尽量将定位焊缝布置在反面；形状对称的构件上，定位焊缝应对称排列；避免在焊件的端部等容易引起应力集中的部位进行定位焊，不能在焊缝交叉处或焊缝方向发生急剧变化的部位进行定位焊，通常至少应离开这些部位 50 mm。

3) 定位焊缝尺寸。一般应根据焊件的厚度来确定定位焊缝的长度、高度和间距，见表 3—6。

表 3—6　　定位焊缝参考尺寸　　mm

| 焊件厚度 | 定位焊缝高度 | 定位焊缝长度 | 定位焊缝间距 |
| --- | --- | --- | --- |
| ＜4 | ＜2 | 5～10 | 50～100 |
| 4～12 | 2～6 | 10～20 | 100～200 |
| ＞12 | ＞6 | 15～30 | 200～300 |

4）定位焊的注意事项

①定位焊缝短，冷却速度快，因而焊接电流应比正式施焊时大10%～15%。

②定位焊起弧和结尾处应圆滑过渡，焊道不能太高，必须保证熔合良好，以防产生未焊透、夹渣等缺陷。

③如定位焊缝开裂，必须将裂纹处的焊缝铲除后重新定位焊。在定位焊后，如出现接口不齐平，应进行校正，然后才能正式焊接。

④尽量避免强制装配，以防在焊接过程中焊件的定位焊缝或正式焊缝开裂，必要时可增加定位焊缝的长度，并减小定位焊缝的间距，或者采用热处理措施。

（3）各种形式的组对及定位焊

1）板的组对及定位焊

①坡口及两侧 20 mm 范围内，将油污、铁锈、氧化物等清理干净，使其呈现金属光泽。

②焊件组对时，不得强力组装。

③定位焊时应在坡口内引弧，且在焊缝坡口内侧两端进行定位焊，焊缝长度为10～15 mm。定位焊时，采用的焊接电流比正式施焊时大 20～30 A。定位焊所使用的焊条应和正式焊接的焊条一致，并遵守相同的工艺条件。定位焊缝要牢固，特别是终焊端，以免焊接过程中开裂或因焊缝收缩造成未焊段坡口间隙变小而影响焊接。

④确定组对间隙。按规范和焊工的技艺对正间隙，且终焊端比始焊端间隙略大。

⑤预留一定的反变形。

⑥试件组对后，不得有错边。

⑦定位焊缝存在缺陷时，应打磨清除缺陷后再重新焊接。

2）管道的组对及定位焊

①将管段坡口及 20 mm 范围内的内、外壁油污、铁锈等清理干净，使其呈现金属光泽。

②对于小径管（$\phi$60 mm 以下），一般在坡口内点固一点；对于中径管（$\phi$60～133 mm），一般在坡口内点固两点；对于大径管（$\phi$159 mm 以上），一般点固三点。

③定位焊缝两端尽可能焊出斜坡，以便于正式焊接时接头；也可在组对后修磨出斜坡。

④确定组对间隙。定位焊时应特别注意间隙尺寸，一般应上大下小。

⑤组对后，应检查试件上下两部分是否同心。如果不同心，可以对管道进行校直。校直后的定位焊缝如产生裂纹，必须将定位焊缝磨去，重新组对。

3）管板的组对及定位焊

①将板孔边缘及管坡口 10～15 mm 范围内的铁锈、氧化物、油污等清理干净，使其呈现金属光泽。

②采用一点或两点定位，定位焊缝长约 10 mm，厚 2～3 mm。

③定位焊缝两端尽可能焊出斜坡，也可以在组对后修磨出斜坡，以方便接头。

④确定组对间隙。按规范和焊工的技艺对正间隙。

⑤组对后，钢管与板的管孔应同心，即管内径边缘与管板孔边缘对齐。

**3. 板对接平焊单面焊双面成型焊条电弧焊**

单面焊双面成型焊接，是指在焊件坡口一侧进行焊接，而在焊缝正、反面都能得到均匀整齐而无缺陷的焊道。

## 实例 3—1

**【焊前准备】**

(1) 试件。材质：Q235B。尺寸：300 mm×250 mm×12 mm。

(2) 焊接材料及设备。焊条：型号 E4315；规格 $\phi$3.2 mm/$\phi$4.0 mm。设备：WS-400Ⅲ。

(3) 坡口形式。V 形坡口，坡口角度为 60°，如图 3—17 所示。

(4) 焊前清理。将坡口及两侧 20 mm 范围内的铁锈、油污、氧化物等清理干净，使其露出金属光泽。

(5) 装配及定位焊。组对间隙 2～3 mm；预留反变形 3°～4°；错边量≤1 mm；钝边 0.5～1.5 mm。定位焊缝长度：前端为 5～7 mm，后端为 10 mm 左右。

**【焊接工艺】** 板对接平焊焊接工艺参数见表 3—7，焊接层数如图 3—18 所示。

表 3—7　　板对接平焊工艺参数

| 焊接层数 | 焊条直径（mm） | 焊接电流（A） |
|---|---|---|
| 打底层（第一层第 1 道） | 3.2 | 90～100 |
| 填充层（第二层第 2 道） | 3.2 | 120～130 |
| 填充层（第三层第 3 道） | 4.0 | 150～160 |
| 盖面层（第四层第 4 道） | 4.0 | 150～160 |

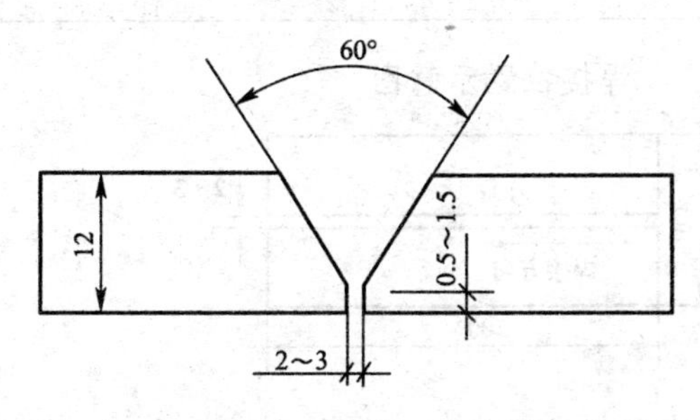

图 3—17　试件坡口形式

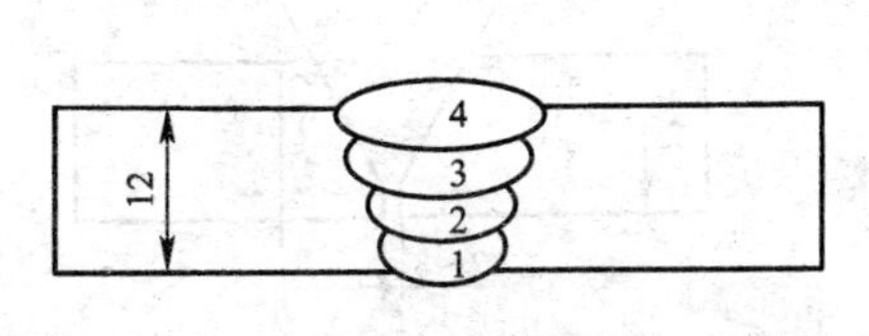

图 3—18　焊接层数

【操作步骤】

(1) 第一层焊接。第一层是单面焊双面成型的关键，运条的手法有两种：连弧焊法和两点击穿间断灭弧焊法。这里选用连弧焊法。

在定位焊处引弧加热，当电弧熔焊到定位焊与坡口根部相接触时，压低电弧，稍停留，当听到背面有“噗、噗”声时，马上采取正常手法，焊条做月牙形或锯齿形向坡口两侧摆动，当摆动到坡口边缘时，要稍停留，让熔池将坡口钝边完全熔化，并深入到每侧母材 0.5～1 mm 左右，熔池前端始终保持一个合适的熔孔，焊条角度在70°左右，这样有利于熔渣和铁水的分离，焊接时要采用短弧焊接，电弧长度要小于焊条直径。连弧焊的热量较集中，因此每层焊缝厚度要薄，一般来说 300 mm 长的焊缝 3 根焊条就能焊完。运条的速度要均匀，确保熔池的形状和人小始终如一。焊接速度过慢，容易造成熔渣过厚，看不清熔池，背面焊缝形成焊瘤；过快则会焊不透，背面焊缝成型不均匀。

焊缝的接头是第一层焊接的关键。熄弧前，在熔池前做一个熔孔，随后压低电弧，焊条向后 5 mm 左右，连续过渡几滴熔滴后熄弧。接头时在弧坑后 10 mm 处引弧做直线运条，运条到弧坑根部时迅速压低电弧，焊条沿着熔孔稍停留 1～2 s，听到“噗、噗”声后再恢复正常运条手法。

焊到终点收弧时，可用回焊法填满弧坑，焊完后清渣。

(2) 第二层焊接。焊条做月牙形或锯齿形摆动，摆动到两侧坡口稍停留，防止焊缝与坡口交界处因未熔合而形成死角。收弧时要填满弧坑。

(3) 第三层焊接。运条方法与第二层相同，第三层焊缝控制在比坡口边缘低 0.5～1 mm，以便第四层盖面焊时能看清坡口，使盖面焊缝保持平直。收尾时要填满弧坑。

(4) 第四层焊缝。仍采用月牙形或锯齿形运条手法，焊条摆动到坡口边缘时要稍停留，使边缘熔合良好，防止咬边。盖面焊缝的熔池呈“椭圆形”，熔池的形状与大小始终保持一致，熔池清新明亮。盖面焊缝熄弧后，更换焊条要快，在弧坑前 10 mm 处引弧，把电弧拉回到弧坑处填满弧坑，恢复正常运条手法。收尾时要填满弧坑。



【焊接工艺指导书】

**Q235B 钢板平焊焊接工艺指导书**

操作方法：焊条电弧焊　　　　接头形式：对接

焊接位置：平焊　　　　　　　规格（mm）：300×250×12

焊前准备：坡口形式及装配间隙示意图

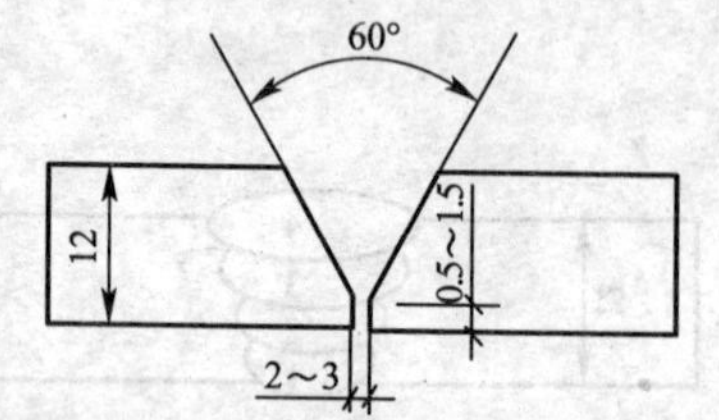


焊接位置示意图

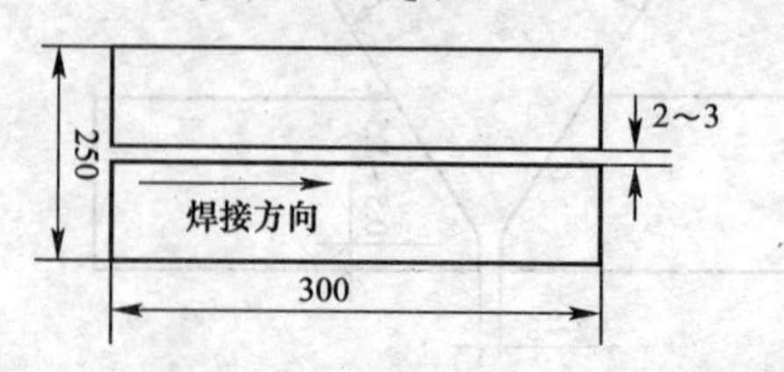


焊条型号：E4315　　　　电流种类及极性：直流反接

主要焊接参数

| 焊接层数 | 焊条直径（mm） | 焊接电流（A） |
| --- | --- | --- |
| 打底层（第一层第1道） | 3.2 | 90～100 |
| 填充层（第二层第2道） | 3.2 | 120～130 |
| 填充层（第三层第3道） | 4.0 | 150～160 |
| 盖面层（第四层第4道） | 4.0 | 150～160 |

工艺要点：

1. 单面焊双面成型技术对钢板坡口钝边、装配间隙与装配错边量要求较高，因此焊前应认真做好钝边打磨，严格控制装配间隙与装配错边量，不可马虎。

2. 打底层焊接时，视熟练程度可采用连弧焊和两点击穿间断灭弧焊。

3. 填充层焊接时，应预先计算好要填充的层数及填充层每一层的厚度。

4. 盖面层焊接时，要注意防止出现焊缝咬边、余高超高、接头不良等焊接缺陷。操作时要控制好焊缝的余高、宽度及直线度。

**4. 板对接横焊双面焊焊条电弧焊**

横焊是在垂直的面上焊接水平焊缝的一种操作方法。横焊时，熔化金属由于重力的作用容易下淌而产生各种缺陷，因此，在焊接时采用短弧施焊，并选用小直径焊条、较小的焊接电流和适当的运条方法。



## 实例3—2

**【焊前准备】**

（1）试件。材质：Q235B。尺寸：300 mm×250 mm×6 mm。

（2）焊接材料及设备。焊条：型号E4315，规格 $\phi$2.5 mm/$\phi$3.2 mm。设备：WS-400Ⅲ。

（3）坡口形式。V形坡口，坡口角度为60°，如图3—19所示。

（4）焊前清理。将坡口及两侧20 mm范围内的铁锈、油污、氧化物等清理干净，使其露出金属光泽。

（5）装配及定位焊。组对间隙2～3 mm；预留反变形6°左右；错边量≤1 mm；钝边1～2 mm。定位焊缝长度：前端为5～7 mm，后端为10 mm左右。

**【焊接工艺】** 板对接横焊焊接工艺参数见表3—8，焊接层数如图3—20所示。

**表3—8** 板对接横焊工艺参数

| 焊接层数 | 焊条直径（mm） | 焊接电流（A） |
| --- | --- | --- |
| 打底层（第一层第1道） | 2.5 | 70～80 |
| 盖面层（第二层第2、3道） | 3.2 | 120～130 |
| 背面层（第三层第4道） | 3.2 | 120～130 |

【操作步骤】

打底层可采用直线往返运条法焊接，焊条角度略向上倾斜，与焊缝中心线夹角为10°左右，如图3—21所示。

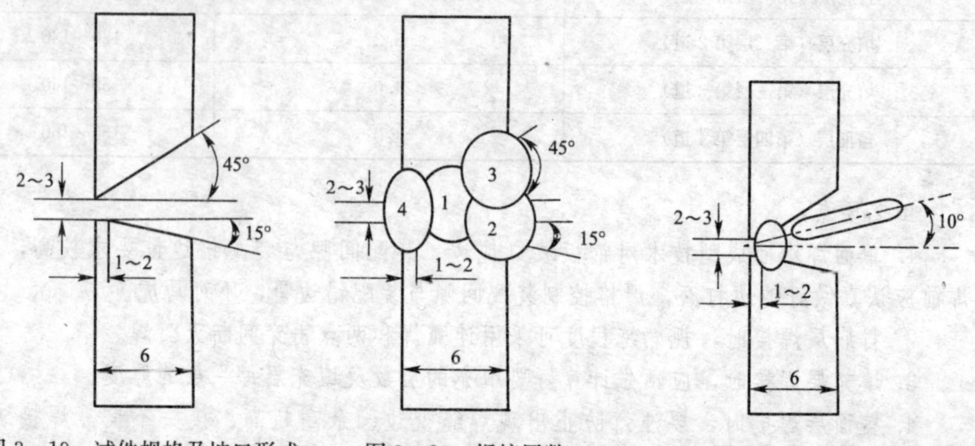


图3—19 试件规格及坡口形式　　图3—20 焊接层数　　图3—21 焊条角度

盖面层焊第1道时，采用斜圆圈形运条法。运条时，使熔池边缘线刚好把坡口的下边缘线覆盖住，特别注意其熔合状况。熔池下边缘线沿焊缝纵向要直，并超越坡口下边缘线0.5～1 mm。焊缝金属的余高略高于母材金属。焊接时保持短弧。为了防止咬边和熔滴下淌，每个斜圆圈形与焊缝中心的斜度不大于45°，如图3—22所示。



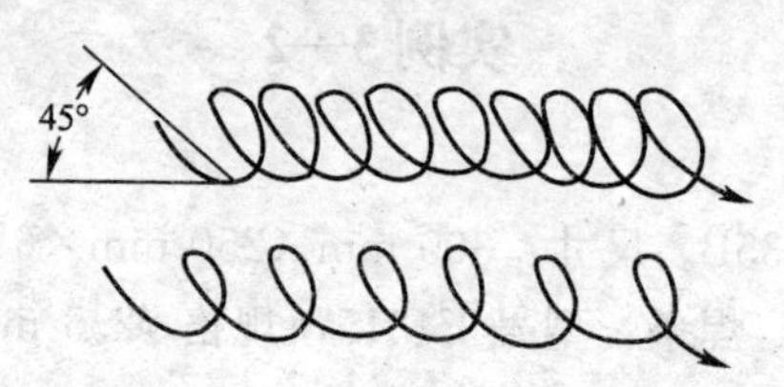


图3—22 斜圆圈形运条法

盖面层焊第2道时，运条方法一般采用直线往返式。焊接速度较快，使熔池刚好把坡口边缘线或前道焊时不小心产生的咬边覆盖掉。采用短弧焊接，运条不应过慢，且使熔敷金属略高于母材金属表面，避免熔敷金属过厚而导致焊缝成型不佳，要特别注意熔池在上坡口边缘的熔合情况，避免产生咬边。

**【焊接工艺指导书】**

**Q235B钢板横焊焊接工艺指导书**

操作方法：焊条电弧焊　　　　接头形式：对接

焊接位置：横焊　　　　规格（mm）：300×250×6

焊前准备：坡口形式及装配间隙示意图　　　　焊接位置示意图

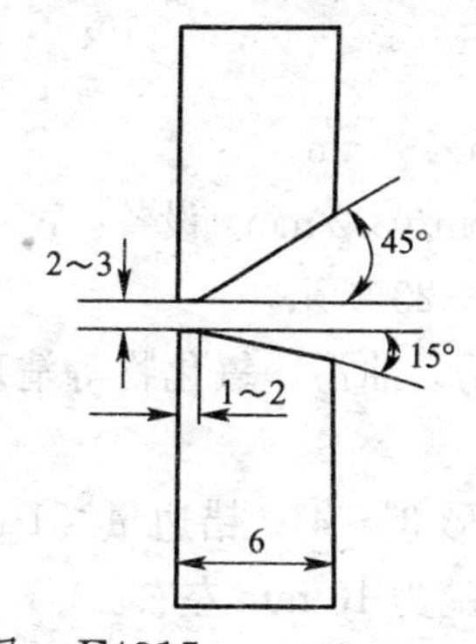


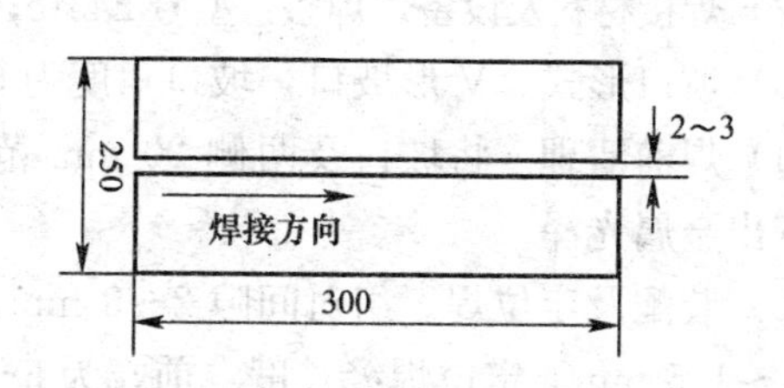


焊条型号：E4315　　　　电流种类及极性：直流反接

**主要焊接参数**

| 焊接层数 | 焊条直径（mm） | 焊接电流（A） |
| --- | --- | --- |
| 打底层（第一层第1道） | 2.5 | 70～80 |
| 盖面层（第二层第2、3道） | 3.2 | 120～130 |
| 背面层（第三层第4道） | 3.2 | 120～130 |

工艺要点：

1. 横焊时，熔池金属有下淌的倾向，容易使焊缝上边出现咬边，下边出现焊瘤和未熔合等缺陷，因此应该采用短弧焊接，并采用较小直径的焊条和较小的焊接电流，用适当的运条方法，才能保证焊缝质量。

2. 横焊时通常开不对称的坡口，下板坡口角度小于上板，这样有利于焊缝成型。

3. 开坡口的对接横焊，打底层焊缝的运条方法根据接头间隙的大小来选择，当间隙较大时，适合采用直线往复运条法。

4. 厚板横焊，适合采用多层多道焊。

#### 5. 板对接立焊双面焊焊条电弧焊

立焊是在垂直方向进行焊接的一种操作方法，分为向上立焊和向下立焊，通常使用的是向上立焊。

（1）挑弧法焊接。在立焊过程中眼睛和手要协调配合，采用长短电弧交替起落的焊接方法。当电弧向上抬高时，电弧自然拉长，但不应超过6 mm；电弧自然下降，在接近冷却的熔池边缘时，瞬间恢复短弧。电弧纵向移动的速度应依据电流大小及熔池冷却情况而定，其上下移动的间距一般不超过12 mm。焊条与焊缝中心线夹角保持在60°～

80°，并保持焊条左右方向夹角相等。

（2）灭弧法焊接。焊接时当熔滴脱离焊条末端过渡到熔池后，立即将电弧熄灭，当熔池冷却缩小后，再重新在熔池上引弧焊接，如此引弧熔化—灭弧冷却—再引弧熔化交替进行。

施焊过程中运条要稳，要注意观察熔池形状，当发现熔池温度过高时，要使灭弧或挑弧时间长一些，使熔池温度降低，防止产生焊穿或焊瘤等缺陷。

## 实例 3—3

**【焊前准备】**

（1）试件。材质：Q235B。尺寸：300 mm×250 mm×8 mm。

（2）焊接材料及设备。焊条：型号 E4315；规格 $\phi$2.5 mm/$\phi$3.2 mm。设备：WS-400Ⅲ。

（3）坡口形式。V 形坡口，坡口角度为 60°，如图 3—23 所示。

（4）焊前清理。将坡口及两侧 20 mm 范围内的铁锈、油污、氧化物等清理干净，使其露出金属光泽。

（5）装配及定位焊。组对间隙 2～3 mm；预留反变形 3°～4°；错边量≤1 mm；钝边 0.5～1.5 mm。定位焊缝长度：前端为 5～7 mm，后端为 10 mm 左右。

**【焊接工艺】** 板对接立焊焊接工艺参数见表 3—9，焊接层数如图 3—24 所示。

表 3—9　　板对接立焊工艺参数

| 焊接层数 | 焊条直径（mm） | 焊接电流（A） |
| --- | --- | --- |
| 打底层（第一层第 1 道） | 2.5 | 80～90 |
| 填充层（第二层第 2 道） | 3.2 | 120～140 |
| 盖面层（第三层第 3 道） | 3.2 | 120～130 |
| 背面层（第四层第 4 道） | 3.2 | 110～130 |

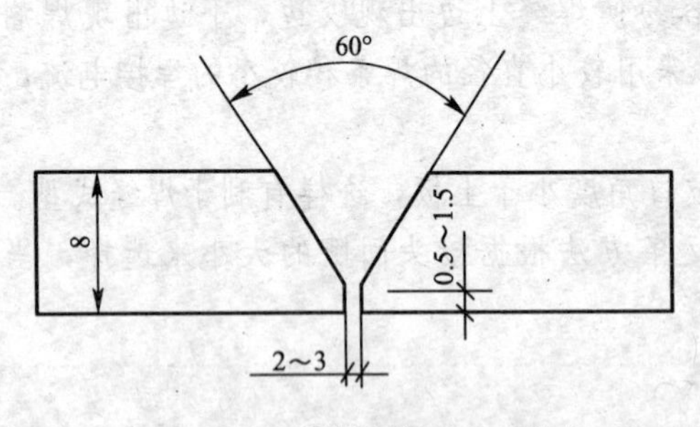


图 3—23　试件规格及坡口形式

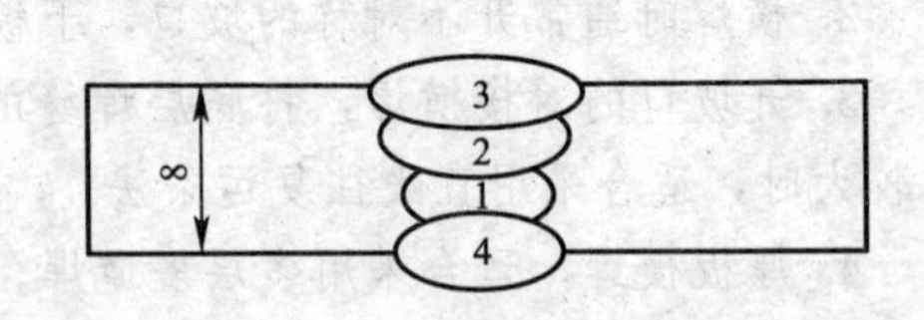


图 3—24　焊接层数

**【操作步骤】**

打底层焊接采用挑弧运条法。焊接时，焊条与焊件垂直，与焊缝呈 70°～80°夹角。挑焊时，电弧移动距离不大于 12 mm，弧长不大于 6 mm，在保证焊透的情况下，尽量缩短电弧在焊件上的加热时间，避免电弧长时间停留在一点上。焊接速度和运条速度要快并应协调，用运条速度和弧长调节熔池的温度，同时，在单位时间内要保持适量的过渡熔滴金属，防止焊接缺陷的产生。

填充层采用锯齿形运条法焊接。焊条末端运条至两侧时，电弧朝向坡口面，且短弧稍停留，这样既可获得熔深又可避免焊缝边缘与坡口面形成夹缝，造成熔合不良或夹渣。当运条至中间时，电弧要压短，运条速度要稍快，使焊缝表面平整。

盖面层焊接时，运条方法根据对焊缝表面的要求进行选择，焊缝表面要求稍高时采用月牙形运条法，焊缝表面要求平整时采用锯齿形运条法。操作时，要注意焊缝的平整美观，保持较薄的焊缝厚度。运条速度要均匀一致，运条到焊缝的两旁时，将电弧缩短，稍停留，这样有利于增加熔滴金属的过渡，缩小电弧的辐射面积，防止咬边。

背面焊接前，使用角向磨光机或碳弧气刨清根，清除背部夹渣等缺陷。封底焊操作要领参照正面焊缝，可采用锯齿形或月牙形运条法焊接，要求焊缝宽度较正面焊缝小。

**【焊接工艺指导书】**

**Q235B 钢板立焊焊接工艺指导书**

操作方法：焊条电弧焊　　　　接头形式：对接

焊接位置：立焊　　　　规格（mm）：300×250×8

焊前准备：坡口形式及装配间隙示意图　　　　焊接位置示意图

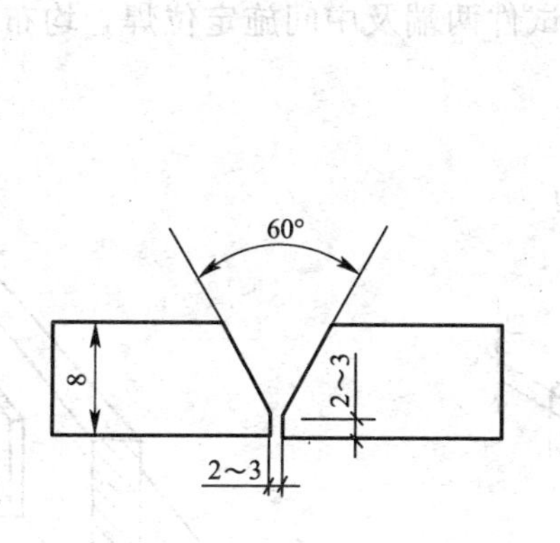


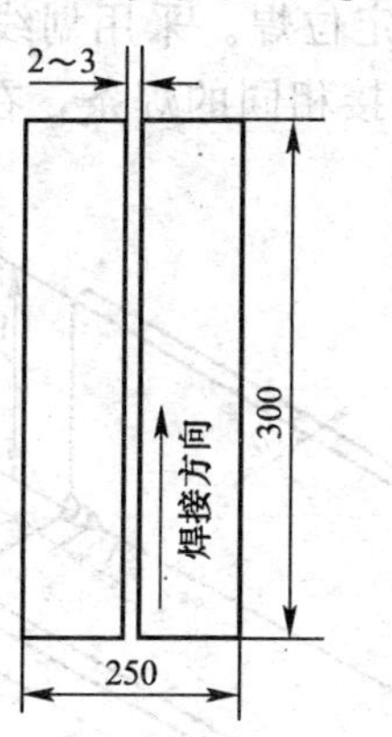


焊条型号：E4315　　　　电流种类及极性：直流反接

**主要焊接参数**

| 焊接层数 | 焊条直径（mm） | 焊接电流（A） |
|---|---|---|
| 打底层（第一层第 1 道） | 2.5 | 80～90 |
| 填充层（第二层第 2 道） | 3.2 | 120～140 |
| 盖面层（第三层第 3 道） | 3.2 | 120～130 |
| 背面层（第四层第 4 道） | 3.2 | 110～130 |

工艺要点：

1. 对接立焊焊缝接头处出现铁水拉不开或熔渣铁水混合在一起的现象时，要将电弧稍微拉长，适量延长在接头处的停留时间，增大焊条角度，使焊条与焊缝呈 90°，使熔渣自然滚落下来。

2. 更换焊条要迅速。

3. 运条到焊缝中心时，要加快运条速度，防止熔化金属下淌形成凸形焊缝，导致下一层焊缝焊不透和夹渣。

**6. T形接头焊条电弧焊**

根据焊接工件厚度的不同，将两块钢板互成直角连接在一起的焊缝接头称为T形接头。

## 实例3—4

**【焊前准备】**

（1）试件。材质：Q235A。尺寸：300 mm×150 mm×12 mm/300 mm×100 mm×10 mm，如图3—25所示。

（2）焊接材料及设备。焊条：型号E4303；规格$\phi$3.2 mm/$\phi$4.0 mm。设备：WS-400Ⅲ。

（3）焊前清理。将坡口及两侧20 mm范围内的铁锈、油污、氧化物等清理干净，使其露出金属光泽。

（4）装配及定位焊。采用划线定位进行装配，保证垂直度，装配如图3—26所示。用与正式焊接相同的焊条，在试件两端及中间施定位焊，均布三点，长度不大于20 mm。



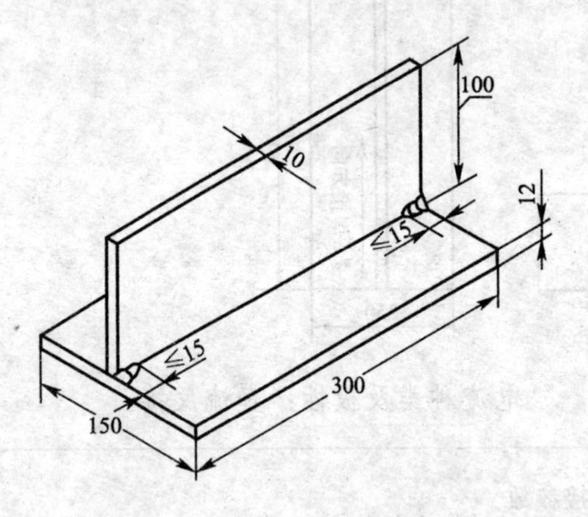


图3—25　试件规格

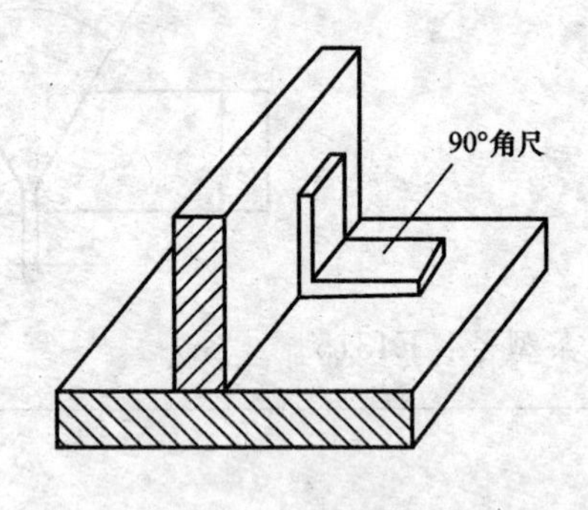


图3—26　装配图

**【焊接工艺】** T形接头焊接工艺参数见表3—10。

**表3—10　T形接头焊接工艺参数**

| 焊接层数 | 焊条直径（mm） | 焊接电流（A） |
| --- | --- | --- |
| 打底层（第1道） | 3.2 | 110～130 |
| 盖面层（第2道） | 4.0 | 160～200 |
| 盖面层（第3道） | 4.0 | 160～180 |

【操作步骤】

（1）打底层焊接。采用直线运条，焊条角度如图 3—27 所示。焊接时采用短弧，速度要均匀，焊条中心与焊缝夹角中心重合，注意排渣和铁水的熔敷效果。

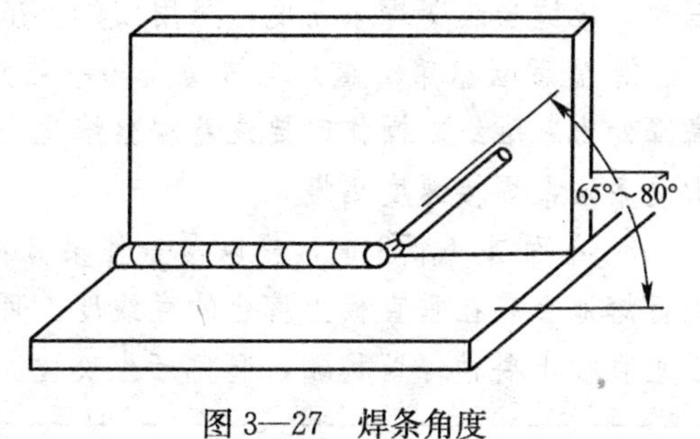

图 3—27　焊条角度

（2）盖面层焊接。第二道焊缝焊接时采用直线运条，运条要平稳，第二道焊缝要覆盖第一层焊缝的 1/2～2/3，焊缝与底板之间熔合良好，边缘整齐。第三道焊缝焊接操作同第二道焊缝，要覆盖第二道焊缝的 1/3～1/2，焊接速度均匀，不能太慢，否则容易产生咬边或焊瘤，使焊缝成型不美观。

（3）反面焊接同正面。

【焊接工艺指导书】

**Q235A 钢板 T 形角焊缝焊接工艺指导书**

操作方法：焊条电弧焊　　　　接头形式：角接

焊接位置：T 形角焊缝　　　　规格（mm）：300×150×12
300×100×10

焊前准备：坡口形式及装配间隙示意图　　　　焊接位置示意图

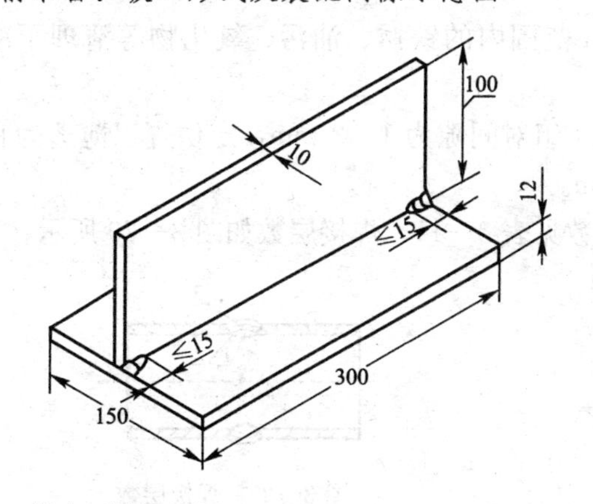


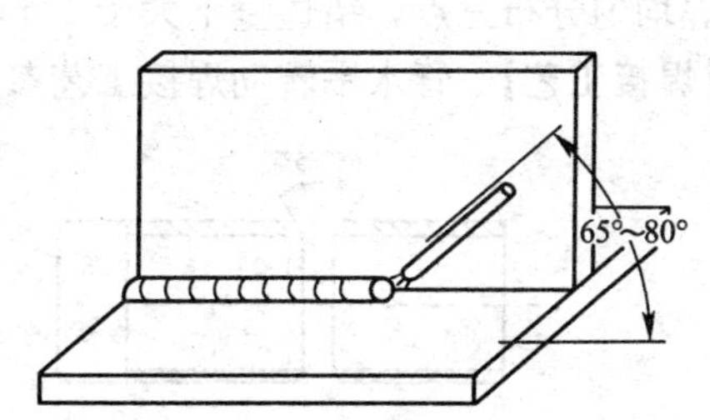


焊条型号：E4303　　　　电流种类及极性：直流正接

**主要焊接参数**

| 焊接层数 | 焊条直径（mm） | 焊接电流（A） |
| --- | --- | --- |
| 打底层（第 1 道） | 3.2 | 110～130 |
| 盖面层（第 2 道） | 4.0 | 160～200 |
| 盖面层（第 3 道） | 4.0 | 160～180 |

工艺要点：

1. 打底层（第 1 道）可采用斜圆圈形运条法，收尾时要注意填满弧坑。为克服磁偏吹，应适当改变焊条角度，采用回焊收尾法。

2. 盖面层（第 2 道）应该覆盖第一层焊道的 2/3 处，以覆盖住第一层焊道表面最高峰处为基准线。操作时要注意观察熔化金属在水平板上熔合的直线度，可采用斜圆圈形运条法，焊接速度稍慢。

3. 盖面层（第 3 道）应以覆盖住第 2 道表面最高峰处为基准线。操作过程中要控制好熔池金属在垂直板上熔合的直线度。可采用斜圆圈形或直线往返形运条方法，运条至垂直板上要稍停留稳弧，避免产生咬边。

---

**7. 管水平转动焊条电弧焊**

对长度不大、不固定管子的环形接口，如管段、法兰等，可采用水平转动的方法焊接。此方法也适用于小直径容器环缝（如锅炉集箱管）的单面焊双面成型。

## 实例 3—5

**【焊前准备】**

（1）试件。材质：20 g 钢。尺寸：$\phi$114 mm×6 mm，坡口形式及装配间隙如图 3—28 所示。

（2）焊接材料及设备。焊条：型号 E4315；规格 $\phi$2.5 mm/$\phi$3.2 mm。设备：WS-400Ⅲ。

（3）焊前清理。将坡口及两侧 20 mm 范围内的铁锈、油污、氧化物等清理干净，使其露出金属光泽。

（4）装配及定位焊。管对接水平放置，组对间隙为 1～2 mm，定位焊以薄透为宜。定位焊均匀分布三点，错边量不大于 1 mm。

**【焊接工艺】** 管水平转动焊接工艺参数见表 3—11，焊接层数如图 3—29 所示。

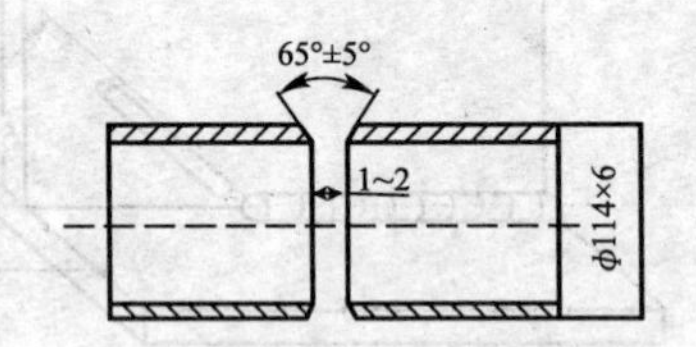


图 3—28　坡口形式及装配间隙

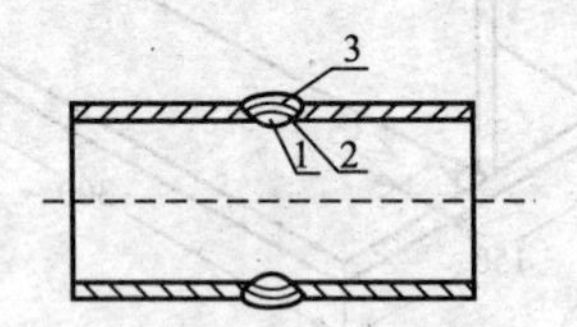


图 3—29　焊接层数

**表 3—11　管水平转动焊接工艺参数**

| 焊接层数 | 焊条直径（mm） | 焊接电流（A） |
| --- | --- | --- |
| 打底层（第一层第 1 道） | 2.5 | 60～80 |
| 填充层（第二层第 2 道） | 3.2 | 90～120 |
| 盖面层（第三层第 3 道） | 3.2 | 90～110 |

单元 3

**【操作步骤】**

(1) 打底焊。打底焊为单面焊双面成型，既要保证坡口根部焊透，又要防止烧穿或形成焊瘤。采用灭弧焊方法，操作时，从管道截面上相当于“10 点半钟”的位置开始，焊条伸进坡口内让 1/4～1/3 的弧柱在管内燃烧，以熔化两侧钝边。熔孔深入两侧母材 0.5 mm。更换焊条进行焊缝中间接头时，操作方法与钢板平焊相同。

在焊接过程中，经过定位焊缝时，只需将电弧向坡口内压送，以较快的速度通过定位焊缝，过渡到坡口处进行施焊即可。

(2) 填充焊。填充层采用连弧焊进行焊接，施焊前应将打底层的熔渣、飞溅物清理干净。

(3) 盖面焊。盖面层要满足焊缝几何尺寸要求，外形美观，与母材圆滑过渡，无缺陷。盖面焊时，焊条水平横向摆动的幅度应比填充焊稍宽，电弧从一侧摆动到另一侧时应稍快些，当摆动至坡口两侧时，电弧进一步缩短，并要稍停顿以避免咬边。

**【焊接工艺指导书】**

**20 g 钢管水平转动焊接工艺指导书**

操作方法：焊条电弧焊　　　　接头形式：对接

焊接位置：管水平转动　　　　规格（mm）：$\phi114\times6$

焊前准备：坡口形式及装配间隙示意图　　　　焊接位置示意图

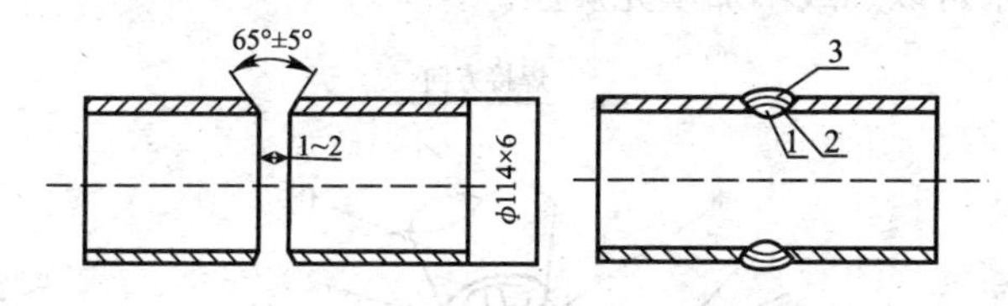


焊条型号：E4315　　　　电流种类及极性：直流反接

**主要焊接参数**

| 焊接层数 | 焊条直径（mm） | 焊接电流（A） |
| --- | --- | --- |
| 打底层（第一层第 1 道） | 2.5 | 60～80 |
| 填充层（第二层第 2 道） | 3.2 | 90～120 |
| 盖面层（第三层第 3 道） | 3.2 | 90～110 |

工艺要点：

1. 焊缝根部及表面施焊时，既可以采用灭弧焊，也可以采用连弧焊，但焊条不做向前运条的动作，而是管子向后转动。焊后对每层焊道必须仔细清理干净，以免造成层间夹渣、气孔等缺陷。

2. 操作时应注意各层焊道的接头处应熔合良好，并相互错开。尤其是根部第一层

单元 3

焊缝的起头、收尾应注意使其内部存在的缺陷重新熔化掉。

3. 施焊时采用两侧慢、中间快的运条方式，使两侧坡口面能充分熔合。

4. 运条速度不宜过快，以保证焊道层间熔合良好。

# 第二节　手工钨极氩弧焊

→ 了解氩弧焊工作原理、特点及应用范围

→ 掌握氩弧焊焊接工艺参数选择

→ 能够进行平焊位板对接单面焊双面成型操作

## 一、手工钨极氩弧焊焊接工艺

### 1. 手工钨极氩弧焊工作原理

（1）工作原理。钨极氩弧焊是用钨棒作为电极、用氩气进行保护的焊接方法，如图3—30所示。焊接时氩气从焊枪的喷嘴中连续喷出，在电弧周围形成气体保护层隔绝空气，以防止其对钨极、熔池及邻近热影响区的有害影响，从而获得优质的焊缝，焊接时根据工件的具体要求可以加或不加填充焊丝。



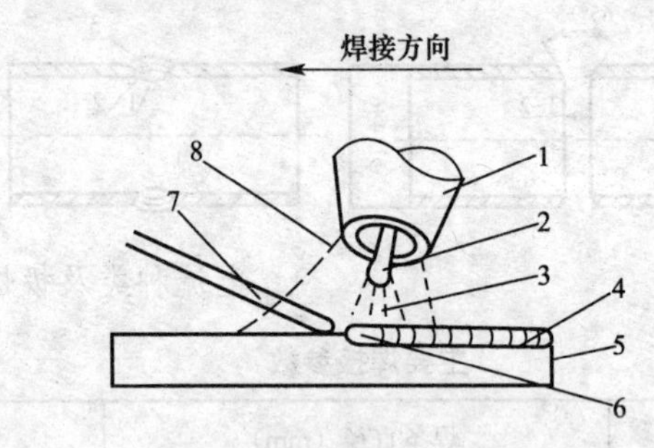


图3—30　钨极氩弧焊示意图

1—喷嘴　2—钨极　3—电弧　4—焊缝　5—工件
6—熔池　7—填充焊丝　8—惰性气体

（2）分类。钨极氩弧焊根据不同的分类方式大致有以下几种：

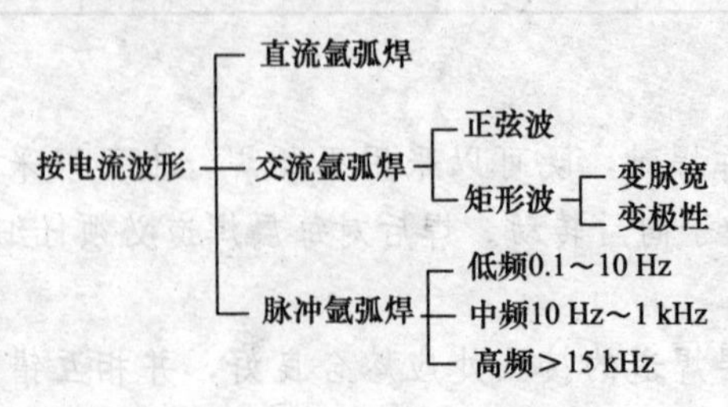

按操作方式
- 手工 —— 焊枪移动是手工操作，填充焊丝送进可以是手工，也可以是机械送丝
- 自动 —— 焊枪安装在焊接小车上，小车的行走和焊丝送进均由机械完成

按填充焊丝的状态
- 冷焊丝
- 热焊丝
- 双丝焊

上述几种钨极氩弧焊方法中，手工操作应用最为广泛。

**2. 手工钨极氩弧焊的特点**

(1) 手工钨极氩弧焊与焊条电弧焊相比，主要有以下优点。

1) 由于氩气是惰性气体，高温下不分解，与焊缝金属不发生化学反应，不溶解于液态金属，能有效地保护熔池金属，是一种高质量的焊接方法。

2) 氩气是单原子气体，高温无二次吸放热分解反应，导电能力差，氩气流产生的压缩效应和冷却效应，使电弧热量集中，温度高，弧柱中心温度可达 10 000 K 以上，而焊条电弧焊的弧柱温度为 6 000～8 000 K。

3) 由于氩弧焊热量集中，从喷嘴中喷出的氩气有冷却作用，因此焊缝热影响区窄，焊件的变形小。

4) 用氩气保护无熔渣，提高了工作效率，而且焊缝成型美观，质量好。

5) 氩弧焊是明弧操作，熔池可见性好，便于观察和操作，操作方法容易掌握。

6) 适合各种位置的焊接，容易实现机械化。

7) 可焊接的材料范围广，几乎所有的金属材料都可以采用氩弧焊焊接，特别适宜焊接化学性质活泼的金属。常用于铝、镁、铜、钛及其合金，低合金钢、不锈钢及耐热钢等材料的焊接。

(2) 手工钨极氩弧焊的缺点

1) 成本高。无论是氩气还是所用设备成本都比较高。

2) 氩气是惰性气体，又是单原子气体，焊接时不需要电离分解，但其电离势高，引弧困难，尤其是 TIG 焊，需要采用高频引弧及稳弧装置等。

3) 安全防护问题。氩弧焊产生的紫外线强度是焊条电弧焊的 10～30 倍，在紫外线照射下，空气中氧分子、氧原子互相撞击生成臭氧（$O_3$），对焊工危害较大。另外，TIG 焊若使用有放射性的钨极对焊工也有一定的危害。目前推广使用铈钨极对焊工的危害较小。

4) 露天或野外作业时，需要采取有效的防风措施，以免破坏氩气的保护效果。

**3. 手工钨极氩弧焊的应用范围**

手工钨极氩弧焊可用于几乎所有的金属和合金的焊接，但由于其成本较高，通常多用于焊接铝、镁、铜、钛及其合金，低合金钢、不锈钢及耐热钢等材料的焊接。从生产效率考虑，手工钨极氩弧焊焊接的板厚以 6 mm 以下为宜。对于某些黑色和有色金属的厚壁重要构件（如压力容器、压力管道），为保证焊接质量，也常采用手工钨极氩弧焊进行打底层焊接。

4. 手工钨极氩弧焊焊接工艺参数的选择

手工钨极氩弧焊的主要工艺参数有：钨极直径、焊接电流、电弧电压、焊接速度、电源种类和极性、钨极伸出长度、喷嘴直径、喷嘴与工件间距离及氩气流量等。

(1) 焊接电流与钨极直径

1）焊接电流。通常根据工件的材质、厚度和接头的空间位置选择焊接电流。

2）钨极直径。钨极直径是一个比较重要的参数，决定了焊枪的结构尺寸、重量和冷却形式，直接影响焊工的劳动条件和焊接质量。因此，必须根据焊接电流选择合适的钨极直径。如果钨极直径过大，焊接电流过小，由于电流密度低，钨极端部温度不够，电弧会在钨极端部不规则地飘移，电弧很不稳定，破坏了保护区，熔池被氧化。

当焊接电流超过了相应直径的许用电流时，由于电流密度太高，钨极端部温度达到或超过钨极的熔点，可看到钨极端部出现熔化迹象，端部很亮，当电流继续增大时，熔化了的钨极在端部形成一个小尖状突起，逐渐变大形成熔滴，电弧随熔滴尖端飘移，很不稳定，这不仅破坏了氩气保护区，使熔滴被氧化，焊缝成型不好，而且熔化的钨滴落入熔池后将产生夹钨缺陷。

当焊接电流合适时，电弧很稳定。表 3—12 给出了不同直径、不同种类钨极允许使用的电流范围。

表 3—12　　根据钨极直径选择允许使用的电流范围

| 钨棒直径（mm） | 焊接电流（A） | | | | | |
|---|---|---|---|---|---|---|
| | 直流正接 | | 直流反接 | | 交流 | |
| | 纯钨 | 钍钨、铈钨 | 纯钨 | 钍钨、铈钨 | 纯钨 | 钍钨、铈钨 |
| 0.1 | 2～20 | 2～20 | — | — | 2～15 | 2～15 |
| 1.0 | 10～75 | 10～75 | — | — | 15～55 | 15～70 |
| 1.6 | 40～130 | 60～150 | 10～20 | 10～20 | 45～90 | 60～125 |
| 2.0 | 75～180 | 100～200 | 15～25 | 15～25 | 65～125 | 85～160 |
| 2.5 | 130～230 | 160～250 | 17～30 | 17～30 | 80～140 | 120～210 |
| 3.2 | 160～310 | 225～330 | 20～35 | 20～35 | 150～190 | 150～250 |
| 4.0 | 275～450 | 350～480 | 35～50 | 35～50 | 180～260 | 240～350 |
| 5.0 | 400～625 | 500～675 | 50～70 | 50～70 | 240～350 | 330～460 |

从表 3—12 可以看出：同一直径的钨极，在不同的电源和极性条件下，允许使用的电流范围不同。相同直径的钨极，直流正接时许用电流最大；直流反接时许用电流最小；交流时许用电流介于两者之间。

当电流种类和大小变化时，为了保持电弧稳定，应将钨极端部磨成不同形状，如图 3—31 所示。

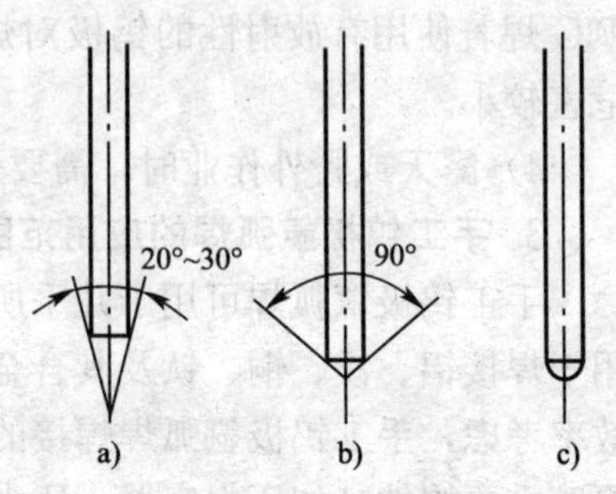

图 3—31　常用钨极端部的形状

a）小电流　b）大电流　c）交流

(2) 电弧电压。电弧电压主要由弧长决定，弧长增加，焊缝宽度增加，熔深减小，但弧长太长时，容易引起未焊透及咬边，而且保护效果也不好；电弧也不能太短，电弧太短时，很难看清熔池，而且送丝时容易碰到钨极引起短路，使钨极受污染，加大钨极烧损，还容易产生夹钨缺陷，故通常使弧长近似等于钨极直径。

（3）焊接速度。焊接速度增加时，熔深和熔宽减小，焊接速度太快时，容易产生未焊透，熔深高而窄，两侧熔合不好；焊接速度太慢时，焊缝很宽，还可能产生烧穿等缺陷。手工钨极氩弧焊时，通常都是焊工根据熔池的大小、形状和焊缝两侧熔合情况，随时调整焊接速度。选择焊接速度时，应考虑以下因素。

1）在焊接铝及铝合金以及高导热性金属时，为减小变形，应采用较快的焊接速度。

2）焊接有裂纹倾向的合金时，不能采用高速焊接。

3）在非平焊位置焊接时，为保证较小的熔池，避免铁水下淌，应尽量选择较快的焊接速度。

（4）焊接电源种类和极性的选择。氩弧焊采用的电源种类和极性选择取决于所焊金属及其合金种类，焊接电源种类和极性选择见表 3—13。

**表 3—13　　焊接电源种类与极性的选择**

| 电源种类与极性 | 被焊金属材料 |
|---|---|
| 直流正极性 | 低合金高强度钢，不锈钢，耐热钢，铜、钛及其合金 |
| 直流反极性 | 适用于各种金属的熔化极氩弧焊，钨极氩弧焊很少采用 |
| 交流电源 | 铝、镁及其合金 |

采用直流正极性时，工件接正极，温度较高，适于焊接厚工件及散热快的金属。采用直流反极性时，钨极接正极烧损大，所以很少采用。采用交流电源焊接时，具有“阴极破碎”作用，即当工件为负极时，因受到正离子的轰击，工件表面的氧化膜破裂，使液态金属容易熔合在一起，通常用来焊接铝、镁及其合金。

（5）喷嘴的直径与氩气流量。喷嘴直径（指内径）越大，保护区范围越大，要求保护气的流量也越大。可按下式选择喷嘴直径：

$$D=(2.5\sim3.5)d$$

式中　$D$——喷嘴直径，mm；

　　　$d$——钨极直径，mm。

通常焊枪选定以后，决定保护效果的是氩气流量。氩气流量太小时，保护气流软弱无力，保护效果不好；氩气流量太大时，容易产生紊流，保护效果也不好；保护气流量合适时，喷出的气流是层流，保护效果好。氩气的流量可按下式计算：

$$Q=(0.8\sim1.2)D$$

式中　$Q$——氩气流量，L/min；

　　　$D$——喷嘴直径，mm。

喷嘴直径小时氩气流量取下限；喷嘴直径大时氩气流量取上限。

实际工作中，通常可根据试焊选择氩气流量，当流量合适时，熔池平稳，表面明亮，焊缝外形美观，表面没有氧化痕迹；若流量不合适，熔池表面有渣，焊缝表面发黑或有氧化皮。

选择氩气流量时，还要考虑以下因素。

1）外界气流和焊接速度。焊接速度越高，保护气流遇到空气阻力越大，使保护气体偏向运动的反方向；若焊接速度过高，将失去保护作用。因此，在加快焊接速度的同时，应相应地增大气流的流量。在有风的地方焊接时，应适当增加氩气流量。一般最好在避风的地方焊接。

2）焊接接头形式。对接接头焊接和船形焊时，具有良好的保护效果，如图 3—32a 所示，在焊接这类工件时，不必采取其他工艺措施。而进行端头焊及端头角焊时，保护效果差，如图 3—32b 所示，在焊接这类接头时，除增加氩气流量外，还应加挡板，如图 3—33 所示。

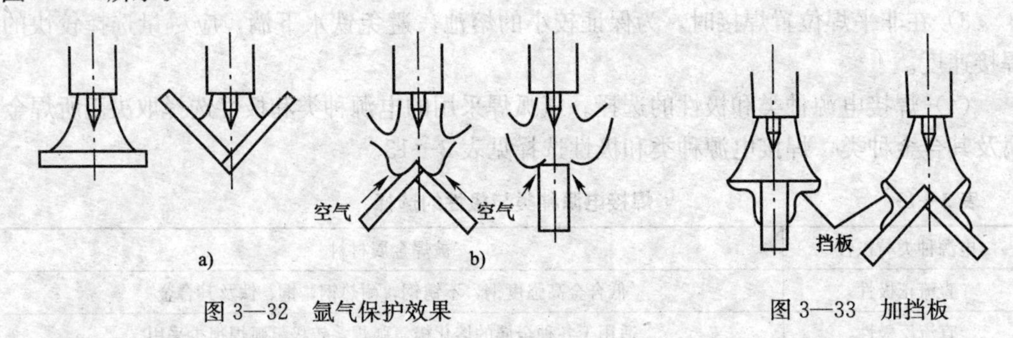

图 3—32　氩气保护效果　　图 3—33　加挡板

（6）钨极伸出长度。为了防止电弧热烧坏喷嘴，钨极端部应伸出喷嘴。钨极端头至喷嘴端面的距离称为钨极伸出长度。钨极伸出长度越小，喷嘴与工件间距离越近，保护效果越好，但过近会妨碍观察熔池。通常对接焊缝焊接时，钨极伸出长度为 5～6 mm；角焊缝焊接时，钨极伸出长度为 7～8 mm。

（7）喷嘴与工件间距离。喷嘴与工件间距离指喷嘴端面与工件间的距离，这个距离越小，保护效果越好，但观察的范围和保护区越小；这个距离越大，保护效果越差。

（8）焊丝直径。通常根据焊接电流的大小选择焊丝直径，见表 3—14。

**表 3—14　　焊接电流与焊丝直径**

| 焊接电流（A） | 焊丝直径（mm） |
|---|---|
| 10～20 | ≤1.0 |
| 20～50 | 1.0～1.6 |
| 50～100 | 1.0～2.4 |
| 100～200 | 1.6～3.0 |
| 200～300 | 2.4～4.5 |
| 300～400 | 3.0～6.0 |
| 400～500 | 4.5～8.0 |

## 5. 左焊法与右焊法

左焊法（左向焊）与右焊法（右向焊）如图 3—34 所示。在焊接过程中，焊丝与焊枪由右端向左端移动，焊接电弧指向未焊部分，填充焊丝位于电弧的运动前方，称为左焊法；在焊接过程中，焊丝与焊枪由左端向右移动，焊接电弧指向已焊部分，填充焊丝位于电弧运动的后方，称为右焊法。

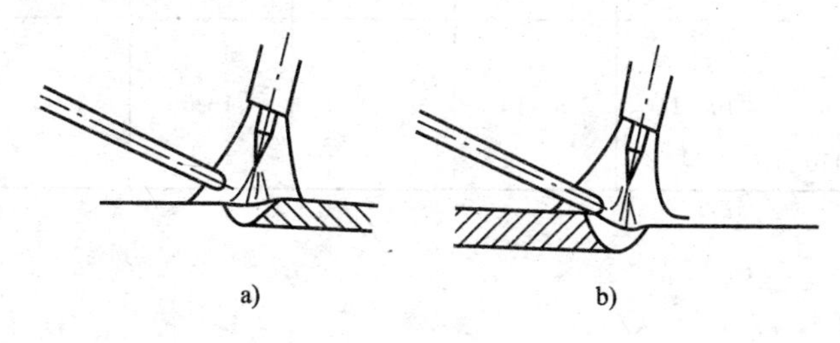


图 3—34　左向焊与右向焊

a）左向焊　b）右向焊

（1）左焊法的优缺点

1）优点。焊工视野不受阻碍，便于观察和控制熔池。焊接电弧指向未焊部分，既可对未焊部分起预热作用，又能减小熔深，有利于焊接薄件（特别是管子对接时的根部打底焊和焊易熔金属）。操作简单方便、初学者容易掌握。

2）缺点。主要是焊大工件，特别是多层焊时，热量利用率低，因而影响熔敷效率。

（2）右焊法的优缺点

1）优点。右焊法的焊接电弧指向已凝固的焊缝金属，使熔池冷却缓慢，有利于改善焊缝金属组织，减少产生气孔、夹渣的可能性。由于电弧指向焊缝金属，因而提高了热利用率，在相同线能量时，右焊法比左焊法熔深大，因而特别适合于焊接厚度较大、熔点较高的焊件。

2）缺点。由于焊丝在熔池运动后方，影响焊工视线，不利于观察和控制熔池。无法在管道（特别是小直径管）上施焊。操作较难掌握，焊工一般不喜欢用。



## 二、板对接平焊手工钨极氩弧焊

### 实例 3—6

**【焊前准备】**

（1）试件。材质：Q235A。尺寸：300 mm×200 mm×6 mm。

（2）焊接材料及设备。焊丝：材质 H08Mn2SiA，规格 $\phi$2.5 mm。电极：铈钨极，钨极直径 2.5 mm。氩气纯度 99.99%。设备：WS-400Ⅲ。

（3）坡口形式。V 形坡口，坡口角度为 60°，如图 3—35 所示。

（4）焊前清理。将坡口及两侧 20 mm 范围内的铁锈、油污、氧化物等清理干净，使其露出金属光泽。

（5）装配及定位焊。组对间隙 1～2 mm；预留反变形 3°～4°；错边量≤1 mm；钝边 0.5～1.5 mm。定位焊缝长度：前端为 5～7 mm，后端为 10 mm 左右。

**【焊接工艺】** 板对接平焊焊接工艺参数见表 3—15，焊接层数如图 3—36 所示。

表 3—15　　板对接平焊工艺参数

| 焊接层次 | 焊接电流（A） | 电弧电压（V） | 氩气流量（L/min） | 钨极直径（mm） | 钨极伸出长度（mm） | 喷嘴直径（mm） | 喷嘴至工件距离（mm） |
|---|---|---|---|---|---|---|---|
| 打底焊 | 80～100 | 10～14 | 8～10 | 2.5 | 4～6 | 8～10 | ≤12 |
| 填充焊 | 90～100 | | | | | | |
| 盖面焊 | 100～110 | | | | | | |

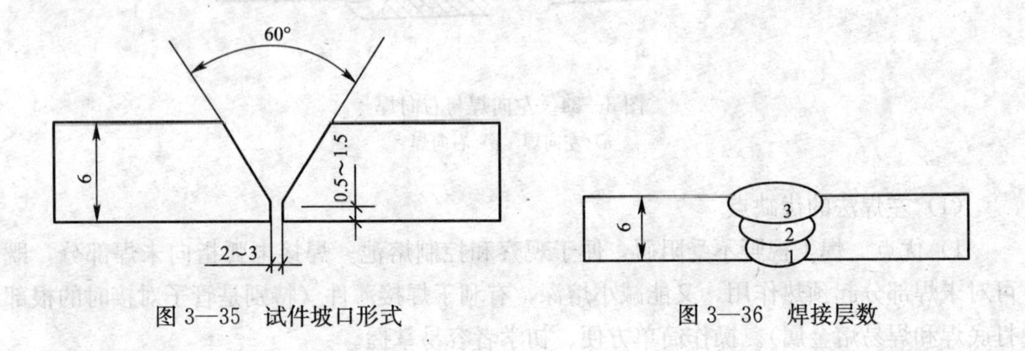


图 3—35　试件坡口形式　　图 3—36　焊接层数

**【操作步骤】**

(1) 打底焊。手工钨极氩弧焊通常采用左焊法，故将试件装配间隙大端放在左端。打底焊缝应一气呵成，不允许中途停止。打底层焊缝应具有一定厚度，其厚度不得小于 2 mm。打底层焊缝需经自检合格后，才能填充盖面。

1) 引弧。在试件右端定位焊缝上引弧。引弧时采用较长的电弧（弧长为 4～7 mm），使坡口处预热 4～5 s。

2) 焊接。引弧后预热引弧处，当定位焊缝左端形成熔池并出现熔孔后开始送丝。焊接打底层时，采用较小的焊枪倾角和较小的焊接电流。由于焊接速度和送丝速度过快，容易使焊缝下凹或烧穿，因此焊丝送入要均匀，焊枪移动要平稳、速度一致。焊接时，要密切注意焊接熔池的变化，随时调节有关工艺参数，保证背面焊缝成型良好。当熔池增大、焊缝变宽并出现下凹时，说明熔池温度过高，应减小焊枪与焊件的夹角，增大焊接速度；当熔池变小时，说明熔池温度过低，应增大焊枪与焊件的夹角，减小焊接速度。

3) 收弧。当焊至试件末端时，应减小焊枪与焊件的夹角，使热量集中在焊丝上，加大焊丝熔化量以填满弧坑。切断控制开关，焊接电流将逐渐减小，熔池也随着变小，将焊丝抽离电弧（但不离开氩气保护区）。停弧后，氩气延时约 10 s 关闭，从而防止熔池金属在高温下氧化。

(2) 填充焊。按表中填充层焊接工艺参数调节设备，进行填充层焊接，其操作与打底层相同。焊接时焊枪可做圆弧“之”字形横向摆动，其幅度应稍大，并在坡口两侧停留，保证坡口两侧熔合良好，焊道均匀。从试件右端开始焊接，注意熔池两侧熔合情况，保证焊缝表面平整且稍下凹。填充层的焊道焊完后应比焊件表面低 1.0～1.5 mm，以免坡口边缘熔化导致盖面层产生咬边或焊偏现象。焊完后将焊道表面清理干净。

当更换焊丝或暂停焊接时，借助焊机电流衰减熄弧，但焊枪仍需对准熔池进行保护，待其完全冷却后方可移开焊枪。若焊机无电流衰减功能，应在松开按钮开关后稍抬高焊枪，待电弧熄灭、熔池完全冷却后移开焊枪。进行接头前，应先检查接头熄弧处弧坑质量。如果无氧化物等缺陷，可直接进行接头焊接；如果有缺陷，则必须将缺陷修磨掉，并将其前端打磨成斜面，然后在弧坑右侧 15～20 mm 处引弧，缓慢向左移动，待弧坑处开始熔化形成熔池和熔孔后，继续填丝焊接。

（3）盖面焊。操作与填充层基本相同，但要加大焊枪的摆动幅度，保证熔池两侧超过坡口边缘 0.5～1 mm，并按焊缝余高决定填丝速度与焊接速度。熄弧时必须填满弧坑。

（4）焊后清理检查。焊接结束后，关闭焊机，用钢丝刷清理焊缝表面；用肉眼或低倍放大镜检查焊缝表面是否有气孔、裂纹、咬边等缺陷。

**【焊接工艺指导书】**

**Q235A 钢板平焊焊接工艺指导书**

操作方法：手工钨极氩弧焊　　　　接头形式：对接

焊接位置：平焊　　　　规格（mm）：300×200×6

焊前准备：坡口形式及装配间隙示意图　　　　焊接位置示意图

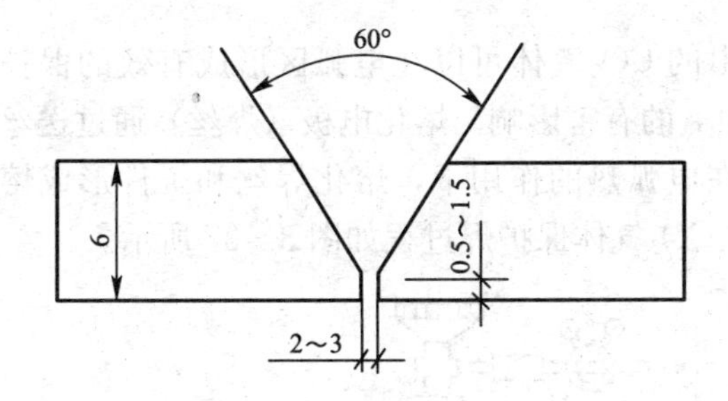


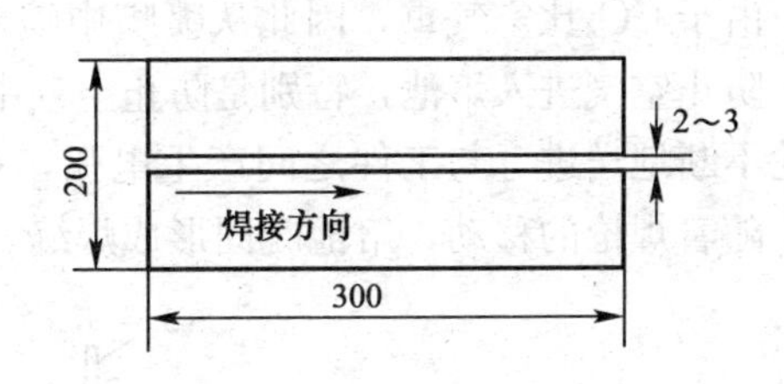


焊丝型号：H08Mn2SiA　　　　电流种类及极性：直流正接

**主要焊接参数**

| 焊接层次 | 焊接电流（A） | 电弧电压（V） | 氩气流量（L/min） | 钨极直径（mm） | 钨极伸出长度（mm） | 喷嘴直径（mm） | 喷嘴至工件距离（mm） |
|---|---|---|---|---|---|---|---|
| 打底焊 | 80～100 | 10～14 | 8～10 | 2.5 | 4～6 | 8～10 | ≤12 |
| 填充焊 | 90～100 | | | | | | |
| 盖面焊 | 100～110 | | | | | | |

工艺要点：

1. 定位焊缝将来是整体焊缝的一部分，定位焊缝要求单面焊双面成型，焊缝必须焊透，不允许有缺陷。

2. 焊接时要掌握好焊枪角度、送丝位置，力求送丝均匀，保证焊缝成型。为了获得比较宽的焊道，保证坡口两侧的熔合质量，氩弧焊枪也可做横向摆动，但摆动频率不能太高，幅度不能太大，以不破坏熔池的保护效果为原则，由焊工灵活掌握。

3. 焊接时应尽量避免停弧，减少冷接头次数。

4. 停弧后，氩气开关应延时 10 s 左右再关闭，防止金属在高温下氧化。

# 第三节　$CO_2$ 气体保护焊

→ 了解 $CO_2$ 气体保护焊工作原理、特点及应用范围

→ 掌握 $CO_2$ 气体保护焊焊接工艺参数的选择

→ 能够进行角焊缝 $CO_2$ 气体保护焊的焊接操作

## 一、$CO_2$ 气体保护焊的工作原理

### 1. $CO_2$ 气体保护焊工作原理和分类

$CO_2$ 气体保护焊是利用 $CO_2$ 气体作为保护气体的一种熔化极气体保护焊，简称 $CO_2$ 焊。



由于 $CO_2$ 比空气重，因此从喷嘴中喷出的 $CO_2$ 气体可以在电弧区形成有效的保护层，防止空气进入熔池，特别是防止空气中氮的有害影响。熔化电极（焊丝）通过送丝滚轮不断地送进，与工件之间产生电弧，在电弧热的作用下，熔化焊丝和工件形成熔池，随着焊枪的移动，熔池凝固形成焊缝。$CO_2$ 气体保护焊过程如图 3—37 所示。

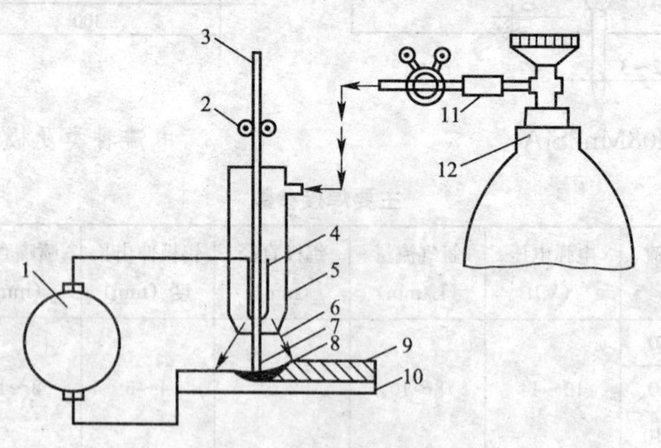


图 3—37　$CO_2$ 气体保护焊过程

1—焊接电源　2—送丝滚轮　3—焊丝　4—导电嘴　5—喷嘴　6—$CO_2$ 气体　7—电弧　8—熔池　9—焊缝　10—焊件　11—预热干燥器　12—$CO_2$ 气瓶

$CO_2$ 气体保护焊按焊丝直径的不同，可分为以下三类：

(1) 细丝 $CO_2$气体保护焊。焊丝直径小于和等于 1.6 mm，通常采用小电流、低电弧电压的短路过渡进行焊接，这时焊丝端部的熔滴与熔池以短路接触的形式向熔池过渡。

(2) 中丝 $CO_2$气体保护焊。焊丝直径为 1.6～2.4 mm，通常采用较大电流、较高电弧电压进行焊接，熔滴过渡呈细滴排斥过渡，甚至射滴过渡。它是一种自由过渡形式。

(3) 粗丝 $CO_2$气体保护焊。焊丝直径为 2.4～5.0 mm，通常采用大电流、较低电弧电压进行焊接，熔滴呈射滴过渡，甚至射流过渡，焊接电弧基本上潜入熔池凹坑内。

由于细丝 $CO_2$气体保护焊的工艺比较成熟，因此应用最为广泛。

$CO_2$ 气体保护焊按操作方法可分为 $CO_2$半自动焊和 $CO_2$自动焊两种。它们的区别在于 $CO_2$半自动焊是手工操作完成热源的移动，而送丝、送气等与 $CO_2$自动焊一样，是由相应的机械装置来完成的。$CO_2$ 半自动焊适用于各种位置的焊接，且机动灵活，在工程上使用较多。以下主要介绍 $CO_2$半自动焊。

**2. $CO_2$气体保护焊的工艺特点**

(1) $CO_2$气体保护焊的优点

1) 生产效率高，节省电能。$CO_2$气体保护焊的电流密度大，可达 100～300 A/mm²，因而电弧热量集中，焊丝的熔化效率高，母材的熔透厚度大，焊接速度快，同时焊后不需要清渣，所以能够显著提高效率，节省电能。

2) 焊接成本低。由于 $CO_2$气体和焊丝的价格较低，焊前的生产准备要求不高，焊后清理和校正工时少，所以成本低。

3) 焊接变形小。由于电弧热量集中、线能量低和 $CO_2$气体具有较强的冷却作用，使焊件受热面积小，特别是焊接薄板时变形很小。

4) 对油、锈产生气孔的敏感性较低。

5) 焊缝中含氢量少，所以提高了焊接低合金高强钢抗冷裂纹的能力。

6) 熔滴采用短路过渡时用于立焊、仰焊和全位置焊接。

7) 电弧可见性好，有利于观察，焊丝能准确对准焊接线，尤其是在半自动焊时可以较容易地实现短焊缝和曲线焊缝的焊接。

8) 操作简单，容易掌握。

(2) $CO_2$气体保护焊的缺点

1) 与焊条电弧焊相比设备较复杂，易出现故障，要求焊工具有较高的设备维护的技能。

2) 抗风能力差，室外焊接作业有一定困难。

3) 弧光较强，必须注意劳动保护。

4) 与焊条电弧焊和埋弧焊相比，焊缝成型不够美观，焊接飞溅较大。

(3) $CO_2$气体保护焊的冶金特性。在 $CO_2$气体保护焊中，$CO_2$是保护气体，$CO_2$ 在高温时分解，具有强烈的氧化作用，使合金元素烧损；同时，氧化性是 $CO_2$气体保护焊产生气孔和飞溅的一个重要原因。

$CO_2$气体在电弧的高温作用下进行如下分解：

$$2CO_2 = 2CO + O_2$$

在高温的焊接电弧场区域里，因 $CO_2$ 分解，上述的三种气体（$CO_2$、CO 和 $O_2$）往往同时存在。温度越高，$CO_2$ 气体的分解也就越激烈。

这三种气体中，CO 气体在焊接条件下，不溶解于金属，也不与金属发生作用；而 $CO_2$ 和 $O_2$ 却能与铁和其他合金元素发生化学反应而使金属烧损。焊接时，尽管作用的时间很短，但液体金属与气体相互作用也会发生强烈的化学反应。这是因为焊接区域处于高温，且气体与金属有较大的比接触表面积（单位体积的金属与气体所具有的接触表面积），尤其是焊丝端头的熔滴的比接触表面积更大，合金元素的氧化烧损更严重。氧化烧损的化学反应是

$$Fe + O = FeO$$

$$Mn + O = MnO$$

$$Si + 2O = SiO_2$$

从上述可见，$CO_2$ 及其在高温下分解出的 $O_2$ 都具有很强的氧化性。随着温度升高，氧化性增强。当温度为 3 000 K 时，$CO_2$ 分解出近 20% 的 $O_2$，这时的氧化性已超过了空气。由于氧化作用生成的氧化铁能大量熔于熔池金属中，使得焊缝金属产生气孔及夹渣等缺陷。此外，锰、硅等元素氧化生成的 $SiO_2$ 和 MnO 虽然可以形成熔渣浮到熔池表面，但却减少了焊缝中这些合金元素的含量，使焊缝金属的力学性能下降。因而在 $CO_2$ 气体保护焊时，为了防止大量生成 FeO 和合金元素的烧损，避免焊缝金属产生气孔和保证其力学性能，通常要在焊丝中加入足够量的脱氧元素。由于脱氧元素与氧的亲和力比铁强，在焊接过程中可阻止铁被大量的氧化，从而可以消除或削弱上述有害影响。



### 3. $CO_2$ 气体保护焊的应用

$CO_2$ 气体保护焊是在 50 年代初出现的一种熔化焊方法，现已被迅速地推广使用，并成为一种重要的熔化焊方法。在我国，从 1964 年开始批量生产二氧化碳焊机以来，广泛应用在机车车辆制造、汽车制造、船舶制造及采煤机械制造等行业。当前，$CO_2$ 气体保护焊主要用于低碳钢和低合金钢的焊接，在汽车、机车车辆、石油化工、机械、冶金、航空等行业都得到了广泛应用。

## 二、$CO_2$ 气体保护焊电弧及熔滴过渡

### 1. $CO_2$ 气体保护焊电弧

（1）电弧的静特性。当弧长不变、电弧稳定燃烧时，电弧两端电压与电流的关系叫做电弧的静特性。由于 $CO_2$ 气体保护焊采用的电流密度很大，电弧的静特性处于上升阶段，即焊接电流增加时，电弧电压增加，如图 3—38 所示。

（2）电弧的极性。通常 $CO_2$ 气体保护焊采用直流反接，如图 3—39 所示。

采用直流反接时，电弧稳定，飞溅小，焊缝成型较好，熔深大，焊缝金属中扩散氢的含量少。

堆焊及补焊铸件时，采用直流正接比较合适。因为阴极发热量较阳极大，正极性时焊丝接阴极，熔化系数大，约为反极性的 1.6 倍，熔深较浅，堆焊金属的稀释率小。

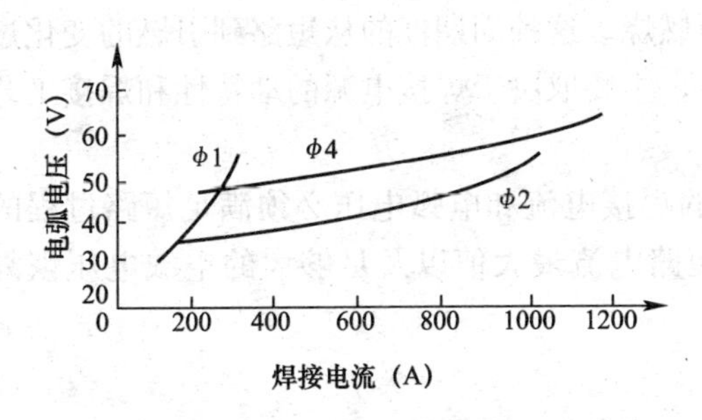


图 3—38　$CO_2$ 气体保护焊电弧的静特性

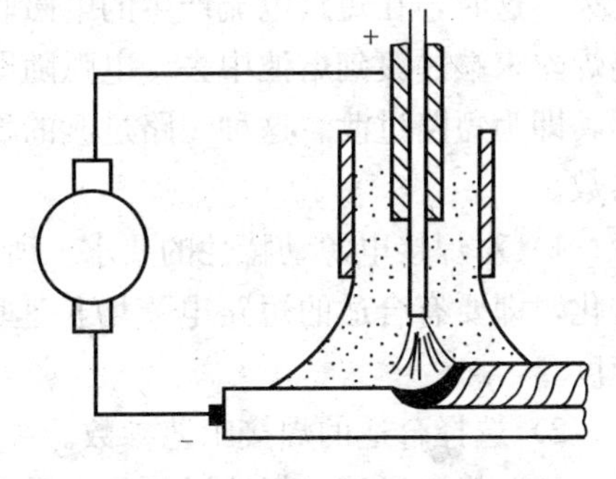


图 3—39　$CO_2$ 气体保护焊的直流反接

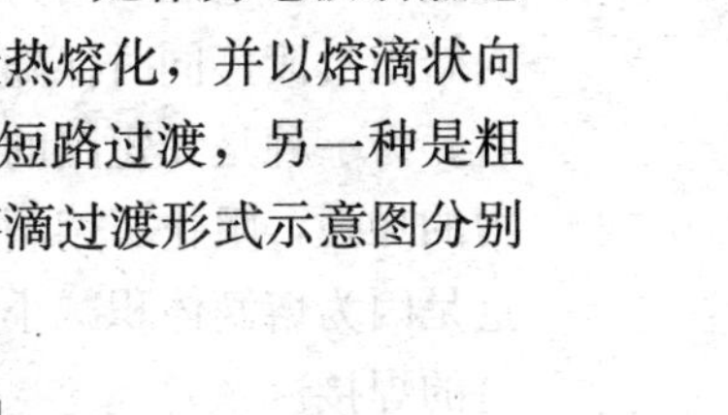


### 2. $CO_2$气体保护焊熔滴过渡

无论是半自动还是自动 $CO_2$ 焊接时，其焊丝的作用有两个：一是作为电极引燃电弧，二是作为填充金属形成焊缝。在形成焊缝之前，焊丝端部受热熔化，并以熔滴状向熔池过渡。$CO_2$ 气体保护焊的熔滴过渡形式主要有两种，一种是短路过渡，另一种是粗滴过渡，而喷射过渡在 $CO_2$ 气体保护焊中是很难出现的。三种熔滴过渡形式示意图分别如图 3—40、图 3—41、图 3—42 所示。

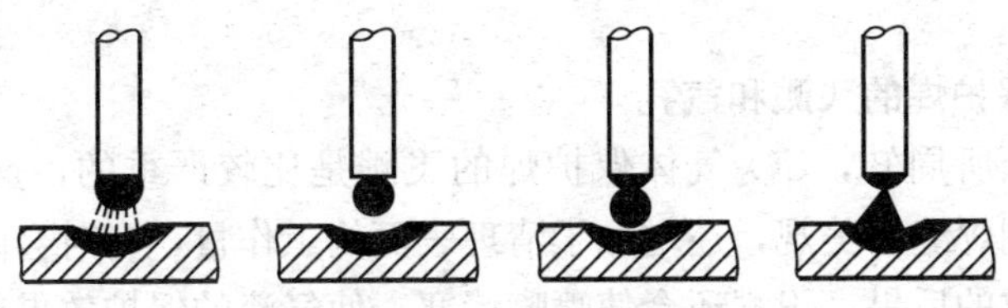

图 3—40　熔滴的短路过渡形式示意图

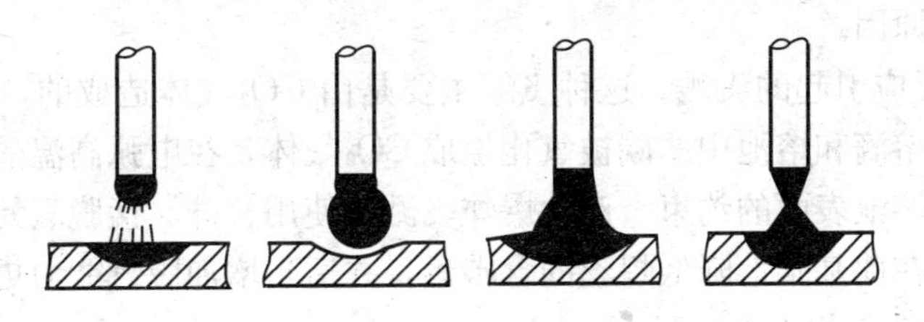

图 3—41　熔滴的粗滴过渡形式示意图

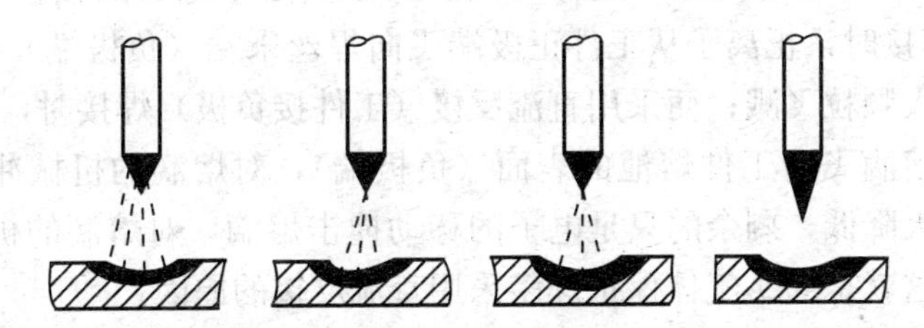

图 3—42　熔滴的喷射过渡形式示意图

（1）短路过渡。短路过渡是在采用细焊丝、小电流、低电弧电压焊接时出现的。因为电弧很短，当焊丝端部的熔滴还未形成大的熔滴时就与熔池接触，造成短路，使电弧熄灭。这时，在短路电流产生的电磁收缩力及熔池表面张力的共同作用下，熔滴迅速脱离焊丝末端过渡到熔池中去，电弧随即重新燃烧。这种周期性的从短路到引燃的变化过程，即为短路过渡。这种短路过渡的稳定性，主要取决于焊接电源的动特性和焊接工艺参数。

1）对焊接电源动特性的要求。所供给的焊接电流和电弧电压必须满足短路过程的变化，即要有合适的短路电流增长速度、短路电流最大值以及足够大的空载电压恢复速度。

2）选择合适的焊接工艺参数。

（2）粗滴过渡。粗滴过渡是在采用焊接工艺参数上限值确定的电流和电压焊接时产生的，电弧较长，熔滴粗大呈颗粒状。粗滴过渡有两种形式，一种是有短路的粗滴过渡，当焊接电流和电弧电压稍高于短路过渡焊接电流和电压时，电弧长度加长，焊丝熔化较快，而电磁收缩力不够大，造成熔滴体积不断增大，只是在熔滴自身的重力作用下向熔池过渡，同时伴随着一定的短路过渡。这时的过渡频率很低，每秒只有十几滴左右。另一种是无短路的粗滴过渡，当进一步增大焊接电流和电弧电压时，由于电磁收缩力的加强，阻止了熔滴自由长大并促使熔滴加速过渡，此时不再发生短路过渡的现象，这是因为熔滴体积减小使过渡频率有所增加。以上两种粗滴过渡形式，适用于中、厚板材的焊接。

**3. $CO_2$气体保护焊的飞溅和气孔**

单元 3

（1）飞溅。众所周知，$CO_2$气体保护焊的飞溅是比较严重的，这也是它的主要缺点。飞溅不仅影响焊缝的美观，还增加了清理表面的工作量，有时会因清理飞溅物伤及焊缝而造成较严重的后果。飞溅还会使喷嘴堵塞，使气流的保护效果受到影响。如何把飞溅减少到最低程度，是每位焊工和焊接工作者面临的首要任务。要解决飞溅问题，需弄清产生飞溅的原因。

1）由冶金反应引起的飞溅。这种飞溅主要是由$CO_2$气体造成的，由于$CO_2$气体的强烈氧化性，使熔滴和熔池中的碳被氧化生成$CO_2$气体，在电弧高温的作用下，体积膨胀，冲破熔滴或熔池表面的约束，产生爆炸飞溅。使用含硅、锰脱氧元素的焊丝，可以改善飞溅状况。在此基础上降低焊丝的含碳量，并适当增加脱氧能力更强的铝、钛等元素，还可进一步减少飞溅。

2）由极点压力引起的飞溅。这种飞溅的大小决定于电弧的极性。采用直流正接（工件接正极）焊接时，正离子从工件正极端飞向焊丝末端（负极端）的熔滴，机械冲击力较大，造成大颗粒飞溅；而采用直流反接（工件接负极）焊接时，正离子是从焊丝末端（正极端）熔滴飞向工件熔池的表面（负极端），对熔滴的机械冲击力几乎消除，极点压力也就大大降低，剩余的只是电子的移动撞击熔滴，对熔滴的机械冲击力很小，故飞溅比较小。这就是$CO_2$气体保护焊多采用直流反接的原因。

3）熔滴短路引起的飞溅。这种飞溅产生于短路过渡和有短路的粗滴过渡。当电源的动特性欠佳时，飞溅显得更为严重。当短路电流增长速度过快或短路最大电流值过大时，熔滴与熔池接触的瞬间，由于短路电流强烈加热及电磁收缩力的作用使缩颈处液态金属发生爆炸，产生较多的颗粒飞溅（见图 3—43）。如果短路电流增长速度过慢，则短路时电流不能及时增大到要求的数值，缩颈处就不能迅速断裂形成熔滴，使伸出导电嘴的焊丝在长时间的电阻加热下，整段被软化和断落，同时伴随较多的大颗粒飞溅（见图 3—44）。通过适当改变焊接回路中的电感值或串入回路的电感值，可以减小飞溅和降低噪声，焊接过程也较稳定。

图 3—43　短路电流增长过快对飞溅的影响　　图 3—44　短路电流增长过慢对飞溅的影响

4）非轴向熔滴过渡造成的飞溅。这是在粗滴过渡焊接时由电弧的斥力造成的。熔滴在极点压力和弧柱中气流压力的共同作用下，被推向焊丝末端的一边，并被抛到熔池以外，形成大颗粒的飞溅。

5）焊接工艺参数引起的飞溅。这是在焊接过程中，由于焊接电流、电弧电压、电感值选择不当而造成的。为减少这种飞溅的产生，必须正确选择焊接工艺参数。

（2）气孔。焊缝中产生的气孔是熔池金属中较多气体在熔池冷却凝固过程中来不及逸出，残留在焊缝中而形成的。$CO_2$气体保护焊时熔池表面没有熔渣，再加上 $CO_2$气流的冷却作用使熔池冷却速度加快，这就很容易在焊缝中产生气孔。气孔主要有以下三种。

1）$CO_2$气孔。它是由熔池中的碳与 FeO 反应生成的 $CO_2$气体造成的。焊接时，选择含有足够脱氧元素硅和锰的焊丝，同时限制焊丝中的含碳量，即可有效地防止和控制 $CO_2$气孔的产生。

2）氢气孔。主要是由于焊丝及工件表面的油污和铁锈以及 $CO_2$气体中的水分处理不当造成的。焊接时，清理焊丝及工件表面的油污和铁锈，并对 $CO_2$气体进行干燥处理，可以有效地防止和控制氢气孔的产生。

3）氮气孔。它是因为大量的空气侵入焊接区造成的。焊接时，保证保护气层稳定可靠，避免遭到破坏，是防止焊缝中产生氮气孔的关键。

## 三、$CO_2$气体保护焊焊接工艺

**1. 基本操作技术**

（1）焊枪开关的操作。按焊枪开关，开始送气、送丝和供电，然后引弧、焊接。焊接结束时，释放焊枪开关，随后停丝、停电和停气。

（2）焊枪角度和指向位置。$CO_2$半自动焊时，常用左焊法。其特点是：容易观察焊接方向；在电弧力作用下，熔化金属被吹向前方，使电弧不能直接作用到母材上，熔深

较浅，焊道平坦且变宽，飞溅较大，但保护效果好。右焊法也常常被采用，熔池被电弧力吹向后方，因此电弧能直接作用到母材上，熔深较大，焊道变得窄而高，飞溅略小。焊枪角度和焊道断面形状见表 3—16。

表 3—16　　焊枪角度和焊道断面形状

| | 左焊法 | 右焊法 |
| --- | --- | --- |
| 焊枪角度 | 10°~15°<br>焊接方向 | 10°~15°<br>焊接方向 |
| 焊道断面形状 | | |

焊接角焊缝时，焊枪的指向位置特别重要。采用 250 A 以下的电流焊接时，焊脚尺寸为 5 mm 以下，按图 3—45a 所示，焊枪与垂直板夹角为 40°～50°，并指向尖角处；当焊接电流大于 250 A 时，焊脚尺寸约为 5 mm 以上，按图 3—45b 所示，焊枪与垂直板夹角为 35°～45°，指向位置在水平板上距尖角 1～2 mm 处为宜。



焊枪指向垂直板时，焊缝将出现图 3—46 所示的现象，垂直板咬边而水平板上形成焊瘤。

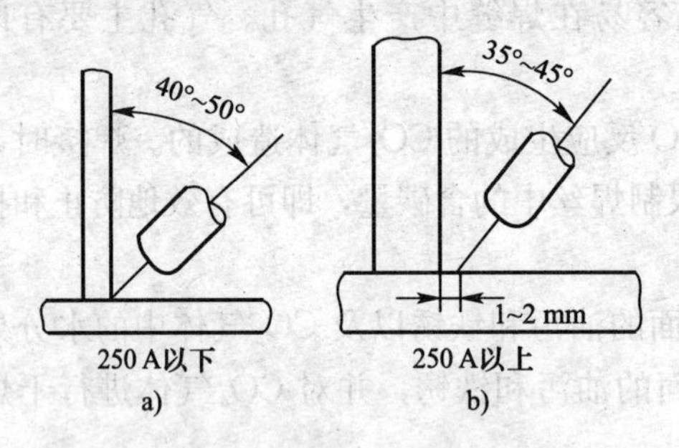


图 3—45　角焊缝时焊枪的指向位置

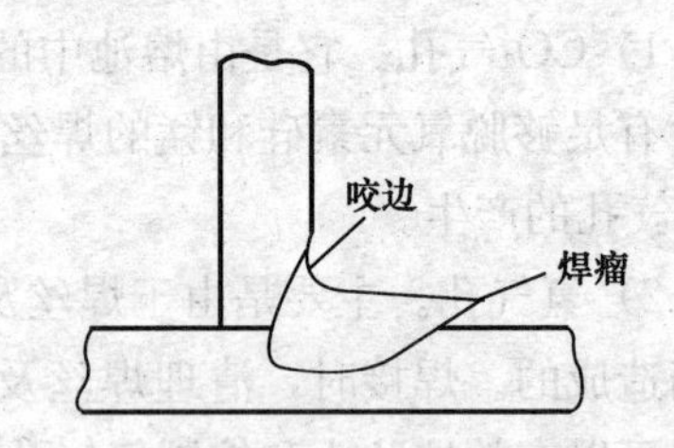


图 3—46　角焊缝时的咬边和焊瘤

（3）引弧和收弧操作

1）引弧。首先将焊枪喷嘴与工件保持正常焊接时的距离，且使焊丝端头距工件表面 2～4 mm。然后按焊枪开关，待送气、供电和送丝后，焊丝与工件相碰短路引弧，同时产生一个反作用力，将焊枪推离工件。这时如果不能保持住喷嘴到工件间的距离（见图 3—47），那就十分容易产生缺陷。为此，要求焊工在引弧时应握紧焊枪，保持喷嘴与工件间的距离。

2）收弧。收弧时，熟练的手弧焊工极易按焊条电弧焊操作习惯将焊把抬起，若沿用这种操作方法进行 $CO_2$ 气体保护焊收弧，将破坏对焊接熔池的有效保护。正确的做法是在焊接结束时释放开关，同时保持焊枪到工件的距离不变（见图 3—48），待停气后再移开焊枪。

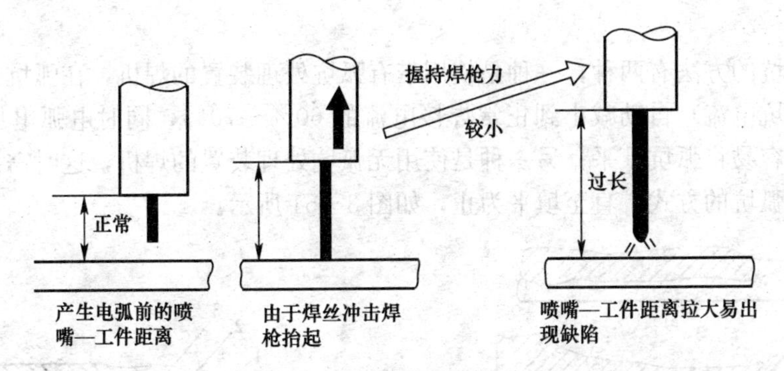


图 3—47　引弧操作不适当的情况

（4）焊缝的始端、弧坑及接头处理。无论是短焊道还是长焊道，都有引弧、收弧和接头的问题。实际焊接过程中，这些地方又是容易出现缺陷之处，所以应给予重点处理。

1）焊缝始端处理。焊接开始处，母材温度较低，焊缝熔深往往较浅，甚至引起母材和焊缝金属熔合不良，为此必须采取相应的措施。

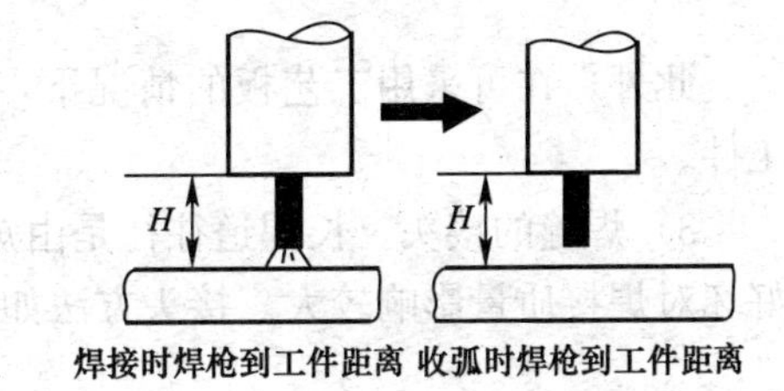


图 3—48　收弧时的正确操作

①使用工艺板，将容易出现缺陷的部分引到工件外（见图 3—49a）。这种方法常用于重要焊接件的焊接。

②倒退焊接法，如图 3—49b 所示。这种方法适应性较广。

③环形焊缝的始端与收弧端都要重叠，为了保证焊缝熔透均匀和焊缝表面圆滑，始焊处往往以较快的速度焊一较小的焊缝，最后接头处加以覆盖形成所需要的焊缝尺寸，如图 3—49c 所示。这种重叠部分应保证一定的熔深。

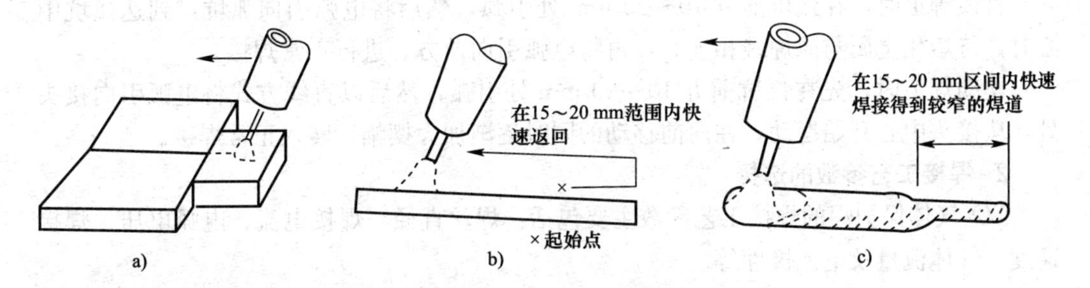


图 3—49　焊缝始端处理方法

a）使用工艺板法　b）倒退焊接法　c）环焊缝的始端处理

2）弧坑处理。在焊缝末尾的火口处残留的凹坑，易由于熔化金属厚度不足而产生裂纹和缩孔等。根据电流的大小，$CO_2$ 气体保护焊时可能产生两种类型的弧坑，如图

3—50 所示。其中图 3－50a 为短路过渡时的弧坑形状，弧坑比较平坦；而图 3－50b 为较大电流喷射过渡时的弧坑形状，弧坑较大且凹坑较深。后者往往影响较大，需要加以处理。

处理弧坑的方法有两种，一种是使用带有弧坑处理装置的焊机，在弧坑处，焊接电流（又称弧坑电流）自动减小到正常焊接电流的 60%～70%，同时电弧电压也降低到合适值，很容易将弧坑填平；另一种是使用无弧坑处理装置的焊机，这时需采用多次断续引弧填充弧坑的方式，直至填平为止，如图 3—51 所示。

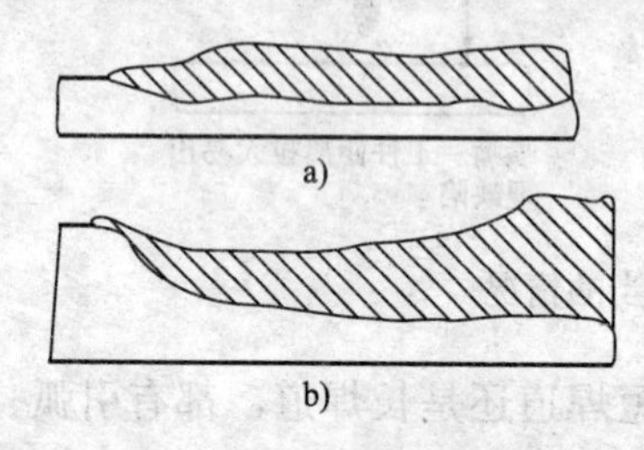


图 3—50　$CO_2$ 气体保护焊时的弧坑形状
a）小电流、短路过渡时
b）大电流、喷射过渡时

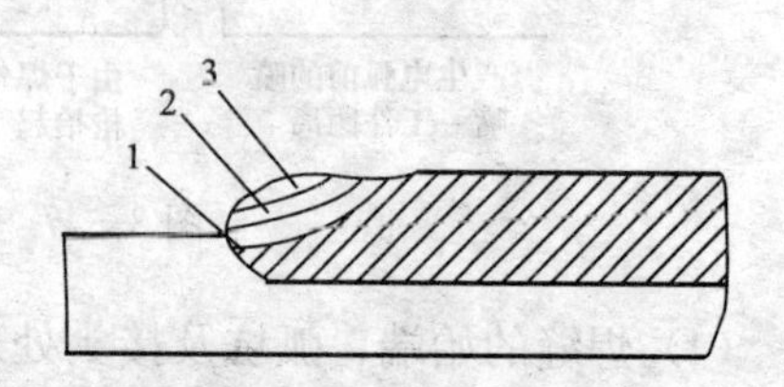


图 3—51　断续引弧填充弧坑

此外，在可采用工艺板的情况下，也可以在收弧处加装收弧板，以便将弧坑引出工件。

3）焊缝的接头。长焊道往往是由短焊缝连接而成的，连接处（通常称为接头）的好坏对焊接质量影响较大。接头方法如图 3—52 所示。

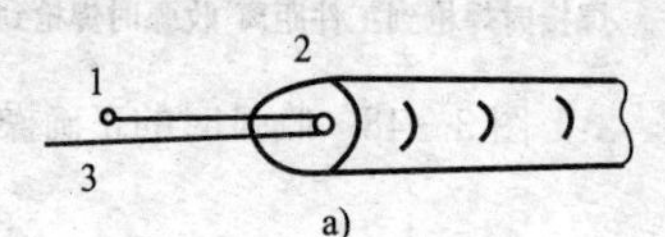


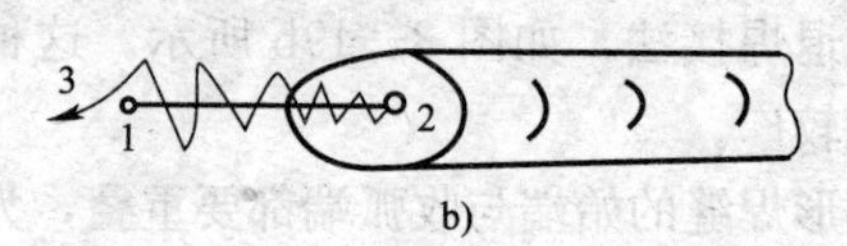


图 3—52　接头方法
a）直线焊道时　b）摆动焊道时

直线焊道时，在弧坑前方 10～20 mm 处引弧，然后将电弧引向弧坑，到达弧坑中心时，待熔化金属与原焊缝相连后，再将电弧引向前方，进行正常焊接。

摆动焊道时，先在弧坑前方 10～20 mm 处引弧，然后以直线方式将电弧引向接头处，从接头中心开始摆动，在向前移动的同时逐渐加大摆幅，转入正常焊接。

**2. 焊接工艺参数的选择**

$CO_2$气体保护焊的焊接工艺参数主要包括：焊丝直径、焊接电流、电弧电压、焊接速度、气体流量及电流极性等。

（1）焊丝直径。焊丝直径根据焊件厚度、焊缝空间位置及生产率要求等条件来选择。薄板或中、厚板的立焊、横焊、仰焊时，宜采用 $\phi$1.6 mm 以下的焊丝；在平焊位置焊接中、厚板时，可以采用直径大于 1.6 mm 的焊丝。各种直径焊丝的适用范围见表 3—17。

表 3—17　　各种直径焊丝的适用范围

| 焊丝直径（mm） | 焊件厚度（mm） | 施焊位置 | 熔滴过渡形式 |
|---|---|---|---|
| 0.5～0.8 | 1～2.5 | 各种位置 | 短路过渡 |
| | 2.5～4 | 平焊 | 粗滴过渡 |
| 1.0～1.4 | 2～8 | 各种位置 | 短路过渡 |
| | 2～12 | 平焊 | 粗滴过渡 |
| ≥1.6 | 3～12 | 立焊、横焊、仰焊 | 短路过渡 |
| | >6 | 平焊 | 粗滴过渡 |

（2）焊接电流。焊接电流是重要的工艺参数。焊接电流大小主要取决于送丝速度，如图 3—53 所示。从图中可以清楚地看到，随着送丝速度的增加，焊接电流也增加，大致成正比关系。另外，焊接电流的大小还与电流极性、焊丝的干伸长、气体成分和焊丝直径等有关。

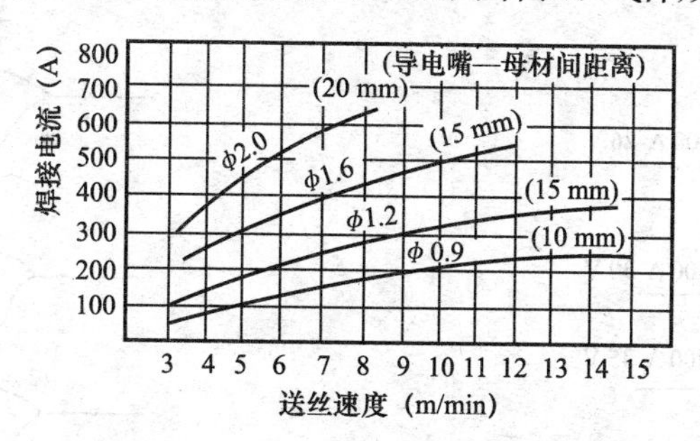


图 3—53　焊接电流与送丝速度的关系

焊接电流对焊缝的熔深影响很大。当焊接电流在 60～250 A 范围内，也就是以短路过渡形式焊接时，焊接飞溅较小，焊缝熔深较浅，一般为 1～2 mm。只有在 300 A 以上时，$CO_2$气体保护焊的熔深才明显增大，而且随焊接电流的增加，熔深也增加。

（3）电弧电压。电弧电压指导电嘴到工件之间的电压。它也是一个重要的工艺参数。电弧电压的大小将影响焊接过程的稳定性、熔池过渡特点、焊缝成型、焊接飞溅和冶金反应等。

短路过渡时弧长较短，并具有均匀密集的短路声。随着电弧电压的增加，弧长也增加，这时电弧的短路声不规则，同时飞溅明显增加。进一步增加电弧电压，一直可以达到无短路过程。相反，随着电弧电压降低，弧长变短，出现较强的爆破声，进而还可以引起焊丝与熔池固体短路。细丝的电弧电压与焊接电流的匹配关系见表 3—18。

表 3—18　　短路过渡 $CO_2$ 气体保护焊时焊接电流与焊接电压的最佳配合

| 焊接电流（A） | 电弧电压（V） | |
|---|---|---|
| | 平焊 | 立焊和仰焊 |
| 70～120 | 18～21.5 | 18～19 |
| 130～170 | 19.5～23 | 18～21 |
| 180～210 | 20～24 | 18～22 |
| 220～260 | 21～25 | — |

电弧电压对焊缝成型的影响十分明显，如图 3—54 所示。不论是小电流（短路过渡区）还是大电流（射滴过渡区）时，焊缝成型的规律大致相同。通常电弧电压高时熔深变浅，熔宽明显增加，余高减小，焊缝表面平坦；相反，电弧电压低时，熔深变大，焊缝变得窄而高。

(4) 焊接速度。在焊接电流和电弧电压一定的情况下，焊接速度加快时，焊缝的熔深、熔宽和余高均减小，成为凸形焊道，如图 3—55 所示。焊接速度进一步增加，在焊趾部出现“咬边”。焊速过快时，将出现驼峰焊道。相反，速度过慢时，焊道变宽，在焊趾部出现“满溢”。通常半自动焊时，熟练焊工的焊接速度为 30～60 cm/min。

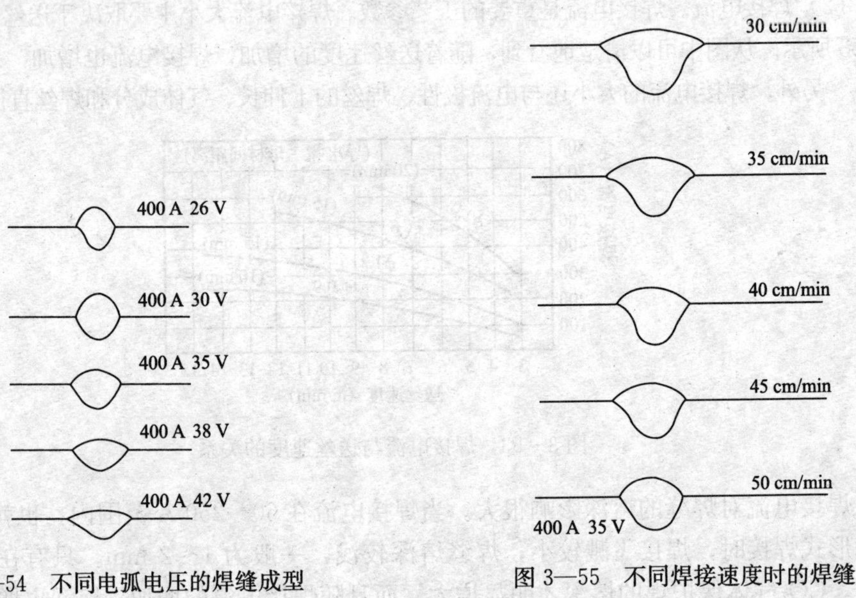


图 3—54　不同电弧电压的焊缝成型　　图 3—55　不同焊接速度时的焊缝

(5) 保护气体流量。保护气体的流量不但影响焊接冶金过程，而且对焊缝的形状与尺寸也有显著影响。

气体保护焊时，保护效果不好将产生气孔，甚至使焊缝成型恶化。在正常焊接情况下，保护气体流量与焊接电流有关，在 200 A 以下进行薄板焊接时为 10～15 L/min，在 200 A 以上进行厚板焊接时为 15～25 L/min。

影响良好保护的主要原因为风、保护气体流量不足、喷嘴高度过大和喷嘴上附着大量飞溅物。特别是风的影响十分显著，在风的作用下，保护气流被吹散，使得熔池、电弧甚至焊丝端头暴露在空气中，破坏保护。风速在 1.5 m/s 以下时，对保护作用无影响；当风速高于 2 m/s 时，焊缝中的气孔明显增加。为适应有风的情况下进行焊接，通常需要采取防风措施。

保护气体流量不足也会影响保护效果，当气体流量小于 10 L/min 时，焊缝中将产生气孔；当气体流量大于 15 L/min 时，才能得到致密的焊缝。

(6) 电源极性。$CO_2$气体保护焊一般采用直流反极性，这时电弧稳定，焊接过程平稳，飞溅小。而采用正极性时（焊丝接负极，工件接正极），在相同电流下，焊丝熔化速度大大提高，大约为反极性时的1.6倍，而熔深较浅、余高较大、飞溅很大。所以焊接一般焊接结构都采用直流反极性，而在堆焊、铸铁补焊和大电流高速$CO_2$气体保护焊时均采用直流正极性接法。

（7）焊丝伸出长度。焊丝伸出长度也叫焊丝干伸长度，是指从导电嘴到焊丝端头的距离，如图3—56所示。焊接过程中，保持焊丝伸出长度不变是保证焊接过程稳定的重要因素之一。

焊丝伸出长度对焊丝熔化速度的影响很大，如图3—57所示。在焊接电流相同时，随着焊丝伸出长度增加，焊丝熔化速度也增加。换句话说，当送丝速度不变时，焊丝伸出长度越大，则焊接电流越小，将使熔滴与熔池温度降低，造成热量不足而引起未焊透。

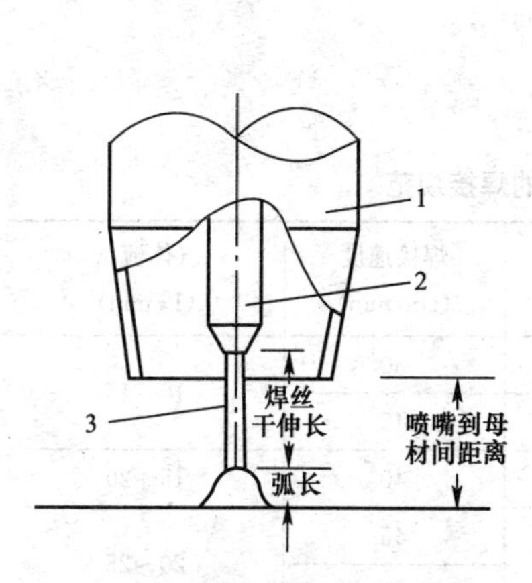


图3—56　焊丝伸出长度

1—喷嘴　2—导电嘴　3—焊丝

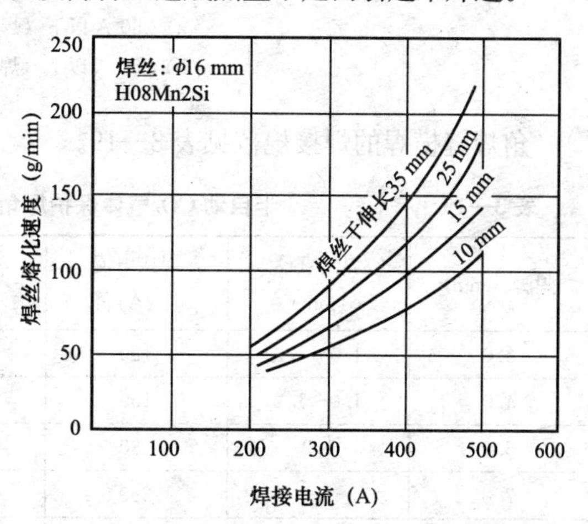


图3—57　焊丝伸出长度对焊丝熔化速度的影响

焊丝伸出太长，电弧不稳，难以操作，同时飞溅较大，焊缝成型恶化，甚至破坏保护而产生气孔。相反，焊丝伸出长度减小，焊接电流增大，弧长变短，熔深变大，焊接飞溅金属大量黏附到喷嘴内壁，妨碍观察电弧，影响焊工操作。当焊丝伸出长度过小时，易使导电嘴过热而夹住焊丝，甚至烧毁导电嘴，使焊接过程不能正常进行。适宜的焊丝伸出长度与焊丝直径有关，即焊丝伸出长度大约等于焊丝直径的10倍左右，并随焊接电流的增大而增加，具体公式如下：

$$l=10\ d$$

式中　$l$——焊丝伸出长度，mm；

　　　$d$——焊丝直径，mm。

## 四、角焊缝$CO_2$气体保护焊

按工件厚度不同，角焊缝有两种类型：单道焊和多道焊。

### 1. 单道焊

$CO_2$单道焊的最大焊脚尺寸为7～8 mm，更大的焊脚应采用多层焊。单道焊根据板厚的不同，焊枪的指向位置也不同，如图3—58所示。焊脚小于5 mm时，焊枪指向根部，如图 3—58a 所示；焊脚大于 5 mm 时，焊枪指向如图 3—58b 所示，距离根部 1～2 mm。焊接方向为左焊法。若用右焊法将使余高过大，操作不便和保护不良。

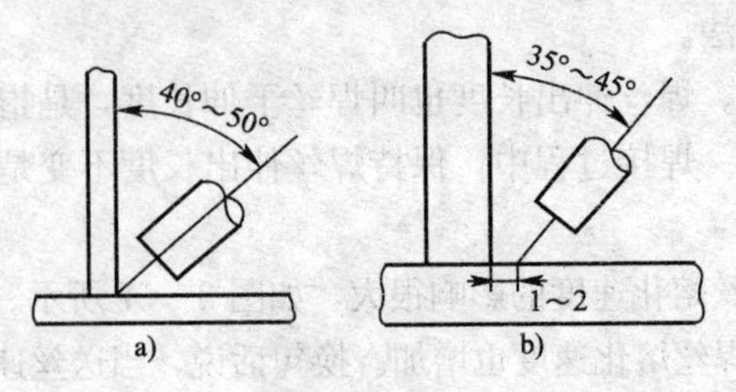


图 3—58　角焊缝横焊时焊枪指向位置和角度

a）250 A 以下（焊脚小于 5 mm）

b）250 A 以上（焊脚大于 5 mm）

角焊缝横焊的焊接规范见表 3—19。

**表 3—19　　半自动 $CO_2$ 气体保护焊角焊缝横焊的焊接规范**

| 焊脚（mm） | 焊丝直径（mm） | 焊接电流（A） | 电弧电压（V） | 焊接速度（cm/min） | 气体流量（L/min） |
|---|---|---|---|---|---|
| 3.0 | 1.0～1.2 | 120 | 20 | 50 | 10～15 |
| 4.0 | 1.0～1.2 | 160 | 21 | 45 | |
| 6.0 | 1.2 | 230 | 23 | 40 | 15～20 |
| 7.0 | 1.2 | 290 | 28 | 45 | 20～25 |
| 8.0 | 1.6 | 330 | 32 | 40 | |



当焊接电流过大时，铁水容易流淌，使得垂直板上的焊脚小而出现咬边，而水平板上的焊脚较大，并出现焊瘤。为了获得等焊脚焊缝，焊接电流应小于 350～360 A，对于技术不熟练的焊工应小于 300 A。

**2. 多道焊**

由于横角焊缝使用大电流受到一定的限制，当焊脚大于 8 mm 时就应采用多道焊。多道焊时，为提高生产率，应尽量使用大电流，但必须注意各道之间应良好地熔合，最终角焊缝形状应为等焊脚，焊缝平面应平滑。为此根据不同的施焊方法，应采取不同的工艺措施。

## 实例 3—7

**【焊前准备】**

（1）试件。材质：Q235B。尺寸：300 mm×150 mm×12 mm，300 mm×100 mm×10 mm，如图 3—59 所示。

（2）焊接材料及设备。焊丝：型号 ER50－6；规格 $\phi$1.2 mm。设备：NBK－500。

（3）焊前清理。将坡口及两侧 20 mm 范围内的铁锈、油污、氧化物等清理干净，使其露出金属光泽。

（4）装配及定位焊。采用划线定位进行装配，保证垂直度。用与正式焊接相同的焊条点固，试件两端各一处，长度不大于 20 mm。

【焊接工艺】 角焊缝焊接工艺参数见表 3—20，焊接层数如图 3—60 所示。

表 3—20　　角焊缝焊接工艺参数

| 焊接层数 | 焊条直径（mm） | 焊接电流（A） |
|---|---|---|
| 第一层 | 1.2 | 250～300 |
| 第二层第 1 条焊道 | 1.2 | 200～280 |
| 第二层第 2 条焊道 | 1.2 | 200～280 |

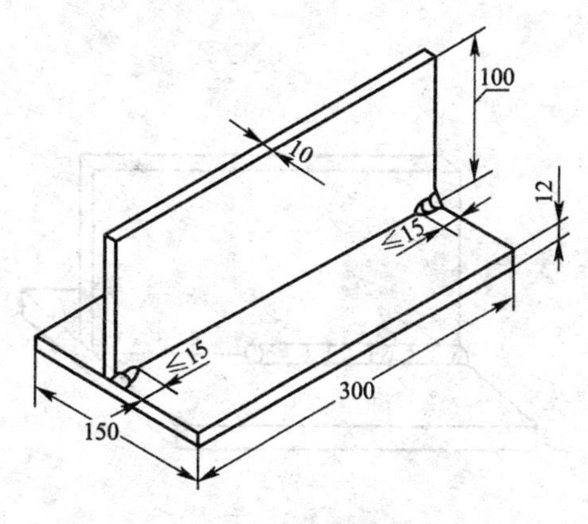

图 3—59　试件尺寸及坡口形式

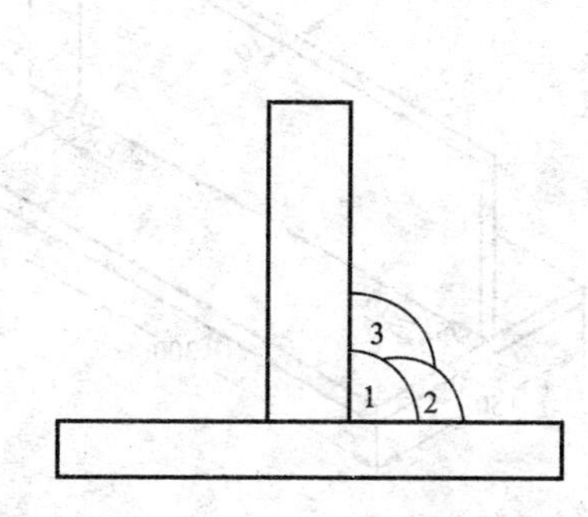

图 3—60　焊接层数

【操作步骤】

第一层焊道应使用较大电流施焊，焊枪与垂直板夹角减小，并指向距根部 1～2 mm处，如图 3—61a 所示。这时得不到等焊脚焊道。

第二层焊道应以小电流施焊，焊枪应指向第一层焊道的凹坑处，并采用左焊法。这时可以得到表面平滑的等焊脚角焊缝。焊接第二层第 1 条焊道如图 3—61b 所示，焊枪指向第一层焊道与水平板相交的焊趾部，进行直线焊接或小幅摆动焊接。这时应注意该焊道在水平板上应达到焊脚尺寸，并使在水平板一侧的焊道边缘整齐。焊接第 2 条焊道如图 3—61c 所示，这时焊脚尺寸可达 10～12 mm。

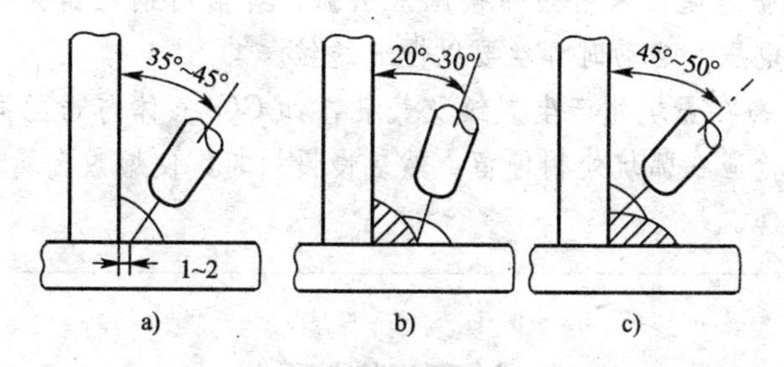

图 3—61　厚板角焊缝的焊接次序

多层焊时热量积累多，熔池金属容易流淌。所以焊接层次越多，则应相应降低焊接电流和电弧电压，而焊接速度应相应增大。

**【焊接工艺指导书】**

**Q235B钢板角焊缝焊接工艺指导书**

操作方法：$CO_2$气体保护焊　　接头形式：角接

焊接位置：角焊缝　　规格（mm）：300×150×12

300×100×10

焊前准备：坡口形式及装配间隙示意图　　焊接位置示意图

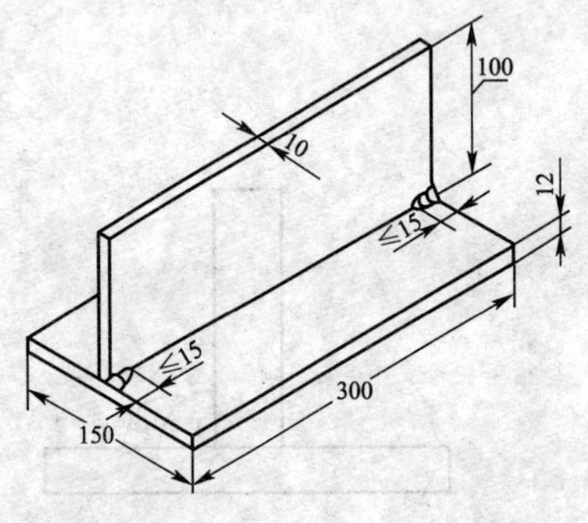


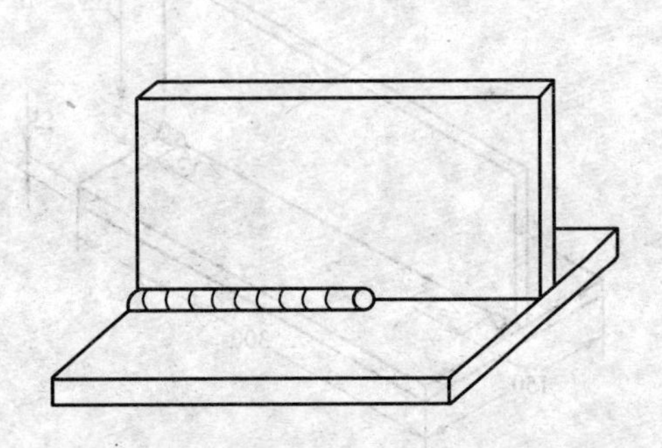

焊条型号：ER50－6　　电流种类及极性：直流反接



**主要焊接参数**

| 焊接层数 | 焊条直径（mm） | 焊接电流（A） |
|---|---|---|
| 第一层 | 1.2 | 250～300 |
| 第二层第1条焊道 | 1.2 | 200～280 |
| 第二层第2条焊道 | 1.2 | 200～280 |

工艺要点：

1. $CO_2$气体保护焊通常采用短弧接触法引弧，焊前用钢丝钳夹断焊丝使端部呈尖状，适当提高空载电压，启动时焊丝要以慢速送丝。

2. 收尾过快，易在弧坑处产生裂纹及气孔，如$CO_2$气体与送丝同时停止易造成粘丝，所以收尾时焊枪应在弧坑处稍停留，然后慢慢抬起，使熔敷金属填满弧坑后，才能熄弧并滞后停气。

## 单元测试题

**一、单项选择题**（下列每题的选项中，只有1个是正确的，请将其代号填在横线空白处）

1. 手工钨极氩弧焊的电源种类和极性需根据______进行选择。

A. 焊件材质　　　　B. 焊丝材质　　　　C. 焊件厚度

2. 手工钨极氩弧焊采用______时，可提高许用电流，且钨极烧损小。

A. 直流正接　　　　B. 直流反接　　　　C. 交流电源

3. 焊条电弧焊在焊接同样厚度的 T 形接头时，焊条直径应比对接接头用的直径______。

A. 小些　　　　B. 大些　　　　C. 一样大

4. 焊条电弧焊通常根据______决定焊接电源种类。

A. 焊件厚度　　　　B. 焊件的成分　　　　C. 焊条类型

5. ______是焊条电弧焊最重要的工艺参数，是焊工在操作过程中唯一需要调节的参数。

A. 焊接电流　　　　B. 电弧电压　　　　C. 焊条类型

6. 多层多道焊时，应特别注意______，以免产生夹渣、未熔合等缺陷。

A. 摆动焊条　　　　B. 选用小直径焊条　　　　C. 清除熔渣

7. 搭接、T 形接头比其他开坡口接头形式的______可选大些。

A. 焊接速度　　　　B. 电弧电压　　　　C. 焊条直径

8. 钨极氩弧焊时，氩气的流量大小决定于______。

A. 焊件厚度　　　　B. 焊丝直径　　　　C. 喷嘴直径

9. 焊接电流主要影响焊缝的______。

A. 熔宽　　　　B. 熔深　　　　C. 余高

10. ______的作用是夹持焊条、传导焊接电流，以进行焊接。

A. 焊钳　　　　B. 焊接电缆　　　　C. 焊条保温筒

11. 细丝 $CO_2$ 气体保护焊使用的焊丝直径______1.6 mm。

A. 小于　　　　B. 等于　　　　C. 大于

12. 焊条电弧焊时，将金属熔化是利用焊条与焊件之间产生的______。

A. 电渣热　　　　B. 电弧热　　　　C. 化学热

13. 一般碱性焊条应采用______。

A. 直流正接　　　　B. 直流反接　　　　C. 交流电源

14. 电弧区域温度分布是不均匀的，______区的温度最高。

A. 阴极　　　　B. 阳极　　　　C. 弧柱

15. 电弧静特性曲线呈______。

A. L 形　　　　B. 上升形　　　　C. U 形

16. 钨极直径太小、焊接电流太大时，容易产生______焊接缺陷。

A. 夹钨　　　　B. 未焊透　　　　C. 热裂纹

17. 手工钨极氩弧焊焊枪的喷嘴与焊件的距离增加，则保护效果______。

A. 变好　　　　B. 不变　　　　C. 变差

18. 厚板开坡口对接平焊，为填满弧坑应采用______收尾法。

A. 画圈　　　　B. 反复断弧　　　　C. 回焊

19. 焊接时，焊条直径应首先根据______选择。

A. 焊接位置　　　　B. 焊件厚度　　　　C. 接头形式

20. 焊接电弧是气体的______现象。

A. 燃烧　　　　B. 放电　　　　C. 对流

21. 生产中减少电弧磁偏吹的方法是______。

A. 采用直流电源　　　　B. 增加电流强度　　　　C. 调整焊条角度

22. 钨极氩弧焊采用同一直径的钨极时，以______允许使用的焊接电流最小。

A. 直流正接　　　　B. 直流反接　　　　C. 交流电源

23. 气体保护焊采用右焊法的特点之一是______。

A. 不易焊偏　　　　B. 焊缝成型良好　　　　C. 气体保护效果不良

24. 焊条电弧焊时，焊条直径随工件厚度的增大而______。

A. 减小　　　　B. 增大　　　　C. 不变

25. 焊条电弧焊时，若电弧增长，则电弧电压______。

A. 不变　　　　B. 减小　　　　C. 增大

26. 焊接时，若其他工艺参数不变，随着焊接电流的增大，焊接热输入______。

A. 不变　　　　B. 增大　　　　C. 减小

**二、判断题**（下列判断正确的打“√”，错误的打“×”）

1. 电弧是一种空气燃烧的现象。（　）

2. 为保证焊透，同样厚度的 T 形接头应比对接接头选用直径较细的焊条。（　）

3. 焊条电弧焊，由于平焊时熔深较大，所以横、立、仰焊位置焊接时，焊接电流应比平焊位置大 10%～20%。（　）

单元 3

4. 为了便于操作和保证背面焊道的质量，打底焊时应使用较小的焊接电流。（　）

5. 焊条电弧焊时，直径相同的酸性焊条焊接时的弧长要比碱性焊条长些。（　）

6. 焊条电弧焊多层多道焊时有利于提高焊缝金属的塑性和韧性。（　）

7. 手工钨极氩弧焊几乎可以焊接所有的金属材料。（　）

8. 手工钨极氩弧焊，氩气流量越大则保护效果越佳。（　）

9. 碱性焊条收弧时不宜采用反复断弧收弧法。（　）

10. 定位焊只是为了装配和固定接头位置，因此要求与正式焊接可以不一样。（　）

11. $CO_2$气体保护焊生产率高的原因是：可以采用较粗的焊丝，因而相应使用了较大的焊接电流。（　）

12. $CO_2$气体保护焊，熔滴不应呈粗粒状过渡，因为此时飞溅加大，焊缝成型恶化。（　）

13. $CO_2$气体保护焊时，应先引弧再通气，才能保证电弧的稳定燃烧。（　）

14. 手工钨极氩弧焊对焊件表面的清理要求不高，因此使用方便。（　）

15. 采用碱性焊条时，应该用短弧焊接。（　）

16. 定位焊所使用的焊条可以和正式焊接的焊条不一致，工艺条件也可降低。（　）

17. 通过焊接电流和电弧电压的配合，可以控制焊缝形状。（　）

18. 直流反接是指焊条接负极，焊件接正极。（　）

19. 焊条电弧焊时，焊接电流应首先根据焊接位置来选用。（　）

20. 焊接接头根部预留间隙的作用是保证焊透。（ ）

21. 弧长对焊接电弧的稳定性没有影响。（ ）

22. 焊条电弧焊的电弧电压主要由焊条直径来决定。（ ）

23. 手工钨极氩弧焊保护效果好，线能量小，因此焊缝金属化学成分好，焊缝和热影响区组织细，焊缝和热影响区的性能好。（ ）

24. 电弧静特性是指在弧长一定时，在电弧稳定燃烧的情况下，焊接电流与电弧电压的关系。（ ）

25. 焊条偏心是引起磁偏吹的原因之一。（ ）

26. 焊接打底层时，为保证焊透，焊接电流要大些。（ ）

27. 焊接电弧由阴极区、阳极区两部分组成。（ ）

28. 焊接电弧中，阴极斑点的温度总是高于阳极斑点的温度。（ ）

29. 电弧的磁偏吹是由于焊条药皮偏心引起的。（ ）

30. 对于长和大的工件，常采用两边接地线的方法来消除或减少磁偏吹。（ ）

31. 酸性焊条都是交、直流两用焊条；碱性焊条则仅限于采用直流电源。（ ）

32. 手工钨极氩弧焊时，为增加保护效果，氩气的流量越大越好。（ ）

33. 弧焊时，电弧拉长则电弧电压降低，电弧缩短则电弧电压增加。（ ）

34. 立、横、仰焊时，应选用比平焊时小的焊接电流。（ ）

## 三、技能题

第1题　焊条电弧焊钢板对接平焊单面焊双面成型

### 1. 操作要求

（1）采用焊条电弧焊，单面焊双面成型。

（2）焊件坡口形式为V形坡口，坡口面角度为32°±2°。

（3）焊接位置为平焊。

（4）钝边高度与间隙自定。

（5）试件两端不得安装引弧板。

（6）焊前焊件坡口两侧10～20 mm清油除锈，试件正面坡口内两端点固，长度不大于20 mm，定位焊时允许做反变形。

（7）定位装配后，将装配好的试件固定在操作架上，试件一经施焊不得任意更换和改变焊接位置。

（8）焊接过程中劳保用品穿戴整齐，焊接工艺参数选择正确，焊后焊件保持原始状态。

（9）焊接完毕，关闭电焊机，工具摆放整齐，场地清理干净。

### 2. 准备工作

（1）材料准备。Q235，$\delta$=12 mm的钢板2块，规格为300 mm×100 mm，焊条型号E4303，焊条直径$\phi$3.2 mm/$\phi$4.0 mm。

（2）设备准备。逆变弧焊机1台。

（3）工具准备。台虎钳1台，钢丝钳1把，锤子1把，钢丝刷、锉刀、活扳手、台式砂轮或角向磨光机等。

（4）劳保用品准备。电焊面罩、电焊手套、工作服、绝缘鞋、护目镜等。

**3. 考核时限**

（1）基本时间。准备时间 30 min，正式操作时间 60 min。

（2）时间评分标准。每超过 5 min 扣总分 1 分，不足 5 min 按 5 min 计算；超过规定时间 15 min 不得分。

**4. 评分项目及标准**

| 序号 | 评分要素 | 配分 | 评分标准 |
|---|---|---|---|
| 1 | 焊前准备 | 10 | 1. 工件清理不干净，定位焊不正确，扣 5 分<br>2. 焊接参数调整不正确，扣 5 分 |
| 2 | 焊缝外观质量 | 40 | 1. 焊缝余高＞3 mm，扣 4 分<br>2. 焊缝余高差＞2 mm，扣 4 分<br>3. 焊缝宽度差＞3 mm，扣 4 分<br>4. 背面余高＞3 mm，扣 4 分<br>5. 焊缝直线度＞2 mm，扣 4 分<br>6. 角变形＞3°，扣 4 分<br>7. 错边量＞1.2 mm，扣 4 分<br>8. 背面凹坑深度＞1.2 mm，或长度＞26 mm，扣 4 分<br>9. 咬边深度≤0.5 mm，累计长度每 5 mm 扣 1 分；咬边深度＞0.5 mm，或累计长度＞26 mm，扣 8 分<br>注意：①焊缝表面不是原始状态，有加工、补焊、返修等现象，或有裂纹、气孔、夹渣、未熔合等任何缺陷存在，此项考试不合格<br>②焊缝外观质量得分低于 24 分，此项考试不合格 |
| 3 | 焊缝内部质量 | 40 | 1. 射线探伤后按 JB 4730 评定焊缝质量达到Ⅰ级，不扣分<br>2. 焊缝质量达到Ⅱ级，扣 10 分<br>3. 焊缝质量达到Ⅲ级，此项判为 0 分 |
| 4 | 安全文明生产 | 10 | 1. 劳保用品穿戴不全，扣 2 分<br>2. 焊接过程中有违反安全操作规程的现象，根据情况扣 2～5 分<br>3. 焊接完毕后，场地清理不干净，工具码放不整齐，扣 3 分 |



## 第 2 题　焊条电弧焊钢板 T 形接头横焊

**1. 操作要求**

（1）焊接方法为焊条电弧焊。

（2）母材钢号为 Q235。

（3）焊接位置为横角焊。

（4）焊件坡口形式为 I 形坡口。

（5）试件焊口两端不安装引弧板。

（6）焊前焊件（立板、底板）待焊区两侧 10～20 mm 范围清油除锈。

（7）沿板件的长度（300 mm）方向组成 T 形接头，立板垂直居中于底板（平分 150 mm）。

（8）定位焊缝位于 T 形接头的首尾两处焊道内，长度不大于 20 mm。

(9) 定位装配后，将装配好的试件固定在操作架上，试件一经施焊不得任意更换和改变焊接位置。

(10) 焊接过程中劳保用品穿戴整齐，焊接工艺参数选择正确，焊后焊件保持原始状态。

(11) 焊接完毕，关闭电焊机，工具摆放整齐，场地清理干净。

**2. 准备工作**

(1) 材料准备。Q235，$\delta=12$ mm 的钢板 2 块，规格为：立板 300 mm×100 mm，底板 300 mm×150 mm；焊条型号 E4303，焊条规格 $\phi3.2$ mm。

(2) 设备准备。逆变弧焊机 1 台。

(3) 工具准备。台虎钳 1 台，钢丝钳 1 把，锤子 1 把，钢丝刷、锉刀、活扳手、台式砂轮或角向磨光机等。

(4) 劳保用品准备。电焊面罩、电焊手套、工作服、绝缘鞋、护目镜等。

**3. 考核时限**

(1) 基本时间。准备时间 30 min，焊接操作时间 40 min。

(2) 时间评分标准。每超过 5 min 扣总分 1 分，不足 5 min 按 5 min 计算；超过规定时间 15 min 不得分。

**4. 评分项目及标准**

| 序号 | 评分要素 | 配分 | 评分标准 |
|---|---|---|---|
| 1 | 焊前准备 | 10 | 1. 工件清理不干净，定位焊不正确，扣 5 分<br>2. 焊接参数调整不正确，扣 5 分 |
| 2 | 焊缝外观质量 | 40 | 1. 焊缝凹度>15 mm，扣 7 分<br>2. 焊缝凸度>15 mm，扣 7 分<br>3. 焊缝焊脚尺寸>16 mm 或<12 mm，扣 8 分<br>4. 焊缝直线度>2 mm，扣 8 分<br>5. 咬边深度≤0.5 mm，累计长度每 5 mm 扣 1 分；咬边深度>0.5 mm，或累计长度>26 mm，扣 10 分<br>注意：①焊缝表面不是原始状态，有加工、补焊、返修等现象，或有裂纹、气孔、夹渣、未熔合等任何缺陷存在，此项考试不合格<br>②焊缝外观质量得分低于 24 分，此项考试不合格 |
| 3 | 焊缝内部质量 | 40 | 垂直于焊缝长度方向上截取金相试样，共 3 个面，采用目视或 5 倍放大镜进行宏观检验。每个试样检查面经宏观检验：<br>1. 当只有小于或等于 0.5 mm 的气孔或夹渣且数量不多于 3 个时，每出现 1 个扣 1 分<br>2. 当出现大于 0.5 mm、不大于 1.5 mm 的气孔或夹渣，且数量不多于 1 个时扣 2 分<br>注意：任何一个试样检查面经宏观检验有裂纹和未熔合存在，或出现超过上述标准的气孔和夹渣，或接头根部熔深小于 0.5 mm，此项考试不合格 |
| 4 | 安全文明生产 | 10 | 1. 劳保用品穿戴不全，扣 2 分<br>2. 焊接过程中有违反安全操作规程的现象，根据情况扣 2～5 分<br>3. 焊接完毕，场地清理不干净，工具码放不整齐，扣 3 分 |

## 单元测试题答案

### 一、单项选择题

1. A　2. A　3. B　4. C　5. A　6. C　7. C　8. C　9. B
10. A　11. A　12. B　13. B　14. C　15. C　16. A　17. C
18. A　19. B　20. B　21. C　22. B　23. B　24. B　25. C　26. B

### 二、判断题

1. ×　2. ×　3. ×　4. √　5. √　6. √　7. √　8. ×　9. √
10. ×　11. ×　12. √　13. ×　14. ×　15. √　16. ×　17. √
18. ×　19. √　20. √　21. ×　22. ×　23. √　24. √　25. ×
26. ×　27. ×　28. ×　29. ×　30. √　31. ×　32. ×　33. ×
34. √

### 三、技能题

答案略

# 第4单元

# 气焊与气割

# 第一节 气焊与气割原理及设备

→ 了解气焊、气割的工作原理、特点及应用范围
→ 熟悉常用气体及气焊材料
→ 能够正确使用气焊、气割设备及工具

## 一、工作原理及应用

### 1. 气焊工作原理及应用

（1）气焊原理。气焊是利用可燃气体与助燃气体，通过焊炬进行混合后，使混合气体发生剧烈燃烧，利用燃烧放出的热量熔化焊接接头部位的母材和填充材料，冷却凝固后使被焊金属牢固连接起来的一种熔焊方法。

（2）气焊特点

1）设备简单、使用灵活，特别是在电力供应不足的地方，可以发挥更大的作用。

2）焊接操作容易，焊工能够控制热输入量、焊接区温度、焊缝的尺寸和形状及熔池黏度等。



3）气焊火焰的种类（中性焰、氧化焰、碳化焰）是可调节和可控制的，可以满足不同类别金属材料的焊接需要。

4）与其他焊接方法比较，气体火焰温度相对较低，焊接薄壁工件时不易烧穿。

5）加热速度慢，生产效率低，不适于焊接厚大的工件，一般用于焊接厚度为5 mm以下的工件。

6）由于火焰温度低，热量分散，加热面积较大，焊接接头的热影响区较宽，以致焊接变形大，焊接接头综合力学性能差。

7）不适于焊接难熔金属。

（3）气焊火焰。气焊火焰有氧—乙炔火焰、氧—液化石油气火焰及氢氧焰等。氧—乙炔火焰是气焊中主要采用的火焰，具有火焰温度高（约 3 200℃）、热量相对集中等特点。该火焰外形构造及温度分布是由氧气和乙炔混合的比值大小决定的，比值不同，可得到不同性质的三种火焰：中性焰、碳化焰和氧化焰。

1）中性焰。氧气与乙炔在焊炬混合管内体积比为 1.1～1.2 时形成的火焰为中性焰，可燃气体被完全燃烧，无过剩的氧，也无剩余的碳。中性焰由焰芯、内焰及外焰组成，如图 4—1a 所示。

①焰芯。焰芯为尖锥形，呈明亮而色白，轮廓清晰。当混合气体流出速度较快时，焰芯较长；反之较短。焰芯温度并不高，为 800～1 200℃，焰芯发出的光亮是由碳粒发出的。

②内焰。内焰呈蓝白色，有深蓝色线条，由乙炔的不完全燃烧物质，即来自焰芯的碳与氧气燃烧生成物组成。内焰中，焰芯前 2～4 mm 的部位燃烧最激烈，温度最高，可达 3 100～3 150℃，气焊就是利用这个温度区域进行焊接的，该区域称为焊接区。内焰具有一定的还原性，适用于一般低碳钢、低合金钢和有色金属焊接。

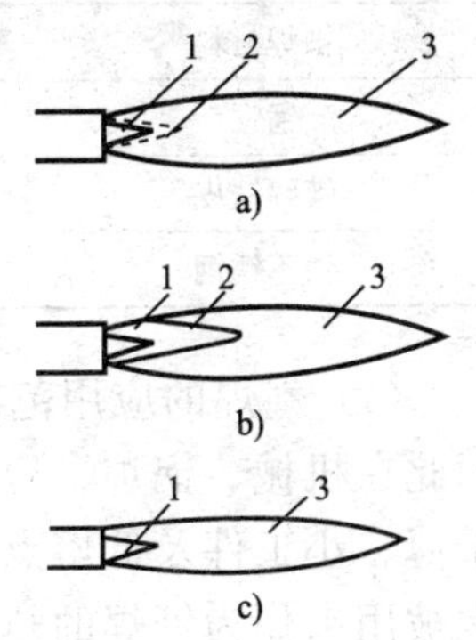

图 4—1 氧—乙炔焰的构造和形状
a）中性焰 b）碳化焰 c）氧化焰
1—焰芯 2—内焰 3—外焰

③外焰。外焰位于内焰的外部，与内焰无明显的界限，从里向外由淡紫色变为橙黄色，外焰温度约为 1 200～2 500℃。

2）碳化焰。氧气与乙炔在焊炬混合管内的体积比小于 1.1 时形成的火焰为碳化焰，由于乙炔有过剩，所以燃烧不完全。碳化焰具有较强的还原作用和一定的渗碳作用。

碳化焰的焰芯、内焰及外焰三部分均很明显，如图4—1b 所示，整个火焰长而柔。碳化焰焰芯较长、呈蓝白色，内焰呈淡蓝色，外焰呈橘红色，乙炔过多时会冒黑烟。

碳化焰的温度约为 2 700～3 000℃。由于在碳化焰中有过剩的乙炔，火焰中游离状态的碳增加了焊缝的含碳量，使焊缝金属的强度提高、塑性降低，容易产生气孔及裂纹，因此碳化焰不能用于焊接低碳钢及低合金钢，但轻微的碳化焰可用于焊接高碳钢、中合金钢、高合金钢、铸铁等材料。

3）氧化焰。氧化焰形状如图 4—1c 所示，是氧气与乙炔的混合比大于 1.2 时混合气体燃烧形成的火焰。

由于氧化焰含氧较多，氧化反应剧烈，焰芯、内焰及外焰都缩短，焰芯较短，内焰几乎看不到，内焰与外焰界限不明显，好像由焰芯和外焰两部分组成，焰芯呈淡紫色，外焰呈蓝色，火焰挺直，燃烧时发出急剧的“嘶嘶”声。氧气的比例越大，整个火焰就越短，噪声也就越大。

氧化焰的温度为 3 100～3 400℃。氧化焰有过剩的氧，具有较强的氧化性，焊接钢件时，容易产生气孔及变脆，一般只用于焊接黄铜、锰铜及镀锌铁皮等。因为焊接黄铜时，生成的氧化物薄膜覆盖在熔池表面，可以阻止锌、锡的蒸发。

氧化焰的温度较高，利用火焰加热时，为了提高效率，常使用氧化焰。

常用金属材料的气焊火焰选择可参考表 4—1。

**表 4—1　　常用金属材料的气焊火焰**

| 被焊材料 | 应用火焰 | 被焊材料 | 应用火焰 |
|---|---|---|---|
| 低碳钢 | 中性焰或轻微碳化焰 | 铬镍不锈钢 | 中性焰或轻微碳化焰 |
| 中碳钢 | 中性焰或轻微碳化焰 | 纯铜 | 中性焰 |
| 低合金钢 | 中性焰 | 锡青铜 | 轻微氧化焰 |
| 高碳钢 | 轻微碳化焰 | 黄铜 | 氧化焰 |
| 灰铸铁 | 碳化焰或轻微碳化焰 | 铝及其合金 | 中性焰或轻微碳化焰 |
| 高速钢 | 碳化焰 | 铅、锡 | 中性焰或轻微碳化焰 |

续表

| 被焊材料 | 应用火焰 | 被焊材料 | 应用火焰 |
|---|---|---|---|
| 锰钢 | 轻微氧化焰 | 蒙乃尔合金 | 碳化焰 |
| 镀锌铁皮 | 轻微氧化焰 | 镍 | 碳化焰或轻微碳化焰 |
| 铬不锈钢 | 中性焰或轻微碳化焰 | 硬质合金 | 碳化焰 |

（4）气焊的应用范围。气焊具有设备简单、操作灵活、火焰容易控制等特点，因此在机械、锅炉、容器、管道、电力、船舶及金属结构等方面都有应用，主要用于薄、小工件及低熔点材料的焊接，也广泛用于铸铁零件焊补等。另外，气焊火焰常被用来作为钎焊的热源，如钎焊硬质合金刀具、纯铜等，也可作为矫正构件变形的热源。

**2. 气割工作原理及应用**

（1）气割工作原理。气割是利用可燃气体与助燃气体，通过割炬进行混合后，使混合气体发生剧烈燃烧，利用燃烧放出的热量将工件切割处加热至燃烧温度，同时割炬中喷出高压切割氧气流，使切口处金属发生剧烈燃烧，并将燃烧后的金属氧化物吹除，从而实现切割的过程。

气割过程包括以下三个阶段。

第一阶段：气割开始时，用预热火焰将起割处的金属预热到燃烧温度（燃点）。

第二阶段：向被加热到燃点的金属喷射切割氧，使金属剧烈地燃烧。

第三阶段：金属燃烧氧化后生成熔渣并产生反应热，熔渣被切割氧吹除。

金属气割过程实质上是金属在纯氧中的燃烧过程，而并非熔化过程。

不是所有的金属都能应用气割进行切割作业，具备以下几个条件的金属材料才能应用气割进行切割作业。

1）被切割金属的熔点应高于燃点，这是气割的最基本条件，只有这样才能保证金属在固态下被气割，否则金属首先被熔化，此时液态金属流动性很大，熔化的金属边缘凹凸不平，难以获得平整的切口而呈现熔割状态。

2）气割形成的熔渣的熔点低于金属的熔点，只有这样才不会在切口表面形成难以吹除的氧化物薄膜。

3）金属在氧气中燃烧时能够释放出大量的热，这样除可以补偿被切割金属散热外，还可以保证下层金属具有足够的预热温度，使切割过程连续进行。金属切割过程中需要的热量，多数是靠金属本身燃烧生成的，只有少部分是通过预热得到的。

普通碳钢和低合金钢符合上述条件，气割性能较好。高碳钢及含有易淬硬元素（如铬、钼、钨、锰等）的中合金和高合金钢，气割性能较差。奥氏体不锈钢含有较多的铬和镍，易形成高熔点的氧化膜，不能采取气割加工。铜和铝的导热性好（铝的氧化物熔点高），它们都属于较难气割或不能气割的金属材料。

（2）气割的特点

1）设备简单、移动方便。

2）切割效率高，成本低。

3）气割操作灵活，能够在各种位置进行切割，可以迅速改变切割方向，切割大型工件时，不用移动工件便可完成。

4）气割工件的尺寸公差大于机械切割。

5）容易引发火灾、爆炸、烫伤、烧伤等安全事故。

6）气割材料的种类受限制，部分金属（如铜、铝、不锈钢及铸铁等）不能用气割加工。

（3）气割应用范围。气割被广泛地应用于低碳钢、低合金钢的下料、加工焊接坡口等方面。当切割淬硬性倾向大的高碳钢和强度等级较高的低合金高强度钢时，为了避免切口淬硬和产生裂纹，应采取适当加大预热火焰功率和放慢切割速度等措施，必要时，在气割前对钢材进行适当预热。

## 二、气焊与气割常用气体

### 1. 氧气

（1）氧气的物理性质。在常温下，氧气是一种无色、无味、无毒的气体，其分子式为 $O_2$。标准状态下，氧气的密度为 1.429 kg/m³，比空气重。氧气在－183℃时，气态氧气变为极易挥发的液态氧；当温度降低到－218℃时，液态氧则变成淡蓝色的固态氧。

工业用的氧气是采取空气低温分离的方法制取的。首先用制氧机将空气压缩、冷却而液化，然后在低温条件下蒸发，根据各种气体蒸发温度点不同的特点制取氧气，最终采用压缩机将氧气压缩到钢瓶内。

（2）氧气的化学性质

1）氧气本身不能燃烧，但其化学性质极为活泼，是一种助燃气体，能够与可燃气体发生剧烈的燃烧，得到高温火焰。

2）氧气与可燃气体和可燃液体混合可产生强烈的氧化现象，形成爆炸混合物，形成的爆炸极限很宽，遇到明火或高温条件即可发生爆炸。

气焊、气割使用的氧气纯度分为两个级别：一级氧气纯度不低于 99.2%，二级氧气纯度不低于 98.5%。氧气纯度越高，与可燃气体混合燃烧的火焰温度就越高，氧气纯度直接影响着气焊、气割工艺质量和效率。一般情况下二级纯度的氧气就可以满足气割要求。

### 2. 乙炔

乙炔是一种无色气体，分子式为 $C_2H_2$。乙炔气俗称电石气，在标准状态下，乙炔密度为 1.17 kg/m³，比空气轻。工业用乙炔因含有硫化氢和磷化氢等杂质，故带有一种臭味和毒性。

乙炔是可燃气体，它与空气混合燃烧时所产生的火焰温度为 2 350℃，而与氧气混合燃烧时所产生的火焰温度为 3 000～3 300℃，能够迅速熔化金属进行焊接与切割。乙炔在丙酮中的溶解度较大，在温度为 15℃、压力为 0.1 MPa 时，1 L 丙酮能够溶解23 L乙炔；当压力增大到 1.42 MPa 时，1 L 丙酮能够溶解 400 L 乙炔。人们利用乙炔能够大量溶于丙酮中这个特性，将乙炔装入乙炔瓶内来储存、运输及使用。

乙炔是一种具有爆炸危险的气体，乙炔气体未与其他气体混合，而在一定条件下自行分解爆炸的现象称为乙炔自爆。当乙炔压力为 0.15 MPa、温度为 580℃时就可能发生爆炸。当乙炔在空气中浓度为 2.2%～81%或在氧气中浓度为 2.8%～93%时，遇到明火就会立即发生爆炸。

乙炔与铜或银长期接触会产生一种爆炸性的化合物，即乙炔铜和乙炔银，当受到剧烈振动、剧烈摩擦或被加热到 110～120℃时就会发生爆炸，所以凡与乙炔接触的器具绝对禁止使用银及铜合金制造。

乙炔与氯、次氯酸盐等含氯的强氧化剂化合，遇到日光照射或加热等外界条件，就会发生燃烧或爆炸，所以在扑救乙炔火灾时，严禁使用四氯化碳灭火器灭火。

**3. 液化石油气**

液化石油气是石油炼制过程中的副产品，主要成分为丙烷、丁烷、丁烯、丙烯等碳氢化合物的混合物。常温常压下，液化石油气中的各种物质以气态存在，当压力达到 0.8～1.5 MPa 时即变为液态。

液化石油气在气态时是一种略带臭味的无色气体，标准状态下密度为 1.8～2.5 kg/m³，比空气重，因此泄漏出来的石油气容易存积在低洼处。液态液化石油气比水轻，能够漂浮在水面上，随水漂流。

液化石油气燃烧温度较乙炔低，作为液化石油气中主要成分的丙烷在氧气中燃烧温度为 2 000～2 850℃，用于气割时，金属预热时间相对稍长，但可减少切口边缘的过烧，切口质量较好，切割多层板时不粘连。

液化石油气只能用明火点燃。液化石油气用于气割时较乙炔气成本低，但完全燃烧时需要的氧气量比乙炔所需氧气量大。

## 三、气焊与气割常用器具及材料

**1. 气瓶**

（1）氧气瓶

1）瓶体。氧气瓶是储存和运输氧气的一种专用高压容器。氧气瓶的形状和构造如图 4—2 所示。目前，工业中常用的氧气瓶规格是：瓶体外径为 219 mm，瓶体高度为 1 370 mm，容积为 40 L，当压力为 15 MPa 时，储存 6 m³ 氧气。氧气瓶由瓶体、瓶阀、胶圈、瓶箍及瓶帽五部分组成。

瓶体外部装有两个防振胶圈，瓶体表面为天蓝色，并用黑漆标注“氧气”字样。制造时把瓶底压成凹形弧面，目的是使氧气瓶直立放置时能够平稳。氧气瓶运输时应套上瓶帽，以保护瓶阀免遭撞击。

氧气瓶出厂前要经过严格检验，并通过工作压力 1.5 倍的水压试验。使用过程中应按规定年限对气瓶进行复验，复验内容包括水压试验和瓶体腐蚀程度检查。

2）瓶阀。瓶阀是控制氧气瓶内气体进出的阀门，目前多采用的是活瓣式阀门，其构造如图 4—3 所示。活瓣式阀门由阀体、密封垫圈、手轮、压紧螺母、阀杆、开关板、活门及安全装置等组成。阀体两端分别连接瓶体和减压器，阀体的出口背面设有安全装置，由安全膜片、安全垫圈及操作帽组成，当瓶体压力达到 17.64 MPa 时，安全膜片即爆破，从而放气泄压，达到保护气瓶安全的目的。

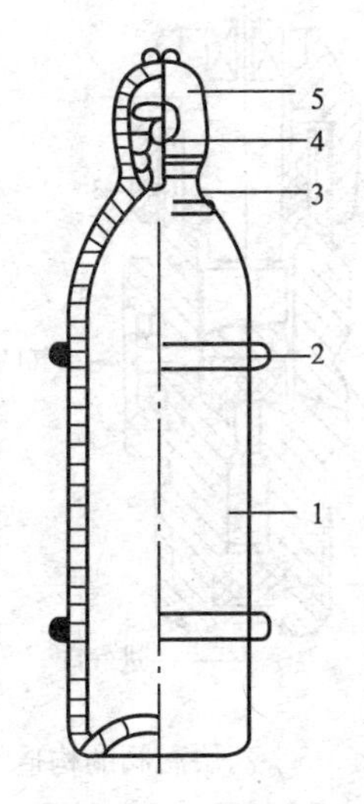


图 4—2　氧气瓶的构造

1—瓶体　2—胶圈　3—瓶箍

4—瓶阀　5—瓶帽

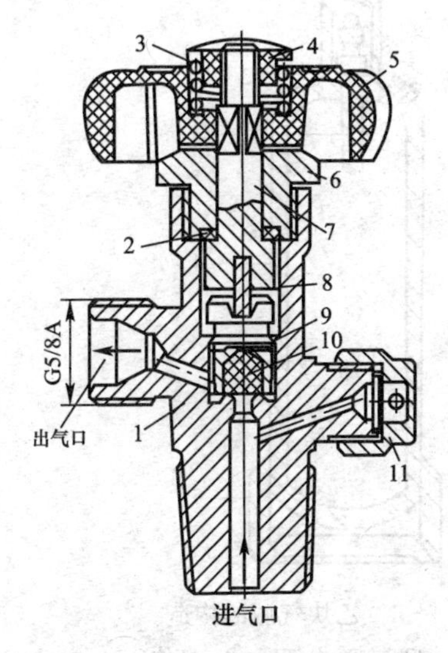


图 4—3　活瓣式氧气瓶阀的构造

1—阀体　2—密封垫圈　3—弹簧　4—弹簧压帽

5—手轮　6—压紧螺母　7—阀杆　8—开关板

9—活门　10—气门　11—安全装置

使用时，如将手轮逆时针方向旋转，则开启瓶阀；顺时针方向旋转，则关闭瓶阀。



(2) 乙炔瓶

1) 瓶体。乙炔瓶是一种储存和运输乙炔的压力容器，其形状和氧气瓶相似，较氧气瓶矮，但较氧气瓶粗些，容积为 40 L，能溶解 6～7 kg 乙炔。

乙炔瓶主要由瓶体、微孔填料、瓶阀、分解网、瓶座等组成，如图 4—4 所示。瓶内有微孔填料填充其中，填料中浸满丙酮。使用时，丙酮中溶解的乙炔分解出来，而丙酮则留在瓶中。瓶内微孔填料一般由硅酸钙构成，具有轻质、多孔的特点。

乙炔瓶体表面涂有白漆，并印有“乙炔气瓶”“不可近火”等红色字样。为使气瓶能够平稳放置，在瓶底部装有底座。为保证气瓶安全使用，在靠近收口处装有易熔塞，当气瓶温度高于 100℃时，易熔塞即熔化，瓶内气体泄出。乙炔气瓶出厂前，需经过严格检验，包括水压试验及气密试验。开始使用后应按规定年限对气瓶进行检验，发现渗漏或填料空洞现象，应报废或更换。乙炔瓶使用时应控制排放量，排放量过大时会连同丙酮一起喷出，造成危险。

2) 瓶阀。乙炔瓶阀是控制乙炔瓶内气体进出的阀门，构造如图 4—5 所示。乙炔瓶阀主要包括阀体、阀杆、密封圈、压紧螺母、活门及过滤件等部分。乙炔阀门没有手轮，活门开启和关闭是靠方孔套筒扳手完成的。用方孔套筒扳手逆时针方向旋转阀杆上端的方形头，活门向上移动，开启阀门；反之关闭阀门。乙炔瓶阀的出口处无螺纹，使用减压器时必须带有夹紧装置与瓶阀结合。

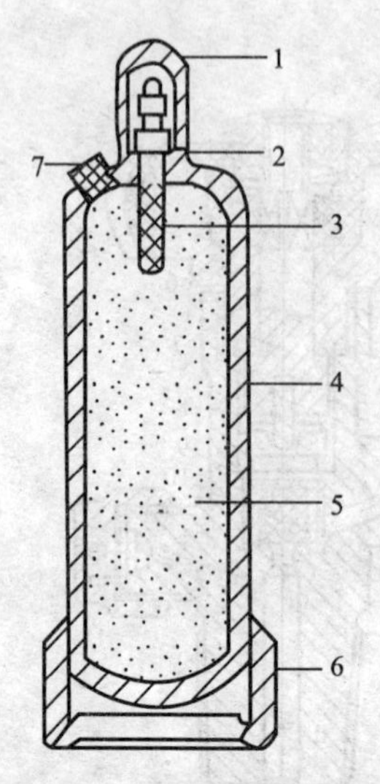


图 4—4　乙炔气瓶的构造

1—瓶帽　2—瓶阀　3—分解网　4—瓶体　5—微孔填料（硅酸钙）　6—瓶座　7—易熔塞

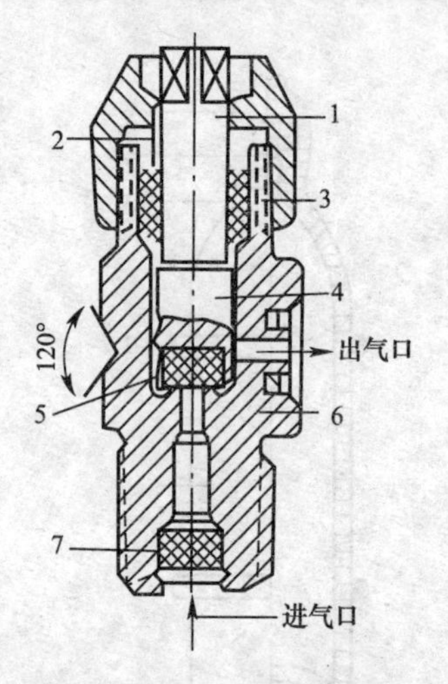


图 4—5　乙炔瓶阀的构造

1—阀杆　2—压紧螺母　3—密封圈　4—活门　5—尼龙垫　6—阀体　7—过滤件

(3) 液化石油气瓶。液化石油气瓶是储存液化石油气的专用容器，由瓶体、瓶阀、底座及瓶阀护圈等组成，如图 4—6 所示。常用气瓶储量分别为 10 kg、15 kg、36 kg 等规格，气瓶工作压力约为 1.6 MPa。瓶体表面为银灰色，并有“液化石油气”红色字样。液化石油气瓶出厂前需经过严格检验，包括水压试验。使用过程中应按照规定时间进行检验。



**2. 减压器及橡胶软管**

减压器是将高压气体降为低压气体的调节装置。减压器同时还有稳压作用，使工作中输出的低压气体压力稳定，满足气焊、气割工作需要。

(1) 氧气减压器。常见的氧气减压器分为单级和多级两种，目前经常使用的是 QD—1 型单级反作用式减压器，其内部构造及工作原理如图 4—7 所示。

氧气减压器工作原理为：氧气进入减压器的高压室，高压表显示出瓶内气体压力，气焊或气割开始工作时转动调节螺钉，调节弹簧压力，通过薄膜将压力作用到活门顶杆上，并顶开减压活门，使低压室与高压室间出现了缝隙通道，这样高压室内的气体就通过缝隙流入低压室内。气体从高压室流入低压室内时，体积发生了膨胀，从而使压力降低，这就是减压器的作用。低压表显示的是减压后气体的压力，即流入焊、割炬的气体压力。

减压器的稳压作用原理为：减压器工作时，弹性薄膜受到两个方向相反的作用力，一侧为主弹簧压力，另一侧为副弹簧压力及低压氧气向下的压力。当两侧作用力相等时，减压器内处于稳定状态，活门的缝隙大小不变，氧气稳定流出。当氧气使用量减少时，低压室氧气压力增加，推动弹性薄膜，使活门关小，高压室内氧气进入低压室的流量减小，当薄膜片受到的主弹簧压力与相反方向的副弹簧压力及低压氧气向下的压力相等时，减压器内又达到了平衡。反之亦如此。减压器就是利用弹性薄膜受两个方向相反作用力的平衡原理来控制活门缝隙的大小和进气量，保证低压室内氧气的工作压力稳定。

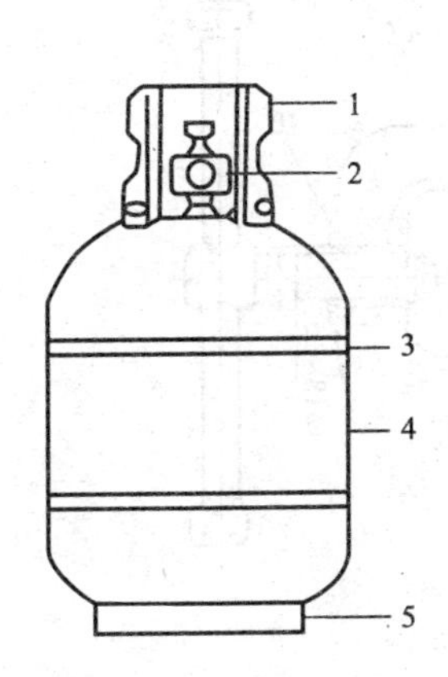


图 4—6　液化石油气瓶

1—瓶阀护圈　2—瓶阀　3—焊缝　4—瓶体　5—底座

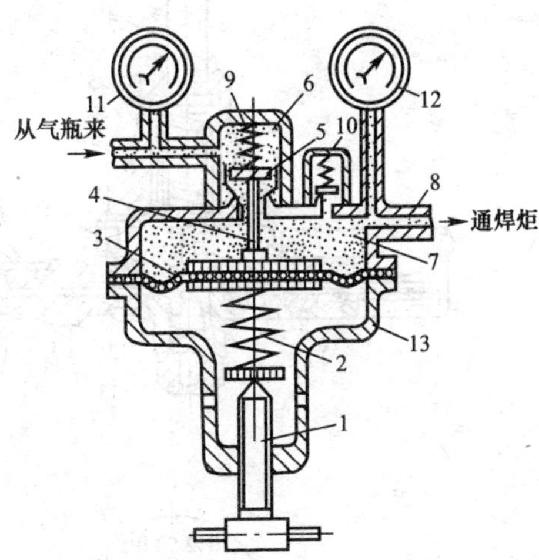


图 4—7　单级反作用式减压器工作原理

1—调节螺钉　2—主弹簧　3—薄膜片　4—活门顶杆　5—减压活门　6—高压室　7—低压室　8—出气口　9—副弹簧　10—安全阀　11—高压表　12—低压表

在减压器上还装有与低压室相通的安全阀，当减压器因出现故障而使低压室超过额定压力时，安全阀自动开启，使超压气体泄出，从而起到了安全作用。

单级反作用式减压器具有结构简单，便于维修等特性。它只能使低压室输出气体保持基本稳定压力。另外，冬季使用中易发生结冻。

(2) 乙炔减压器。乙炔减压器的构造、原理及使用方法与氧气减压器基本相同，只是零件尺寸、形状及材料不同。另外，乙炔减压器与乙炔瓶体采取夹环和紧固螺钉固定。乙炔减压器外壳为白色，氧气减压器外壳为蓝色。目前经常使用的减压器是 QD—20 型单级乙炔减压器，其内部构造如图 4—8 所示。

乙炔减压器进口最高压力一般为 2 MPa，工作压力为 0.01～0.15 MPa。乙炔减压器同样也装有安全阀，当输出压力大于 0.18 MPa 时开始泄压，在输出压力达到 0.24 MPa时安全阀打开。

乙炔减压器本体上装有高、低压表，量程分别为 0～2.5 MPa 和 0～0.25 MPa。

为了防止乙炔使用中发生回火爆炸，在乙炔通路上要安装回火防止器，通常在乙炔减压器的出口处安装小型的干式回火防止器，使减压器与回火防止器形成一个整体，使用方便。

(3) 液化石油气减压器。液化石油气减压器的作用是降压和稳压，输出压力可在一定范围内调节。民用减压器便可用于切割一般厚度的金属。

(4) 橡胶软管及管接头

1) 橡胶软管。氧气及乙炔瓶中的气体由橡胶软管输送到焊、割炬中。胶管必须能够承受足够的压力，并要求质地柔软。胶管按所输送的气体不同，分为氧气胶管和乙炔

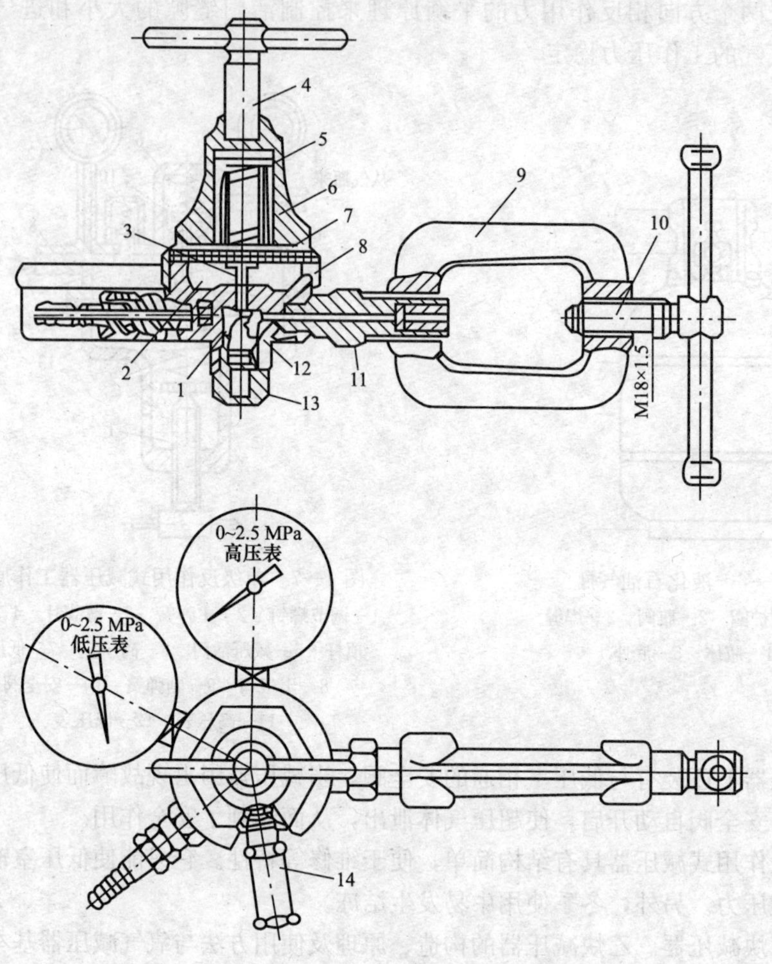


图 4—8 QD—20 型单级乙炔减压器的构造

1—减压活门 2—低压气室 3—活门顶杆 4—调节螺钉 5—调压弹簧
6—罩壳 7—弹性薄膜装置 8—本体 9—夹环 10—紧固螺栓
11—过滤接头 12—高压气室 13—副弹簧 14—安全阀



胶管。根据 GB/T 2550—2007《气体焊接设备焊接、切割和类似作业用橡胶软管》的规定，氧气胶管为蓝色，乙炔胶管为红色，由内外胶层和中间纤维层组成。

若需要橡胶软管较长时，可根据实际情况，将橡胶软管用气管接头连接起来使用，但必须用卡子或细铁丝扎牢。使用中严禁两种胶管相互代替。新的橡胶软管首次使用时，应用压缩空气把橡胶管内壁的滑石粉吹干净，以防焊炬（或割炬）的各通道被堵塞。使用时胶管不要沾染油脂，并防止烫坏、扎坏。对于老化及烧损的胶管应及时更换，以免发生安全事故。

2）管接头。管接头是用来连接橡胶软管与减压器、焊割炬等的专用接头。常用管接头形式有三种，如图 4—9 所示。管接头上的凹槽主要有两个作用：一是起密封作用，二是起防脱落作用。为了便于区分乙炔和氧气的接口，在乙炔接头的螺母上刻有 1～2 条凹槽。

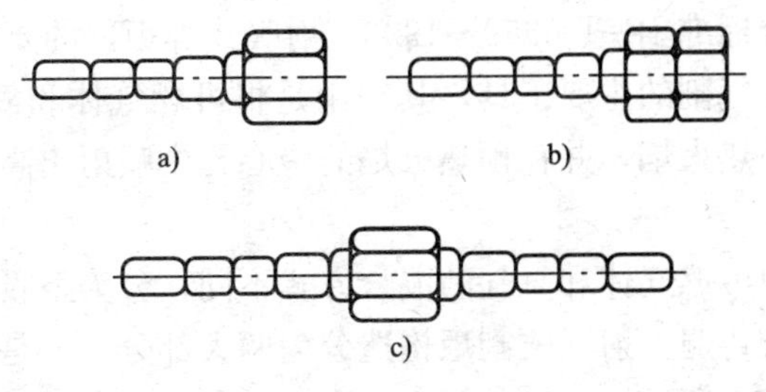


图 4—9　管接头形式

a）连接氧气皮管用的接头　b）连接乙炔管用的接头

c）连接两根橡胶软管用的接头

### 3. 焊炬、割炬

（1）焊炬。焊炬是气焊的主要工具，其功用是将可燃气体和氧气按比例混合，以一定流速喷出，形成具有一定能量的稳定焊接火焰，进行焊接工作。

根据可燃气体和助燃气体混合方式不同，焊炬可分为射吸式和等压式两类。目前使用的焊炬通常是射吸式，射吸式焊炬的构造如图 4—10 所示。

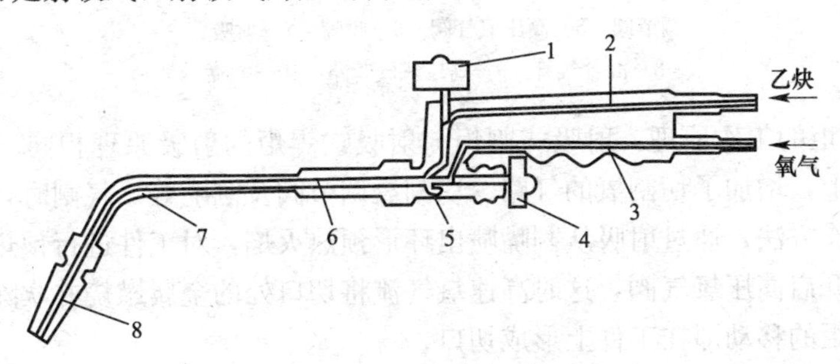


图 4—10　射吸式焊炬构造

1—乙炔调节阀　2—乙炔进气管　3—氧气进气管　4—氧气调节阀　5—喷嘴　6—射吸管　7—混合气管　8—焊嘴

射吸式焊炬的工作原理：打开焊炬上的氧气调节阀，氧气从直径非常小的喷嘴快速喷出，并在喷嘴周围形成负压，再打开乙炔调节阀，这时氧气便将聚集在喷嘴周围的低压乙炔快速吸出，混合后经过射吸管、混合气管，最后从焊嘴喷出。因为乙炔的流动是靠氧气的射吸作用实现的，故称为射吸式焊炬。

射吸式焊炬的优点是可以使用低压乙炔正常工作；缺点是焊接过程中由于焊炬前端温度较高，以致混合气体成分不稳定。所以在焊接时要注意焊嘴喷出火焰的形状与颜色变化，必要时停止焊接，冷却焊嘴，然后再焊接。

焊炬主体由黄铜制成，在手柄前端为乙炔调节阀，手柄下端为氧气调节阀。顺时针或逆时针方向旋转两个阀门，可以控制乙炔和氧气的开关，同时可以调节气体流量。

每个焊炬都配有不同规格的多个焊嘴，每个焊嘴上刻有不同阿拉伯数字，数字小的焊嘴孔径小，数字大的孔径大，焊接时可根据材料、板厚选用所需的焊嘴。

射吸式焊炬应符合标准 JB/T 6969—1993《射吸式焊炬》的要求。

（2）割炬。割炬是气割的主要工具，其功用是将可燃气体和氧气以一定比例混合，形成具有一定热量的预热火焰，并在预热火焰的中心孔中喷射出高压氧气流，达到切割金属的目的。

割炬按预热火焰中可燃气体和氧气的混合方式不同，分为射吸式和等压式两种，其中射吸式割炬使用比较普遍。射吸式割炬构造分为两大部分，一是预热部分，二是切割部分，其构造如图 4—11 所示。

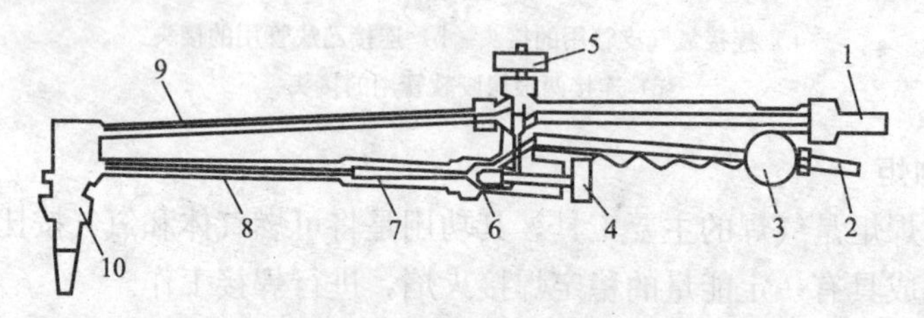


图 4—11　射吸式割炬构造

1—氧气入口　2—乙炔气入口　3—乙炔调节阀　4—氧气调节阀　5—高压氧气阀　6—喷嘴　7—射吸管　8—混合气管　9—高压氧气管路　10—割嘴

射吸式割炬的工作原理：射吸式割炬与射吸式焊炬的射吸原理相同，只是在射吸式焊炬的基础上，增加了切割氧的气路、切割氧调节阀及割嘴等。气割时，首先按照射吸式焊炬的操作方法，通过射吸从割嘴喷出环形预热火焰，对工件进行预热，待工件预热到燃点后，开启高压氧气阀，这时高速氧气流将切口处的金属燃烧并吹除燃烧后的氧化物。随着割炬的移动即在工件上形成切口。



割炬的割嘴与焊炬的焊嘴不同，割炬的割嘴分为环形和梅花形等，而焊炬的焊嘴为一个圆孔，两者的比较如图 4—12 所示。

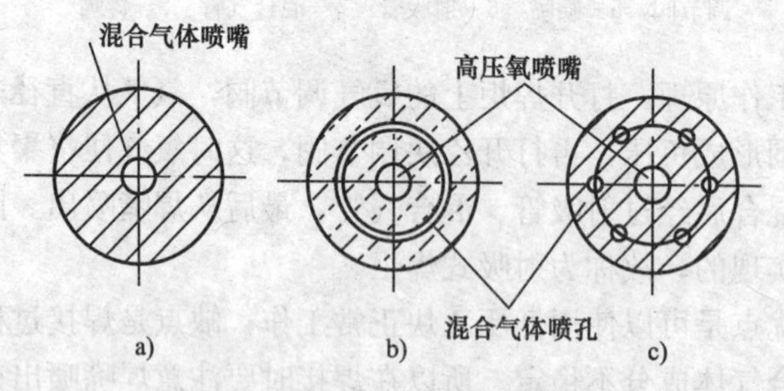


图 4—12　割嘴与焊嘴的截面结构比较

a）焊嘴　b）环形割嘴　c）梅花形割嘴

（3）焊炬和割炬的型号及参数

1）焊炬的型号及参数

①焊炬型号。常用射吸式焊炬的型号由汉语拼音字母 H、类别序号及规格组成。例如：H01—6 表示手工操作的，可焊接最大厚度为 6 mm 的射吸式焊炬。

②焊炬技术参数。常用射吸式焊炬的主要技术参数见表 4—2。

表 4—2　　射吸式焊炬的主要技术参数

| 焊炬型号 | H01—20 | | | | | H02—1 | | |
|---|---|---|---|---|---|---|---|---|
| 焊嘴号码 | 1 | 2 | 3 | 4 | 5 | 1 | 2 | 3 |
| 焊嘴孔径（mm） | 2.4 | 2.6 | 2.8 | 3.0 | 3.2 | 0.5 | 0.7 | 0.9 |
| 焊接范围（mm） | 10～12 | 12～14 | 14～16 | 16～18 | 18～20 | 0.2～0.4 | 0.4～0.7 | 0.7～1.0 |
| 氧气压力（MPa） | 0.6 | 0.65 | 0.7 | 0.75 | 0.80 | 1 | 0.15 | 0.2 |
| 乙炔压力（MPa） | 0.001～0.1 | | | | | 0.98～98 | | |
| 氧气消耗量（$m^3/h$） | 1.25 | 1.45 | 1.65 | 1.95 | 2.25 | 0.016～0.018 | 0.045～0.05 | 0.10～0.12 |
| 乙炔消耗量（$m^3/h$） | 1 500 | 1 700 | 2 000 | 2 300 | 2 600 | 20～22 | 55～65 | 110～130 |

2）割炬的型号及参数

①割炬型号。割炬型号表示方法与焊炬基本相同，由汉语拼音字母 G、类别序号及规格组成。

②割炬技术参数。常用射吸式割炬的主要技术参数见表 4—3。

表 4—3　　射吸式割炬的主要技术参数

| 割炬型号 | 割嘴号码 | 割嘴孔径（mm） | 切割厚度范围（低碳钢）（mm） | 气体压力（MPa） | | 气体消耗量（$m^3/h$） | |
|---|---|---|---|---|---|---|---|
| | | | | 氧气 | 乙炔 | 氧气 | 乙炔 |
| G01—30 | 1 | 0.7 | 3.0～10 | 0.20 | 0.001～0.1 | 0.8 | 0.21 |
| | 2 | 0.9 | 10～20 | 0.25 | | 1.4 | 0.24 |
| | 3 | 1.1 | 20～30 | 0.3 | | 2.2 | 0.31 |
| G01—100 | 1 | 1.0 | 20～40 | 0.3 | | 2.2～2.7 | 0.35～0.4 |
| | 2 | 1.3 | 40～60 | 0.4 | | 3.5～4.2 | 0.4～0.5 |
| | 3 | 1.6 | 60～100 | 0.5 | | 5.5～7.3 | 0.5～0.61 |
| G01—300 | 1 | 1.8 | 100～150 | 0.5 | | 9.0～10.8 | 0.68～0.78 |
| | 2 | 2.2 | 150～200 | 0.65 | | 11～14 | 0.8～1.1 |
| | 3 | 2.6 | 200～250 | 0.8 | | 14.5～18 | 1.15～1.2 |
| | 4 | 3.0 | 250～300 | 1.0 | | 19～26 | 1.25～1.6 |

（4）焊炬、割炬的回火原因。气焊、气割发生回火的原因是火焰燃烧速度大于可燃气体流速。具体原因有以下几方面。

1）焊炬、割炬前端部分，尤其是割嘴温度过高，使混合气管中的气体发生热膨胀，压力增高，阻力增大，妨碍了可燃气体的供应。

2）乙炔压力过低或乙炔胶管堵塞、折叠等。

3）焊嘴、割嘴与熔池距离过小，被金属飞溅堵塞，不能保持正常流量。

4）焊炬、割炬不严密，氧气窜入乙炔通道中。

**4. 气焊、气割辅助工具**

气焊、气割时常用的辅助工具包括护目镜、通针、点火工具、钢丝刷、锤子、锉刀、扳手、钢丝钳等。

(1) 护目镜。进行气焊、气割时，操作人员佩戴护目镜可以保护眼睛免受刺激伤害，并且可以较好地观察熔池的情况，防止飞溅伤眼。为达到理想的效果，使用的护目镜应颜色深浅适当，根据光线强弱一般选用 3～7 号遮光玻璃，并以黄绿色为佳。

(2) 点火工具。气焊、气割中，往往选用不同的点火工具点火，其中比较安全可靠的是手枪式打火机或点火器，当采用火柴或普通打火机点火时，必须从焊嘴或割嘴的后面送火点燃，以防烧手。丙烷类燃气焊割点火应采用明火点燃。

(3) 通针。通针多采用不锈钢丝制成，用于清除割嘴等火焰通道中的杂物，使气体畅通流出。

(4) 其他工具。气焊、气割中用于清理焊缝和割口边缘的工具有钢丝刷、锤子、錾子、钳工锉等，用于开启气瓶及连接气体通道的工具有扳手等。

5. 气焊材料

(1) 焊丝。焊丝的种类和牌号应根据母材的化学成分、力学性能等来选择，有时也可用母材上切下的金属条作为焊丝。

焊接低碳钢时常用的焊丝牌号有 H08A、H08MnA 等，其直径一般为 2～4 mm。除此以外，还有低合金钢焊丝、不锈钢焊丝、铸铁焊丝、铝及铝合金焊丝、铜及铜合金焊丝等，这些焊丝都有相应的国家标准，焊接时根据被焊金属的成分、特点选用。焊丝使用前，应清除表面上的油、锈等污物。不允许使用不明牌号的焊丝进行焊接。

(2) 熔剂。焊接有色金属、铸铁和不锈钢时，还应加入熔剂，用以消除覆盖在焊材及熔池表面上的难熔的氧化膜和其他杂质，并在熔池表面形成熔渣，保护熔池金属不被氧化，排除熔池中的气体、氧化物及其他杂质，提高熔化金属的流动性，保证焊缝质量和成型。



## 第二节　气焊、气割操作技术

→ 掌握气焊、气割的基本操作技术
→ 能够正确选择气焊、气割工艺参数
→ 能够进行平板及管的气焊、气割

### 一、气焊操作技术

1. 工艺参数选择

气焊工艺参数应根据被焊工件的材质、规格及焊接位置等进行选择。合理的焊接工艺参数是保证焊接质量的重要条件。焊接工艺参数包括火焰种类、火焰能率、焊丝直径、焊嘴倾斜角度、焊丝倾角及焊接速度等。

（1）火焰种类。气焊火焰种类主要根据被焊工件材质进行选择，低碳钢焊接一般选择中性火焰，高碳钢、铸铁焊接一般选择碳化焰，焊接黄铜、镀锌铁皮时可选择氧化焰。

（2）焊丝直径。焊丝直径主要根据焊件的厚度、焊缝的空间位置及焊接坡口形式等进行选择。焊件厚度越厚，选择的焊丝应越粗。焊丝直径与焊件厚度的关系见表 4—4。

**表 4—4　焊丝直径与焊件厚度的关系**　mm

| 焊件厚度 | 1.0～2.0 | 2.0～3.0 | 3.0～5.0 | 5.0～10.0 | 10～15 |
|---|---|---|---|---|---|
| 焊丝直径 | 1.0～2.0<br>或不用焊丝 | 2.0～3.0 | 3.0～4.0 | 3.0～5.0 | 4.0～6.0 |

（3）火焰能率。气焊火焰能率指气焊过程中每小时消耗的混合气体量，单位用 L/h 表示。焊炬型号及焊嘴号码大小决定着混合气体的消耗量。焊嘴孔径越大，消耗气体量越多。焊炬型号及焊嘴号码大小主要根据焊件的厚度、金属材料热物理性质及焊缝空间位置等因素来选择。焊接薄小、熔点较低及导热性差的金属工件时，可选用较小型号的焊炬及焊嘴号码，即选用较小的火焰能率，以免焊件被焊穿和使焊缝组织过热；相反情况下，则选择较大型号的焊炬及焊嘴号码，即选择较大的火焰能率进行焊接，确保焊件被焊透。

（4）焊嘴倾斜角度。焊嘴倾斜角度是指焊接中焊嘴与工件之间的夹角，也称倾角，如图 4—13 所示。焊嘴倾角大小根据工件厚度、焊嘴大小及施焊位置等确定。焊嘴倾角大，则火焰集中，热量损失小，工件受热量大，升温快；焊嘴倾角小，则火焰分散，热量损失大，工件受热量小，升温慢。所以，实际焊接中应根据工件厚度、熔点高低及导热性好坏等灵活掌握。厚大、熔点高及导热性好的工件焊接时，焊嘴倾角应大些；厚度较小、熔点较低及导热性较差的工件焊接时，焊嘴倾角应小些。同一工件，开始焊接时，工件温度很低，此时焊嘴倾角要大些，以使工件充分受热尽快形成熔池；熔池形成后，应使焊嘴倾角迅速改变为正常；焊接结束时，为使熔池填满且不使焊缝端部过热，需要将焊嘴适当提高，逐渐减小倾角。

（5）焊丝倾角。焊丝倾角是指焊接过程中焊丝与工件之间的夹角，一般为 30°～40°，而焊丝相对焊嘴的角度为 90°～100°，如图 4—14 所示。

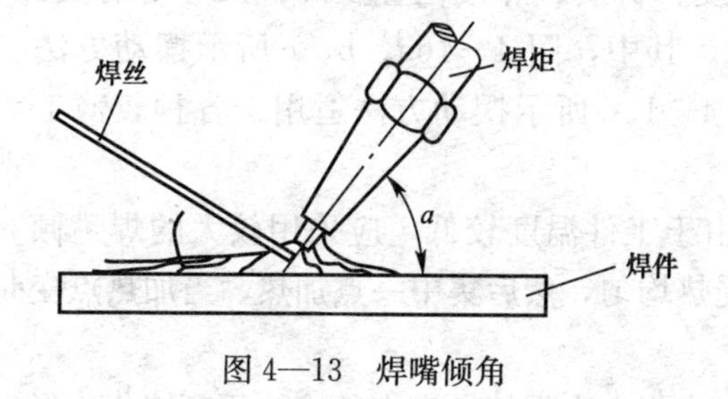


图 4—13　焊嘴倾角

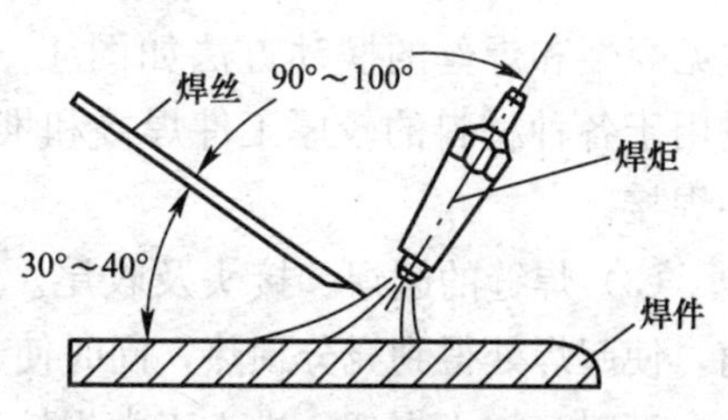


图 4—14　焊炬与焊丝的位置

（6）焊接速度。焊接速度直接影响生产率和产品质量。根据不同情况，必须选择相应的焊接速度，以提高生产率。

一般说来，对厚度大、熔点高的焊件，焊接速度应慢些，以免产生未熔合、未焊透等缺陷；对厚度小、熔点低的焊件，焊接速度应快些，以免焊穿或使焊件过热。

### 2. 气焊基本操作方法

（1）左焊法和右焊法。气焊操作分为左焊法和右焊法两种，如图 4—15 所示。

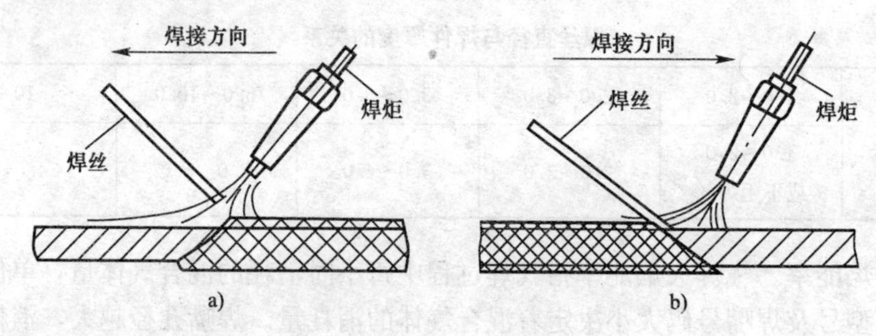


图 4—15　左焊法和右焊法

a）左焊法　b）右焊法

1）左焊法。焊丝与焊炬都是从焊缝右端向左端移动，焊丝在焊炬的前方，火焰指向焊件金属的待焊部分，这种操作方法叫做左焊法。

左焊法具有操作简单灵活、易于掌握的特点，特别适用于薄件及低熔点工件的焊接。左焊法是应用比较普遍的气焊方法。



2）右焊法。焊丝与焊炬从焊缝的左端向右端移动，焊丝在焊炬后面，火焰指向金属已焊部分，这种操作方法叫做右焊法。

右焊法具有降低熔池冷却速度、改善焊缝金属组织、减少气孔及夹渣等特点，并且还具有热量集中、熔深大的优点，但焊接操作困难。此种焊接方法适用于厚大工件及高熔点工件的焊接。

（2）气焊摆动方法。气焊操作中，焊炬及焊丝的摆动方法直接影响着焊接质量。通过适当的摆动操作，可以使焊缝金属熔透、均匀，并可避免焊缝金属过热及过烧。另外，通过摆动操作还可以使熔池中的氧化物及其他有害气体排出。

气焊常见的摆动方法包括：沿焊缝做横向摆动、沿焊缝前后移动、做上下跳动。焊炬和焊丝的摆动方法及摆动幅度与工件厚度、材质、焊接位置及焊缝尺寸等有关。常见焊炬和焊丝的摆动方法如图 4—16 所示。其中，图 4—16a、b、c 所示摆动方法适用于各种材料的较厚工件焊接和堆焊；图 4—16d 所示摆动方法适用于各种较薄工件焊接。

（3）焊缝的起焊、接头及收尾。起焊时由于工件温度较低，应采用较大的焊嘴倾角，使起焊处得到充分预热，同时使起焊处受热均匀，然后集中一点加热，当加热点变为白亮时，加入焊丝，进入正常焊接过程。

焊接过程中，当停顿后需要继续焊接时，应将上次焊接结束点的熔池重新熔化，形成熔池后再添加焊丝进行新的焊接。新焊道要与原焊道重叠 5～10 mm，为了不使焊道

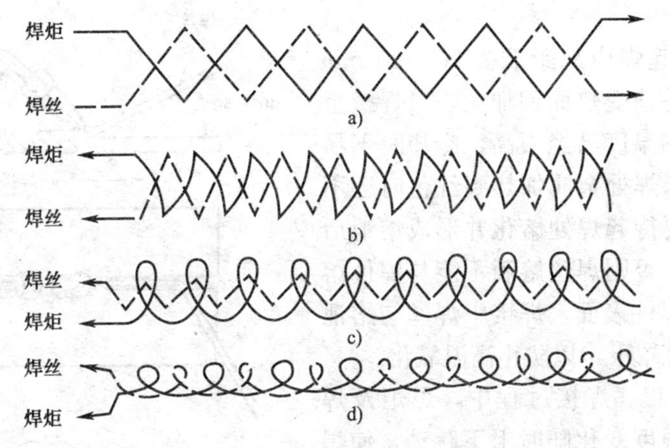


图 4—16 焊炬和焊丝的摆动方法

a）右焊法 b）、c）、d）左焊法

表面过高，应不加或少加焊丝。

当焊接到焊缝终点时，工件温度已经较高，应该加快焊接速度，防止焊穿。与此同时，焊炬与工件的夹角也应减小，并多加焊丝以降低熔池温度，等终点熔池填满后，火焰方可慢慢离开。

**3. 低碳钢板的焊接**

（1）焊前准备。焊接前，应将工件及焊丝表面的氧化物、油污、铁锈等清理干净，以免产生气孔、夹渣等缺陷。



薄板焊接定位焊应从工件中间开始，定位焊缝长度一般为 5～7 mm，间隔为 50～100 mm，定位焊缝焊接顺序如图 4—17 所示；厚板焊接定位焊应从两头开始，定位焊缝长度一般为 20～30 mm，间隔为 200～300 mm，定位焊缝焊接顺序如图 4—18所示。定位焊缝不宜过长，更不宜易过高及过宽。对于较厚的工件定位焊缝应有足够熔深，否则焊接时易造成焊缝高低不平、宽窄不一和熔合不良甚至定位焊缝开裂等现象。

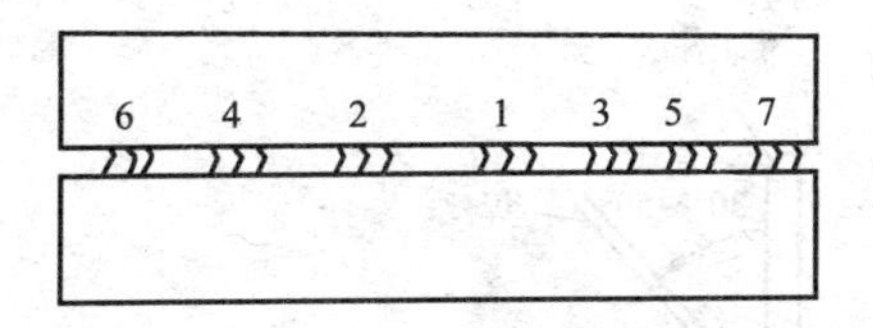


图 4—17 薄板定位焊缝焊接顺序

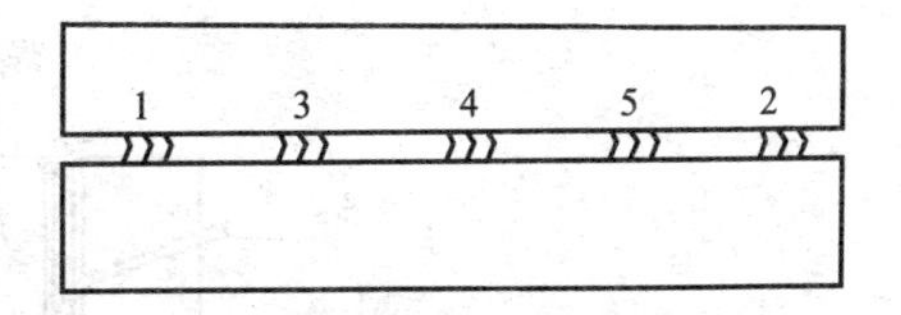


图 4—18 厚板定位焊缝焊接顺序

（2）板的平焊操作。平焊是气焊中最常见的焊接位置，板对接平焊是气焊的基础，其操作方法如图 4—19 所示。平焊操作容易，便于观察。平焊多采用中性火焰，采用左焊法，使焊嘴与焊件表面成 40°～50°夹角，火焰焰芯尖端与工件表面保持 2～3 mm 的距离，焊丝位于焰芯前 2～4 mm。焊炬要根据熔池温度变化适当地做上下跳动。焊接中当焊丝在熔池边缘被粘住时，不应用力往下硬拽，而应用火焰加热焊丝与工件连接处，焊丝便会自然脱落。为减小焊接变形，焊接中还要采取跳焊法或逐步退焊法等措施。

1）起焊。起焊应从距端头 20～30 mm 处开始，目的是使受热面积加大，当焊缝金属熔化时，周围温度已经很高，冷却时不易出现裂纹。当起焊处金属加热到红色时还不能加入焊丝，要待起焊处熔化并形成熔池后才可加入焊丝，否则焊丝熔滴不能与焊件熔合，只能敷在焊件表面。焊接中焊丝与熔池应该处于火焰笼罩下，以防止高温氧化。

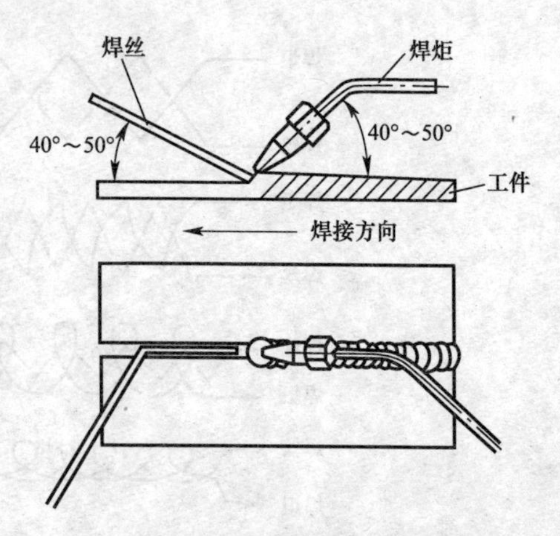

图 4—19　板平焊操作方法

2）焊接过程。焊接过程中，焊炬及焊丝应根据熔池温度变化随时上下跳动，使焊缝熔合良好，形成均匀的焊缝。另外，焊接过程中应根据熔池的变化，随时调节火焰能率大小及改变火焰性质。若熔池金属被吹跑，说明气流过大，应调小火焰能率，即调小氧气及乙炔流量；若焊缝过高，说明火焰能率过小，应调大火焰能率，即调大氧气及乙炔流量。若熔池有气泡、火花飞溅严重或熔池出现沸腾现象，说明火焰性质不对，应调节火焰为中性焰。

焊接中应始终保持熔池大小一致。若熔池过小，焊丝与工件熔合不好，说明热量不够，应增大焊嘴倾角，减慢焊接速度；若熔池过大，金属不流动，说明工件可能被烧穿，应加快焊接速度，减小焊嘴倾角，必要时可提起火焰，待熔池温度降到正常后再继续施焊。



3）收尾。焊接结束时，应将焊炬火焰缓慢提高，使熔池逐渐减小。为防止收尾时产生气孔、裂纹和凹坑，可在收尾时适当多填一些焊丝。

总之，在整个焊接过程中，要正确地选择焊接工艺参数和熟练运用操作方法，控制熔池温度和焊接速度，防止产生未焊透、焊穿等缺陷。

（3）板的立焊操作。立焊时，若操作控制不当，将出现熔池液态金属向下流淌的现象，因此对气焊操作技能要求较平焊要高。板立焊操作方法如图 4—20 所示。

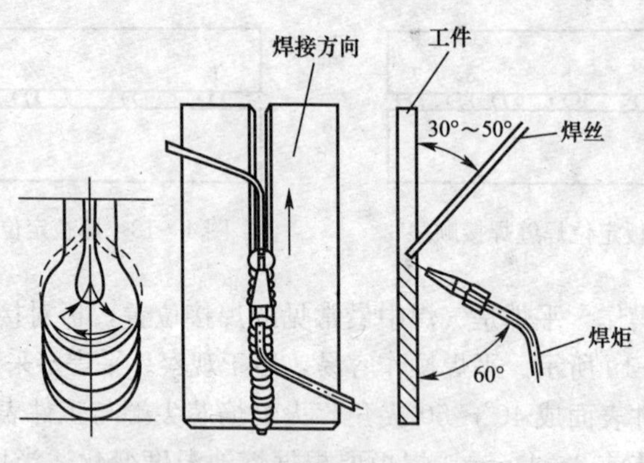

图 4—20　板立焊操作方法

1）焊嘴要适当上倾，与焊件夹角成 60°左右，以借助火焰气流的吹力托住熔化金属，阻止熔化金属向下流淌。

2）焊炬与焊丝的相对位置与平焊相似，焊炬一般不做横向摆动，但为了控制熔池温度，焊炬可以随时做上下摆动。

3）立焊应采取能率稍小的火焰进行焊接，焊接中应严格控制熔池温度，熔池面积和深度均不宜过大。

4）焊接中若出现熔池金属将要向下流淌时，应立即将焊炬移开，待熔池温度降低后，再继续施焊。

（4）板的横焊操作。横焊时，若操作不当，不但可能出现熔池金属下淌，而且可能出现焊缝上方咬边现象。板横焊操作如图 4—21 所示。

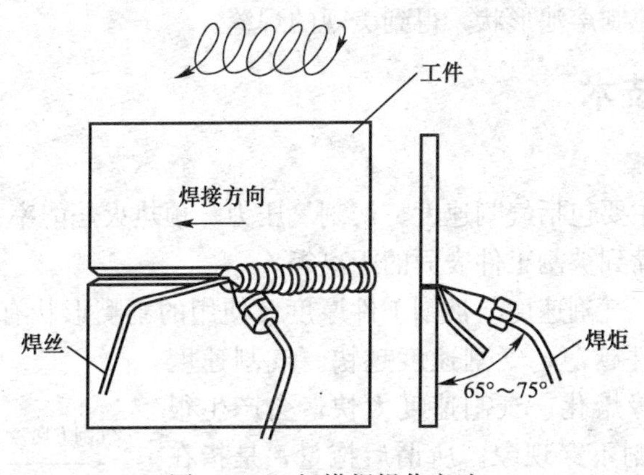


图 4—21　板横焊操作方法



1）采用左焊法，焊嘴应适当上倾，焊嘴与工件间夹角保持在 65°～75°，使火焰直接朝向焊缝。

2）焊丝头部位于熔池的上边缘，熔滴加在熔池的上边，利用火焰吹力托住熔化金属，阻止熔化金属向下流淌。

3）焊接时，焊炬一般不摆动，当焊接较厚焊件时可稍微摆动。

4）横焊应采用能率较小的焊接火焰进行焊接。

**4. 低碳钢管的焊接**

（1）焊前准备

1）低碳钢管对接接头气焊焊接。当壁厚小于 3 mm 时，可以不开坡口；壁厚大于 3 mm 时，应开 V 形坡口，并留有一定钝边。

2）焊接前应将焊缝两侧各 20 mm 范围内的表面清理干净，同时将焊丝表面的氧化物、油污及铁锈等清理干净。

3）定位焊点多少应根据管径大小确定，一般小径管进行两点定位。

（2）管的水平转动焊。管水平转动焊接时，管子可以转动，焊接熔池可以转动到平焊的位置焊接。对于壁厚较大需要开坡口的焊缝，通常使熔池处于管圆周的上 45°的位置焊接，这样可以增大熔深，确保焊透，并容易控制熔池形状及大小。当采用左焊法时，焊嘴与钢管水平线成 50°～70°角；当采用右焊法时，焊嘴与垂直中心线成 10°～30°角。

对于坡口焊缝，可采取多层焊接。第一层焊接可采取冲孔焊法，用中性焰加热起焊点，在熔池前沿形成和装配间隙相当的小熔孔，并使其不断前移，不断向熔池中填加焊丝，焊嘴做圆圈形运动，收尾时稍微抬起焊炬，用外焰保护熔池，继续填丝直到熔池被填满。焊接中间各层时，火焰能率可适当加大，焊嘴做横向摆动，焊丝做往复跳动。焊接表层时，火焰能率要适当减小，以使焊缝表面成型良好，最后使火焰慢慢离开，以防止熔池金属被氧化。

(3) 管的垂直固定焊。管垂直固定焊接可采取左焊法和右焊法两种方式。管垂直固定焊接与板的横焊焊接操作要点基本相同，除了应掌握板的横焊焊接基本要领外，还应随着环形焊缝的前进而不断改变焊接位置，始终保持焊炬、焊丝及管子切线方向的角度不变，以便更好地控制熔池形状，得到美观的焊缝。

## 二、气割操作技术

### 1. 工艺参数选择

气割工艺参数主要包括气割速度、切割氧压力、预热火焰能率、割嘴与被切割工件间的倾斜角度及割嘴到被割工件表面的距离等。

(1) 气割速度。气割速度与被割工件厚度及使用的割嘴形状有关。被割工件越厚，气割速度越慢；工件越薄，气割速度越快。气割速度太慢，会使切口边缘熔化；气割速度太快，会产生很大的后拖量或出现割不穿现象。所谓后拖量，是指在切割过程中被割工件下表面较上表面沿切割方向滞后切开的距离，如图 4—22 所示。

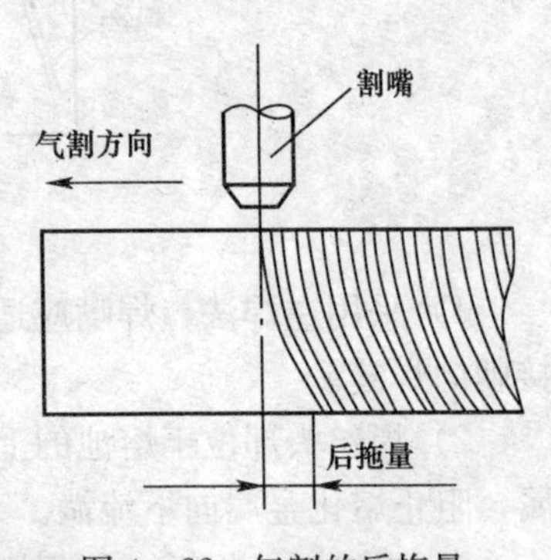

图 4—22　气割的后拖量

(2) 切割氧压力。气割时，气割氧的压力与工件厚度、割炬型号、割嘴号码及氧气纯度等因素有关。工件越厚，要求氧气的压力越高；工件越薄，则要求氧气的压力越低。如果氧气压力过低，往往会使切割过程变得缓慢，容易形成粘渣，甚至不能将工件全部割穿；相反，如果氧气压力过高，不仅造成浪费，而且会使割口表面变得粗糙，割口加大，切割速度反而减慢。

(3) 预热火焰能率。预热火焰的作用是提供足够的热量，把工件加热到燃点，并保持在氧气中燃烧的温度。预热火焰对低碳钢金属加热的温度约为 1 100℃。预热火焰能率与工件厚度有关，工件越厚，火焰能率应越大，但火焰能率过大会使工件割口上边缘熔化，切割面变粗糙，工件背面粘渣等，从而影响切割质量。预热火焰能率过小，工件得不到足够的热量，使得切割速度减慢，气割过程变得困难，甚至切割出现中断而需要重新预热。预热火焰宜采用中性焰，使用碳化焰会使工件的割口边缘增碳，所以不应使用碳化焰。

(4) 割嘴与工件间的倾斜角度。割嘴与工件间的倾斜角度分为前倾和后倾两种，如图 4—23 所示。前倾是指割嘴向切割方向倾斜，火焰指向已经割开的方向；后倾是指割嘴沿气割方向向后倾斜一定角度。采用后倾一定角度的方法可以减少后拖量，提高切割速度。割嘴倾斜角度的大小主要根据工件厚度确定。

(5) 割嘴到被割工件表面的距离。割嘴到被割工件表面的距离应根据工件的厚度而定，一般情况下控制在3～5 mm，这样的距离加热条件好，焊缝渗碳可能性小。如果距离过大，需要的预热时间就相对长些；如果距离过小，则会引起切口上边熔化，切口有渗碳的可能，并且熔渣容易堵塞割嘴。

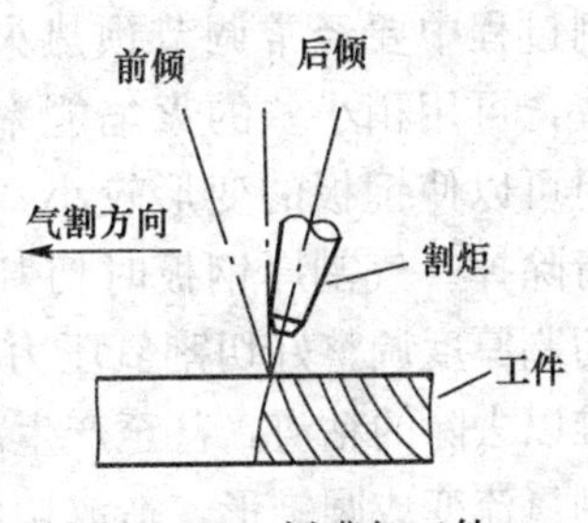


图 4—23　割嘴与工件间的倾斜角度

**2. 气割的基本操作方法**

(1) 气割前准备。气割前要检查气割场地安全，工件应该垫高，不能把工件放在水泥地面上切割，应在水泥地面上垫钢板，以免水泥爆裂伤人。气割前应清理干净工件表面带有的铁锈、氧化皮及油漆等。气割前划好气割线。割炬型号及割嘴号码应根据割件厚度来确定。切割氧流的形状应该是笔直清晰的圆柱体，其长度应超过割件厚度的三分之一。如果切割氧流不规则，可用通针将高压氧流的通道清理干净。对于超音速割嘴不能用钢丝，而只能用铜针等硬度较低的通针。

(2) 气割基本动作。操作人员双脚成外八字形，蹲在工件的一侧，右臂靠右膝，左臂在两膝之间，这样便于切割时移动。右手握住割炬手柄，拇指和食指握住预热氧调节阀，这样便于调节预热氧能率及发生回火时及时切断预热氧。左手拇指和食指握住切割氧调节阀，便于切割氧的调节，其他三个手指平稳地拖住射吸管，掌握方向，并与割嘴垂直。上身不要弯的太低，呼吸要平稳，两眼注视气割线和割嘴，并着重注视切口前面的切割线，沿切割线从右向左切割。



(3) 钢板气割操作

1) 预热注意事项。气割前的预热要根据工件的厚度灵活掌握。对于厚度大于50 mm的工件要将割嘴置于工件的边缘，沿切割方向后倾10°～20°，当将工件加热到暗红色时，再将割嘴垂直于工件表面继续加热。对于厚度小于50 mm的工件，可将割嘴垂直于工件表面来加热，当工件被加热到红色时，慢慢打开切割氧，铁水被氧流吹动后，再慢慢加大切割氧流，工件下面发出“叭、叭”声音时，表明工件已被割穿。

气割过程中应该注意随时调整预热火焰，只能用中性焰或轻微氧化焰。预热火焰的能率不宜过大，否则切口表面的棱角可能被熔化，尤其气割薄件时，可能产生前面已经割开、后面又粘连在一起的现象。但预热火焰能率也不能过小，否则切割过程容易中断，切口表面也不整齐。

2) 气割操作要领。对于厚大工件，由于工件温度上下不均匀，所以起割时要缓慢开启切割氧，如果开启过快，由于高速氧流的冷却作用，使切割工作不能正常进行。气割厚度小于20 mm的钢板时，割嘴应后倾25°～45°；气割厚度为20～30 mm的钢板时，割嘴应垂直于工件；气割厚度大于30 mm的钢板时，割嘴应前倾20°～30°，到斜方向割穿后，将割嘴转成与钢板垂直状态，当工件割穿后，进入正常切割。气割时焰芯尖端到工件表面的距离应该保持为3～5 mm，决不能使焰芯触及割件的表面。在气割过程中要经常调节预热火焰，使它保持为中性焰。气割薄钢板时，切割速度应快些，可用稍小些的火焰能率，割嘴应离工作面远些，并保持一定的倾斜角，这样不但可以使钢板的变形较小，而且钢板的正面棱角不会被熔化，背面的挂渣也容易被清除掉。气割厚钢板时切割速度应慢些，火焰能率大一些。在切割过程中还要根据切割厚度调整好切割氧压力，压力过低气割过程中的燃烧反应减慢，在切口背面形成难以去除的粘渣，甚至产生割不穿现象；而切割氧压力过高时不仅浪费氧气，还会使切割氧流变成圆锥形，造成切口宽度上下不均，同时也会起到对切口的强烈冷却作用，降低切割速度。

切割速度对切口质量影响很大。切割速度是否正常，可从熔渣的流动风向来判断。速度正常时，流动风向与工件表面相垂直；速度较大时将产生过大的后拖量。气割较长的直线或曲线时，一般在气割 300～500 mm 后要移动切割操作位置一次，这时要关上切割氧气，将火焰离开切割口，然后移动人体，继续切割时割嘴要对准割口的切割处，重新预热到燃点后，慢慢打开切割氧。切割薄钢板时，可以不必关闭切割氧，改变操作位置后把火焰对准切割处就可以继续气割了。

（4）钢管气割操作。钢管气割时根据钢管所处状态不同，可分为固定管气割和转动管气割两种情况。不论哪一种情况，气割预热时割嘴与钢管表面都应垂直，管壁被割穿后割嘴应立即与起割点切线成 70°～80°角，并且在气割过程中保持不变。

1）转动管气割。转动管气割如图 4—24 所示，气割过程中割炬应不断改变气割位置，以保持气割角度。气割一段后，停下来将管做适当转动后再继续气割，使气割动作舒适。较小直径的钢管可分 2～3 次气割，较大直径的管道可分多次气割，但分段越少越好。



2）水平固定管气割。水平固定管的气割从管子的底部开始，由下向上分两部分进行，如图 4—25 所示。气割过程中不断改变气割位置，保持气割角度。当气割到管子的水平位置后，关闭气割氧，再将割炬移到管子的底部开始气割另一半。

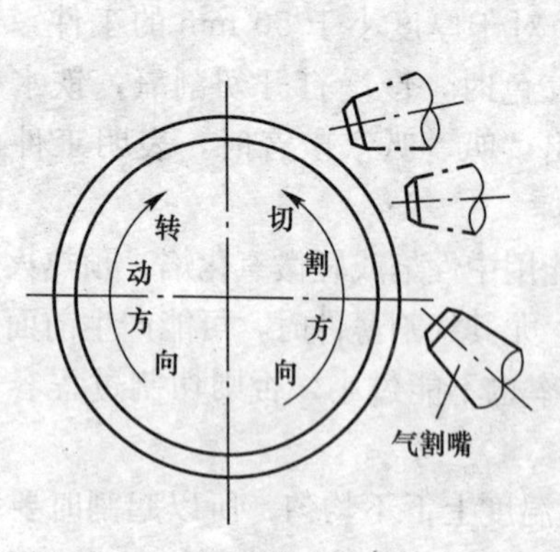

图 4—24　转动管气割示意图

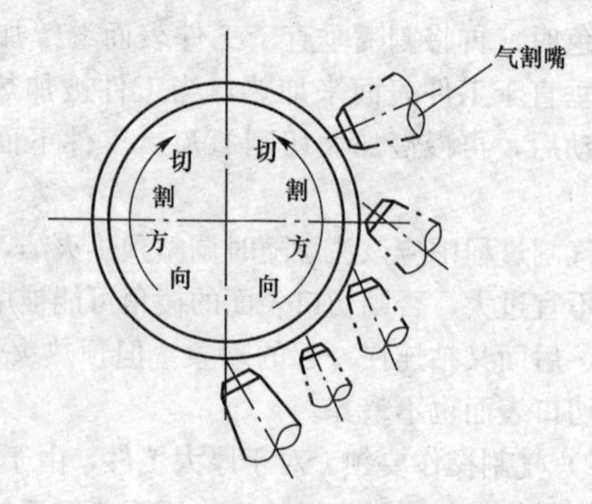

图 4—25　水平固定钢管气割示意图

（5）角钢气割操作。气割角钢往往采取两种形式，一种是对于厚度小于 5 mm 的角钢，采取倒扣在地上的形式，即角钢的两个边着地，如图 4—26 所示。气割时，先从一个面的边割起，将割嘴与角钢表面垂直，当气割到另一面时，将割嘴调整到与另一面的角钢表面约成20°角的位置，直到角钢被割断。另外一种是对于厚度大于5 mm的角钢，如图4—27所示。气割时将角钢一面着地放置，先割水平面，割到中间角时，割嘴停止移动，将割嘴由垂直位置调整到水平位置再往上割，直到把垂直面割断。

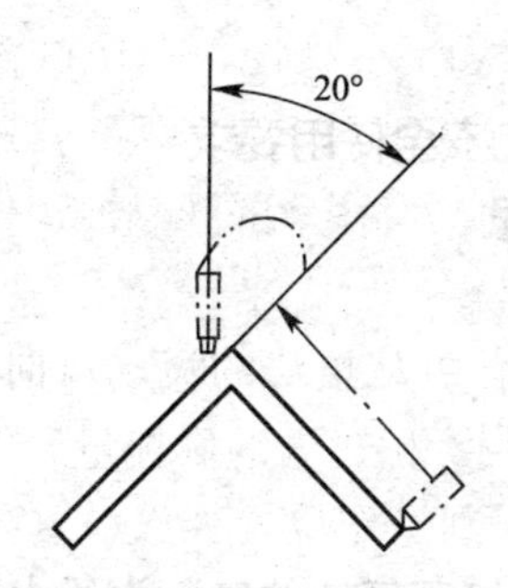


图4—26　5 mm以下角钢气割方法

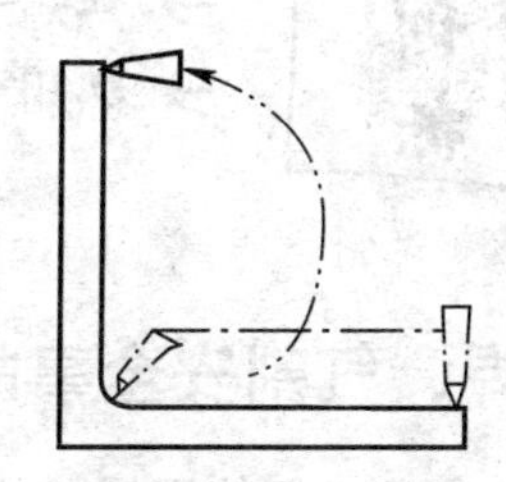

图4—27　5 mm以上角钢气割方法

（6）机械气割。半自动气割机是在机械气割中常用的一种设备，如图4—28所示。把气割机放在导轨上，矫正导轨，调整好割炬与切割线之间的距离，接好电源后把氧气和乙炔的胶管接好，调整好氧气和乙炔的使用压力。直线气割时要调整好割炬的垂直度，把开关调到使气割机向气割方向前进的位置，并定好速度，打开预热氧和乙炔调节阀，点火并调整预热火焰。起割点被预热到亮红色时，打开切割氧将工件割穿，打开行走开关，气割机开始行走。气割过程中要根据情况随时调节预热火焰，使之为中性焰，还要调整好割嘴与割件之间的距离。切割速度要调整适当，过快、过慢都会影响切割质量。用气割机切割中等厚度钢板时，割嘴应始终保持与工件表面垂直。停止切割时先关闭切割氧，再分别关闭行走开关、乙炔调节阀、预热氧调节阀。

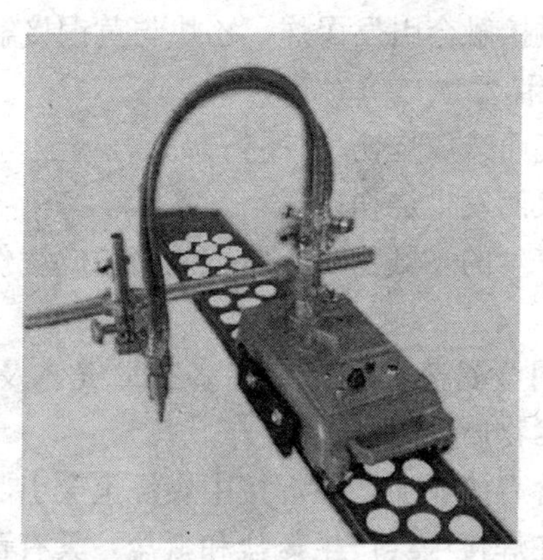

图4—28　半自动气割机

当采用半自动气割机切割焊接坡口时，调整好割嘴与割件的倾斜角，以切割坡口的斜面。

# 第三节 气焊与气割的安全要求及操作规程

→ 熟知气焊、气割设备及工具的安全使用要求
→ 熟知气焊、气割安全操作规程

## 一、气焊、气割安全事故原因

气焊、气割由于使用易燃易爆气体进行操作，并且储存气体的气瓶为压力容器，工作中又存在明火和高温，处理不当易发生火灾、爆炸等安全事故。因此，在操作中必须遵守安全操作规程。

**1. 火灾、爆炸事故原因**

(1) 气焊、气割操作中产生大量飞溅的氧化物熔渣，当高温熔渣或飞溅物遇到可燃物时，便可能发生火灾。

(2) 气瓶内的压力与温度关系密切，随着温度升高，气瓶内的压力也升高，当压力超过气瓶耐压极限时就会发生爆炸。

(3) 气瓶受剧烈振动、撞击而发生爆炸。尤其是乙炔气瓶受剧烈振动或撞击后，会出现填料下沉，乙炔发生膨胀，引起爆炸。

(4) 当气焊、气割使用的乙炔、液化石油气等可燃气体与空气或氧气混合到一定比例后，遇火或高温便可能发生火灾、爆炸。

(5) 氧气与油脂类物质接触会引发爆炸，乙炔与黄铜接触也可引起爆炸。

**2. 烧伤、烫伤事故原因**

(1) 因焊炬、割炬漏气而造成烧伤。

(2) 因焊炬、割炬回火而发生烧伤。

(3) 因气焊、气割中产生的飞溅物和金属熔渣而造成烧伤。

**3. 有害气体中毒原因**

(1) 气焊、气割中不同金属蒸发会产生许多有毒气体及烟尘，如铅蒸发、黄铜蒸发、锌蒸发等都会产生有毒物质。

(2) 一些气焊焊剂中含有的物质，在焊接中燃烧也会引起焊工中毒，如有色金属焊剂中的氯化物和氟化物，在焊接中会产生氯盐和氟盐，具有毒性。

(3) 气焊、气割用液化石油气也具有一定毒性，使用不当可引起人员中毒。

## 二、气焊、气割设备及工具的安全使用要求

**1. 气瓶的安全使用要求**

(1) 氧气瓶安全使用要求

1）应有专用仓库储存，严禁与其他物品混合存放。

2）应直立放置，并防止倾倒。

3）运输时应带好防振橡胶圈，避免相互碰撞，不能与可燃气瓶、可燃物放在一起运输。

4）气瓶运输中必须戴好瓶帽，以免撞击碰坏瓶阀而发生危险。

5）运输中应轻装轻卸，避免剧烈撞击，不能在地面上滚动。

6）夏季运输、放置气瓶时应有遮阳措施，防止暴晒。

7）冬季使用氧气瓶时，瓶阀和减压器要防止冻结。若已经冻结，只能用热水或蒸汽解冻，禁止用明火直接加热。

8）开启瓶阀时，瓶阀气体喷出方向不要站人，并且瓶阀开启速度不要过快。

9）严禁用粘有油脂的手套、工具等物品与氧气瓶、瓶阀、减压器及管路等接触。

10）使用中氧气瓶应距离乙炔瓶 5 m 以上，距离明火及热源 10 m 以上。

11）氧气瓶内的气体不能全部用尽，应留有 0.1 MPa 以上的压力，保持瓶内正压，防止空气进入。

（2）溶解乙炔气瓶安全使用要求

1）应有专用仓库储存，严禁与其他物品混合存放。乙炔瓶与明火距离不应小于 10 m。

2）乙炔瓶禁止在地面上卧放使用，因卧置时会使丙酮随乙炔流出而发生危险，应直立放置，并防止倾倒。一旦要使用卧放过的乙炔瓶时，必须先直立 20 min 后，再连接乙炔减压器进行使用。

3）运输时应避免相互碰撞，不能在地面上滚动。

4）乙炔瓶一般应在 40℃以下使用，当环境温度超过 40℃时，应采取有效的降温措施。

5）乙炔瓶使用时，必须安装回火防止器。

6）开启瓶阀时，操作人员应站在阀口侧后方，动作应轻缓，瓶阀开启不要超过1½圈，一般情况下只需开启 3/4 圈。

7）乙炔减压器与乙炔瓶瓶阀连接必须牢靠，严禁在漏气情况下使用，否则泄漏的乙炔与空气形成混合气体后，遇到明火会发生火灾及爆炸事故。

8）乙炔瓶内气体不能全部用完，最后应剩余 0.05 MPa 以上的压力。

9）禁止在乙炔瓶上放置物品、工具，禁止将橡胶软管及焊炬、割炬缠绕在乙炔瓶上。

（3）液化石油气瓶安全使用要求

1）气瓶应远离明火、热源及与氧气瓶 10 m 以上距离。

2）气瓶不得充装满液体，应留有 10%～20%的容积作为气化空间，以防温度升高使气体膨胀而爆瓶。

3）液化石油气对普通橡胶软管有腐蚀作用，所以应用耐油的胶管及密封垫。

4）液化石油气瓶应加减压器，禁止将胶管直接与气瓶阀连接。

5）冬季使用液化石油气瓶时，可用 40℃以下的温水加热，严禁用火烤及用蒸汽加热。

6）液化石油气瓶内的气体禁止用尽，应留有一定余气。

7）气瓶内的残液禁止自行倒出，应送回充气站处理，以防发生火灾。

单元 4

8）因液化石油气比空气重，易向低处流动，所以储存和使用液化石油气的室内，下水道应设安全水封，电缆沟进出口应填沙土，暖气沟进出口应抹灰，以防发生火灾。

**2. 减压器及胶管安全使用要求**

（1）减压器安全使用要求

1）氧气瓶、乙炔瓶及液化石油气瓶等都有各自专用的减压器，不得自行换用。

2）安装减压器前应该将气瓶阀口处的污物吹除干净。开启瓶阀前应预先将减压器调压螺丝旋松，再缓慢开启瓶阀，不得用力过猛，以免高压气体冲击损坏减压器。

3）螺纹连接减压器，连接时至少拧紧 5 个螺距以上；夹具连接时，应安装平稳、牢固，以防脱落。

4）开启瓶阀后，应检查各部位有无漏气现象及有无“自流”现象，检查压力表是否工作正常。

5）减压器上不得粘有油脂，如有油脂必须擦拭干净后才能使用。

6）冬季使用减压器时应采取防冻措施。如果发生冻结，应用热水或蒸汽解冻，严禁火烤、锤击。

7）减压器卸压时应先关闭高压气瓶阀门，然后放出减压器内的余气，再放松压力调节螺钉使表指针降到零位。

8）不应在减压器上悬挂物品。

9）减压器的维修应由专业人员完成。

（2）橡胶软管安全使用要求

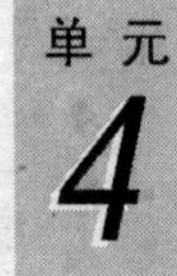

1）气焊、气割胶管为专用胶管，使用时应严格加以区分，不可混用，且不可通入其他气体或液体。

2）胶管使用前应检查管体是否存在磨损、扎伤、刺孔及老化等，存在上述情况应及时维修或更换。

3）胶管使用前，应先将管内滑石粉吹净，以免堵塞焊、割炬。

4）胶管使用前应将两端固定牢固，尤其是氧气管使用压力较高，防止胶管脱落伤人。

5）胶管使用中要经常检查，发现问题及时处理。乙炔胶管不准使用铜制管接头连接。

6）每根胶管长度应控制在 10～15 m，不宜过长或过短。

7）胶管使用中应避免接触油脂，避免与尖锐金属接触或重压。

8）禁止使用回火烧损的橡胶软管。

**3. 常用射吸式焊炬、割炬的安全使用要求**

（1）焊炬、割炬使用前必须检查射吸情况是否正常。具体方法是：首先，将氧气胶管紧接在氧气接头上，使焊炬、割炬接通氧气。然后，开启焊炬、割炬上的氧气阀和乙炔阀，用手指按住焊炬、割炬的乙炔接头口，如果手指感到有足够的吸力，则表明射吸正常；如果没有吸力，甚至氧气从乙炔接头中倒流出来，则说明射吸能力不正常，必须进行修理。

（2）焊炬、割炬经过射吸检查正常后，把乙炔胶管连接到焊炬、割炬的接头上。一般要避免乙炔胶管与接头连接过紧，应以不漏且可顺利插上及拔下为准。而氧气胶管与接头应连接牢固，防止脱落后发生气体伤人事故。

(3) 点火前应先将氧气阀稍微开启，然后开启乙炔阀。焊炬、割炬不得对人或可燃物，点火后应调节火焰到正常。

(4) 焊炬、割炬使用过程中，如果火焰调节不正常或出现灭火现象，应检查是否漏气或管路堵塞，并进行修理。若发生回火，应迅速关闭氧气阀门，然后关闭乙炔阀门，等回火熄灭后，再开启氧气阀门，吹除焊炬、割炬内的烟灰，并将焊炬、割炬前部放入水中冷却。

(5) 焊炬、割炬使用中，若发现阀门及管路等有漏气现象应停止使用，维修好后再使用，以免发生危险。

(6) 焊炬、割炬使用及存放中严禁接触油脂。

(7) 停止使用时，应先关闭乙炔阀门，再关闭氧气阀门，防止火焰进入焊炬及产生烟尘。

(8) 暂时不用的焊炬、割炬不准放在坑道、地沟及其他空气不流通的狭小空间附近，以防乙炔气泄漏后发生火灾或爆炸。

(9) 使用完毕的焊炬、割炬，应将胶管拆下后妥善保管。

## 三、气焊、气割安全操作规程

**1. 作业环境条件**

(1) 气焊、气割操作属于特种作业，从事气焊、气割独立作业人员，必须经安全培训考核合格后，持证上岗。

(2) 作业场所应有良好的通风和充足的照明，其面积不小于 4 $m^2$，物料放置整齐，留有必要的通道，人行通道的宽度不小于 1.5 m，车辆通道的宽度不小于 3 m，并配备有效的灭火器材。

**2. 作业前的准备工作**

(1) 作业前应穿戴好劳动防护用品，工作服、手套及工作鞋、护目镜等各种防护用品均应符合国家有关标准的规定。

(2) 检查设备、工具（如减压器、焊炬、割炬、回火防止器等）及环境，确认无不安全因素后方可作业。

(3) 所有气路、瓶阀和接头处的检漏应使用肥皂水，严禁用明火检漏。

**3. 作业中的安全要求**

(1) 各种气瓶均应竖立稳固或装在专用胶轮车上使用。

(2) 气焊、气割设备严禁沾染油污和搭架各种电缆，气瓶不得受到剧烈振动及阳光曝晒。开启气瓶时必须使用专用扳手。

(3) 作业场所周围 10 m 以内严禁存放易燃易爆物品。对不便移动的盛装易燃易爆物品的容器设备，应用石棉被、湿麻袋封严。

(4) 工作前对气焊、气割物进行确认，容器、管道、设备等带压时，不能进行气焊、气割作业。盛装过可燃气体或有毒物质的容器，未经清洗处理并确认安全的，不得进行气焊、气割作业。对不明确物质必须经过专业人员检测，确认安全后方可进行气焊、气割作业。

(5) 在密闭容器如桶、罐、舱室中作业时，应先打开孔、洞、窗，使内部空气流通，并设专人监护。点燃焊、割炬的操作应在容器外进行，工作完毕或暂停时，焊、割炬应放在容器外。

(6) 高处作业时应严格遵守高处作业的有关规定，并佩戴合格的安全带。

(7) 气焊、气割作业时，禁止将氧气、乙炔胶管缠绕在身上，并且禁止将胶管与焊接电缆、钢丝绳等绞在一起。

(8) 禁止直接在水泥地面上进行气割，以防水泥地面受热炸开。气割作业时，应将工件垫高 100 mm 以上，并放置稳固。

(9) 禁止用氧气对局部焊接部位进行通风换气，不准用氧气代替压缩空气吹扫工作服和吹除乙炔管道内的堵塞物，或作为试压及气动工具的动力源。

(10) 冬季使用减压器发生冻结，禁止明火烘烤。

(11) 露天作业时，遇有六级以上大风或下雨时，应停止气焊或气割作业。

**4. 作业后的要求**

作业结束以后，应检查工作现场，确认无隐患后方可离开现场。

## 单元测试题

**一、单项选择题**（下列每题的选项中，只有 1 个是正确的，请将其代号填在横线空白处）

1. 氧气在气焊、气割中是一种__________气体。
   A. 可燃　　B. 易燃　　C. 助燃
2. 氧气瓶外表涂成__________色。
   A. 灰　　B. 白　　C. 蓝
3. 氧气与乙炔的混合比值为 1～1.2 时，其火焰为________。
   A. 碳化焰　　B. 中性焰　　C. 氧化焰
4. 沿火焰轴线距焰芯末端以外__________mm 处的温度最高。
   A. 1～2　　B. 2～4　　C. 4～5
5. 气焊焊丝与工件表面的夹角称为焊丝倾角，一般这个倾角为______。
   A. 10°～20°　　B. 20°～30°　　C. 30°～40°
6. 气割时，切割速度过快会造成________。
   A. 割缝边缘熔化　　B. 后拖量较小　　C. 后拖量较大
7. 气焊、气割操作中，氧气瓶距离明火和热源应大于________m。
   A. 3　　B. 10　　C. 5
8. 氧气瓶气体不能全部用尽，应留有余压__________MPa。
   A. 0.05～0.1　　B. 0.1～0.3　　C. 0.5～1
9. 瓶阀冻结时可用________℃热水解冻，严禁火烤。
   A. 100　　B. 80　　C. 40
10. 乙炔在气割中是一种________气体。
    A. 可燃　　B. 辅助　　C. 助燃
11. 乙炔瓶装有易熔塞，一旦气瓶温度达到__________℃时，易熔塞立即熔化。
    A. 100　　B. 50　　C. 15

12. 乙炔瓶与明火距离不应小于________m。

A. 5　　B. 8　　C. 10

13. 气割时，氧气的纯度不应低于________%。

A. 95　　B. 98.5　　C. 99.5

14. 气焊中如遇回火现象，应首先关闭________阀门。

A. 乙炔　　B. 氧气　　C. 哪个都可以

15. 乙炔胶管的工作压力为______MPa。

A. 1.5　　B. 0.5　　C. 3

16. 在扑救因乙炔而发生的火灾事故时，严禁使用________灭火器灭火。

A. 四氯化碳　　B. 二氧化碳　　C.“1211”

17. 射吸式焊炬在施焊过程中，混合气体成分________。

A. 保持稳定　　B. 绝对稳定　　C. 不够稳定

18. 国产用来输送氧气的胶管工作压力最高为________MPa。

A. 1.5　　B. 3　　C. 15

19. 凡是与乙炔接触的器具禁止采用________制造。

A. 钢　　B. 铁　　C. 纯铜

20. 气割后拖量过大，主要是由于切割________引起的。

A. 速度过快　　B. 速度过慢　　C. 氧气压力过低

21. 乙炔瓶体表面温度不能超过______℃。

A. 20～30　　B. 30～40　　C. 50～60

22. 发生回火的原因是火焰燃烧速度______可燃气体的流速。

A. 大于　　B. 小于　　C. 相等

23. 使用乙炔气瓶时必须________放置。

A. 垂直　　B. 横卧　　C. 斜立

24. 氧气具有很强的________和助燃能力，使用时严禁接触油脂。

A. 氧化性　　B. 燃烧性　　C. 放热性

25. 在容器内进行焊割作业，焊割炬应在______点燃，以免发生火灾和爆炸。

A. 容器外　　B. 容器内　　C. 靠近容器口

26. 为了防止气焊与气割时所用胶管混用，氧气胶管为蓝色，乙炔胶管为红色，其内径也不同，氧气胶管内径为 8 mm，乙炔胶管内径为________mm。

A. 8　　B. 6　　C. 10

27. 搬运氧气瓶时要轻装轻卸，避免猛烈撞击，________。禁止肩扛、拖拉和用自行车拖运。

A. 可以滚动　　B. 不可滚动　　C. 无规定

28. 减压器卸压的顺序是：先关闭______气瓶阀，然后放出减压器内的全部余气。

A. 高压　　B. 低压　　C. 都可以

29. 乙炔气瓶在使用过程中，如发现乙炔气瓶瓶体温度较高，有烫手现象时，应立即停止使用，并迅速用________降温后送充气单位检查处理。

A. 大量水冷却　　　　B. 大量气体冷却　　　　C. 都可以

**二、判断题**（下列判断正确的打“√”，错误的打“×”）

1. 气焊是利用氧气与乙炔气体混合燃烧的火焰对金属加热的一种焊接方法。（　）

2. 气割是利用可燃气体与氧气混合燃烧的预热火焰，将被切割金属加热至熔点，在高压氧射流中剧烈燃烧，使金属分割的一种方法。（　）

3. 乙炔的爆炸性能主要取决于乙炔瞬间的温度、压力及所接触介质、火源、散热条件等因素。（　）

4. 乙炔气的温度达到 580～600℃、压力达到 0.15 MPa 时即发生爆炸。（　）

5. 氧气瓶在出厂前都要经过严格检验，并需要对瓶体进行水压试验，试验压力应达到工作压力的 1.5 倍。（　）

6. 为防止水泥爆炸，不要直接在水泥地上进行切割。（　）

7. 气焊、电焊同在一场地工作时，氧气瓶应注意接地，防止气瓶导电。（　）

8. 氧气瓶口不准沾有油脂及污物。安装减压器时应先打开氧气瓶阀，吹除瓶口的污物后再安装减压器。（　）

9. 乙炔瓶内因装有多孔填料，并装有丙酮，所以在使用时应垂直放置。（　）

10. 乙炔瓶不应受到剧烈的撞击，搬运时尽量慢慢地在地面上滚动。（　）

11. 乙炔瓶与明火距离不应小于 5 m，与氧气瓶的距离不应小于 3 m。（　）

12. 瓶内气体不可用尽，乙炔气应保留 0.05 MPa，氧气应保留 0.1 MPa 以上的余压。（　）

13. 焊嘴和割嘴温度过高时，只能暂停使用而不能放入水中冷却。（　）

14. 禁止在带压力或带电的容器、罐、管道、设备上进行焊接和切割作业。（　）

15. 液化石油气瓶底下不要放置绝缘垫，防止气瓶瓶体有静电产生。（　）

16. 冬季使用液化石油气瓶时，如发现有冻结现象，应用热水和蒸气解冻。（　）

17. H01 型焊炬的优点是可以使用低压乙炔气体，缺点是混合气体的成分不够稳定。（　）

18. 氧化焰是乙炔和氧的混合比为 1∶1.2 以上时的火焰。（　）

19. 碳化焰的火焰比较长，焰芯轮廓不清晰，燃烧后尚有部分剩余的氧气。（　）

20. 焊炬点火时，应首先把氧气阀门稍稍打开，再开启乙炔阀门，然后用点火枪把焊炬点燃。（　）

21. 关闭焊炬的顺序为先关闭氧气阀门，再关闭乙炔阀门。（　）

22. 焊炬安装胶管时，氧气胶管安装越牢固越好，乙炔胶管安装的松紧以不漏气为宜。（　）

23. 氧气减压器的作用，一是减压作用，二是稳压作用。（　）

**三、技能题**

**第 1 题　气焊低碳钢板对接平焊单面焊双面成型**

1. 操作要求

（1）焊接方法：气焊。

（2）焊接位置：平焊。

（3）坡口形式：I形坡口。

（4）单面焊双面成型。

（5）组对间隙自定。

（6）焊接前，焊件坡口两侧 10～20 mm 清油除锈，定位焊从工件中间开始，焊缝长度为 5～7 mm，间隔 50～100 mm。

（7）定位焊后，将装配好的试件固定在操作架上。试件一经施焊不得任意更换和改变焊接位置。

（8）焊接过程中劳动防护用品穿戴整齐，焊接工艺参数选择正确。焊后焊件保持原始状态。

（9）焊接完毕，关闭气焊焊炬及气瓶，工具摆放整齐，场地清理干净。

2. 准备工作

（1）材料准备。板材牌号：Q235A。厚度：$\delta$=3 mm。规格：300 mm×100 mm。数量：2 件。焊丝牌号：H08A。规格：$\phi$2.5 mm。

（2）设备准备。氧气瓶、乙炔瓶、氧气减压器、乙炔减压器、焊炬、焊嘴、氧气胶管、乙炔胶管。

（3）工具准备。台虎钳 1 台，钢丝钳 1 把，锤子 1 把，点火器、钢丝刷、钳工锉、活动扳手、台式砂轮机或角向磨光机等。

（4）劳动防护用品准备。护目镜、劳保手套、工作服、工作鞋等。

3. 考核时间

（1）基本时间。准备时间 20 min，焊接操作时间 30 min。

（2）时间评分标准。每超过 5 min 扣总分 1 分，不足 5 min 按 5 min 计算；超过规定时间 15 min 不得分。

4. 评分项目及标准

| 序号 | 评分要素 | 配分 | 评分标准 |
| --- | --- | --- | --- |
| 1 | 焊前准备 | 10 | 1. 工件清理不干净，定位焊不正确，扣 5 分<br>2. 焊接参数调整不正确，扣 5 分 |
| 2 | 焊缝外观质量 | 40 | 1. 焊缝余高＞3 mm，扣 4 分<br>2. 焊缝余高差＞2 mm，扣 4 分<br>3. 焊缝宽度差＞3 mm，扣 4 分<br>4. 背面余高＞3 mm，扣 4 分<br>5. 焊缝直线度＞2 mm，扣 4 分<br>6. 角变形＞3°，扣 4 分<br>7. 错边量＞0.3 mm，扣 4 分<br>8. 背面凹坑深度＞0.75 mm 或长度＞26 mm，扣 4 分<br>9. 咬边深度≤0.5 mm，累计长度每 5 mm 扣 1 分；咬边深度＞0.5 mm 或累计长度＞26 mm，扣 8 分<br>注意：①焊缝表面不是原始状态，有加工、补焊、返修等现象，或有裂纹、气孔、夹渣、未焊透、未熔合等任何缺陷存在，此项考试不合格<br>②焊缝外观质量得分低于 24 分，此项考试不合格 |

续表

| 序号 | 评分要素 | 配分 | 评分标准 |
| --- | --- | --- | --- |
| 3 | 焊缝内部质量 | 40 | 1. 射线探伤后按 JB 4730 评定焊缝质量达到Ⅰ级，不扣分<br>2. 焊缝质量达到Ⅱ级，扣 10 分<br>3. 焊缝质量达到Ⅲ级，此项考试判为 0 分 |
| 4 | 安全文明生产 | 10 | 1. 劳保用品穿戴不全，扣 2 分<br>2. 焊接过程中有违反安全操作规程的现象，根据情况扣 2～5 分<br>3. 焊接完毕，场地清理不干净，工具码放不整齐，扣 3 分 |

**第 2 题　低碳钢钢管对接转动气焊**

1. 操作要求

（1）焊接方法：气焊。

（2）焊接位置：转动焊。

（3）坡口形式：V 形坡口。坡口面角度：35°±2°。

（4）单面焊双面成型。

（5）钝边和组对间隙自定。

（6）焊接前，焊件坡口两侧 10～20 mm 清油除锈，定位焊缝位于坡口内对称位置，长度为 5～7 mm。

（7）定位焊后，将装配好的试件置于操作架上。

（8）焊接过程中劳动防护用品穿戴整齐，焊接工艺参数选择正确。焊后焊缝表面保持原始状态。

（9）焊接完毕，关闭气焊焊炬及气瓶，工具摆放整齐，场地清理干净。

2. 准备工作

（1）材料准备。管材牌号：20。规格：$\phi$51 mm×3.5 mm×100 mm。数量：2 件。焊丝牌号：H08A。规格：$\phi$2.5 mm。

（2）设备准备。氧气瓶、乙炔瓶、氧气减压器、乙炔减压器、焊炬、焊嘴、氧气胶管、乙炔胶管。

（3）工具准备。台虎钳 1 台，钢丝钳 1 把，锤子 1 把，点火器、钢丝刷、钳工锉、活动扳手、台式砂轮机或角向磨光机等。

（4）劳动防护用品准备。护目镜、劳保手套、工作服、工作鞋等。

3. 考核时间

（1）基本时间。准备时间 20 min，正式操作时间 30 min。

（2）时间评分标准。每超过 5 min 扣总分 1 分，不足 5 min 按 5 min 计算；超过规定时间 15 min 不得分。

4. 评分项目及标准

| 序号 | 评分要素 | 配分 | 评分标准 |
| --- | --- | --- | --- |
| 1 | 焊前准备 | 10 | 1. 工件清理不干净，定位焊不正确，扣 5 分<br>2. 焊接参数调整不正确，扣 5 分 |

续表

| 序号 | 评分要素 | 配分 | 评分标准 |
|---|---|---|---|
| 2 | 焊缝外观质量 | 40 | 1. 焊缝余高>4 mm，扣 4 分<br>2. 焊缝余高差>2 mm，扣 4 分<br>3. 焊缝宽度差>3 mm，扣 4 分<br>4. 焊缝直线度>2 mm，扣 4 分<br>5. 角变形>1.5/100，扣 4 分<br>6. 错边量>0.35 mm，扣 4 分<br>7. 通球（球直径 ϕ37.4 mm）不合格，扣 4 分<br>8. 咬边深度≤0.5 mm，累计长度每 5 mm 扣 1 分；咬边深度>0.5 mm 或累计长度>15 mm，扣 8 分<br>注意：①焊缝表面不是原始状态，有加工、补焊、返修等现象，或有裂纹、气孔、夹渣、未焊透、未熔合等任何缺陷存在，此项考试不合格<br>②焊缝外观质量得分低于 24 分，此项考试不合格 |
| 3 | 焊缝内部质量 | 40 | 1. 射线探伤后按 JB 4730 评定焊缝质量达到Ⅰ级，不扣分<br>2. 焊缝质量达到Ⅱ级，扣 10 分<br>3. 焊缝质量达到Ⅲ级，此项考试判为 0 分 |
| 4 | 安全文明生产 | 10 | 1. 劳动防护用品穿戴不全，扣 2 分<br>2. 焊接过程中有违反安全操作规程的现象，根据情况扣 2～5 分<br>3. 焊接完毕，场地清理不干净，工具摆放不整齐，扣 3 分 |



# 单元测试题答案

## 一、单项选择题

1. D　2. C　3. B　4. B　5. C　6. C　7. B　8. B　9. C　10. A　11. A　12. C　13. B　14. B　15. B　16. A　17. C　18. A　19. C　20. A　21. B　22. A　23. B　24. A　25. A　26. C　27. B　28. A　29. A

## 二、判断题

1. √　2. ×　3. √　4. √　5. √　6. √　7. ×　8. √　9. √　10. ×　11. ×　12. √　13. ×　14. √　15. √　16. ×　17. √　18. √　19. ×　20. √　21. ×　22. √　23. √

## 三、技能题

答案略

# 第5单元

## 碳弧气刨

# 第一节　碳弧气刨的原理及应用

→ 了解碳弧气刨基本原理
→ 了解碳弧气刨的优缺点
→ 了解碳弧气刨的应用范围

## 一、碳弧气刨的原理

碳弧气刨是利用碳棒与工件之间产生的电弧高温将金属熔化，然后利用气刨钳中喷出的压缩空气将这些熔化金属吹掉，随着气刨钳向前移动，在金属上加工出沟槽的一种工艺方法，如图 5—1 所示。

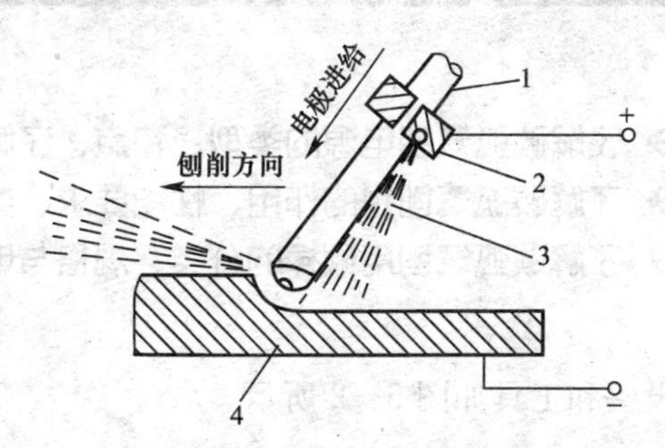


图 5—1　碳弧气刨示意图
1—电极　2—气刨钳　3—压缩空气　4—工件

在碳弧气刨中，压缩空气的主要作用是把碳棒电极电弧高温加热而熔化的母材金属吹掉，同时还可以对碳棒起冷却作用，减少碳棒的损耗。压缩空气的流量过大时，将会使被熔化的金属温度降低，而不利于“刨削”或影响电弧的稳定燃烧。

## 二、碳弧气刨的特点

1. 手工碳弧气刨与风铲等相比较，碳弧气刨操作灵活，可在狭小空间使用，可达性好，可进行全位置操作。

2. 手工碳弧气刨与风铲等相比较，碳弧气刨噪声小、效率高、劳动强度低。

3. 采用碳弧气刨清除焊缝缺陷时，可清楚地观察到电弧下的缺陷形状和深度。

4. 可以刨削气割无法切割的材料，如不锈钢、铝合金等。

5. 碳弧气刨操作中产生较大烟雾、粉尘污染和弧光辐射，需要功率较大的电源，能耗较大。

## 三、碳弧气刨的应用范围

碳弧气刨这种工艺方法已广泛应用在船舶、锅炉、压力容器等金属结构制造中，具体应用在以下方面。

1. 低碳钢、低合金钢等金属双面焊时，用于背面清根。

2. 当金属结构焊缝中存在缺陷需要返修时，用于清除焊缝中的缺陷。

3. 自动碳弧气刨用来为较长的焊缝和环焊缝加工坡口；手工碳弧气刨用来为单件、不规则的焊缝加工坡口。

4. 清除铸件的毛边、浇冒口和铸件表面的缺陷。

5. 切割高合金钢，铝、铜及其合金等。

对于淬硬性较大的金属，由于容易出现冷裂纹，所以不宜采用碳弧气刨进行加工。

# 第二节　碳弧气刨设备及材料

→ 了解碳弧气刨电源的类型、特点，了解压缩空气源

→ 了解碳弧气刨钳的作用、性能要求、类型

→ 了解碳弧气刨用碳棒的分类、规格与电流的关系



碳弧气刨用的主要设备和工具如图 5—2 所示。

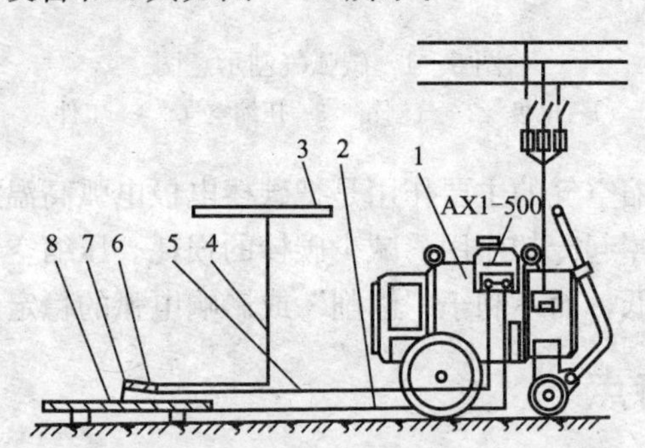


图 5—2　碳弧气刨用的主要设备和工具

1—直流电弧焊机　2—接地线　3—压缩空气　4—空气导管

5—焊钳线　6—气刨钳　7—碳棒　8—工件

## 一、碳弧气刨设备

碳弧气刨设备主要包括电源和压缩空气源。

**1. 碳弧气刨电源**

碳弧气刨一般采用直流电源，电源特性与焊条电弧焊相同，要求具有陡降外特性和良好的动特性。碳弧气刨电流较大，连续工作时间较长，因此应选用功率较大的弧焊电

源，例如，当使用 $\phi 7$ mm 的碳棒时，碳弧气刨电流为 350 A，故宜选用额定电流为 500 A的直流弧焊机作为电源。使用工频交流焊接电源进行碳弧气刨时，由于电流过零时间较长，会引起电弧不稳定，故在实际生产中一般并不采用。近年来研制成功的交流方波焊接电源，尤其是逆变式交流方波焊接电源的过零时间较短，且动性能和控制性能优良，可应用于碳弧气刨，但应注意防止超负荷，保证设备的使用安全。

**2. 压缩空气源**

碳弧气刨的压缩空气源一般有两种，在有压缩空气站的工厂里，通过压缩空气站供给需要的压缩空气，通过管路连接到碳弧气刨的手把上；对于没有压缩空气站的工厂或野外施工，则可利用小型空气压缩机供气，一般压力在 0.6 MPa 以上就可以满足要求。

## 二、碳弧气刨工具

**1. 碳弧气刨钳**

(1) 碳弧气刨钳的作用及基本要求。碳弧气刨钳是碳弧气刨的重要工具。碳弧气刨钳的作用包括：传导电流，夹持碳棒，吹除熔化金属。为发挥以上作用，对碳弧气刨钳有以下基本要求。

1) 导电性能良好。在碳弧气刨过程中，使用的电流较大，并且连续工作时间相对较长，如果导电性能不好，碳弧气刨钳很容易发热，无法正常使用。

2) 碳棒夹持牢固，容易更换。碳棒夹持牢固方可准确、高效地刨削金属。另外，由于操作中经常需要调节碳棒夹持位置，更换碳棒，所以还要求碳弧气刨钳口开启灵活，便于更换碳棒及调整夹持位置，减少辅助工作时间，提高工作效率。

3) 输送压缩空气准确有力。压缩空气在碳弧气刨钳中的输送必须顺畅，喷出的气体必须集中稳定，如果送风无力或者不准确，熔化金属和氧化物就不能顺利地被吹除掉。

4) 碳弧气刨钳应较轻，外壳绝缘良好，使用灵活方便。

(2) 碳弧气刨钳的分类。碳弧气刨钳是在电焊钳的基础上，增加了压缩空气的进气管和喷嘴而制成。目前生产中经常使用的碳弧气刨钳有侧面送风式和圆周送风式两种。

1) 侧面送风式气刨钳。侧面送风式气刨钳在钳口附近一侧有两个小孔，工作时压缩空气从小孔中喷出，孔的位置正好能够使喷出的气流吹在碳棒电极的后侧，电极用弹簧夹钳夹持，如图 5—3 所示。

侧面送风式气刨钳的特点是压缩空气紧贴碳棒吹出，能够准确而有力地吹到被刨削的金属表面，碳棒伸出长度调节方便。但只能向左或向右单一方向进行气刨，因而在有些场合显得不灵活。

2) 圆周送风式气刨钳。这是目前应用较广的一种气刨钳。圆周方向有若干条方形风槽，压缩空气出风槽沿碳棒四周喷出，碳棒能受到均匀的冷却，如图 5—4 所示。

圆周送风式气刨钳的特点是刨削时熔渣能从刨槽的两端吹出，刨槽的前端无熔渣堆积，能看清刨削方向，更适合各种位置的操作；缺点是结构比较复杂。

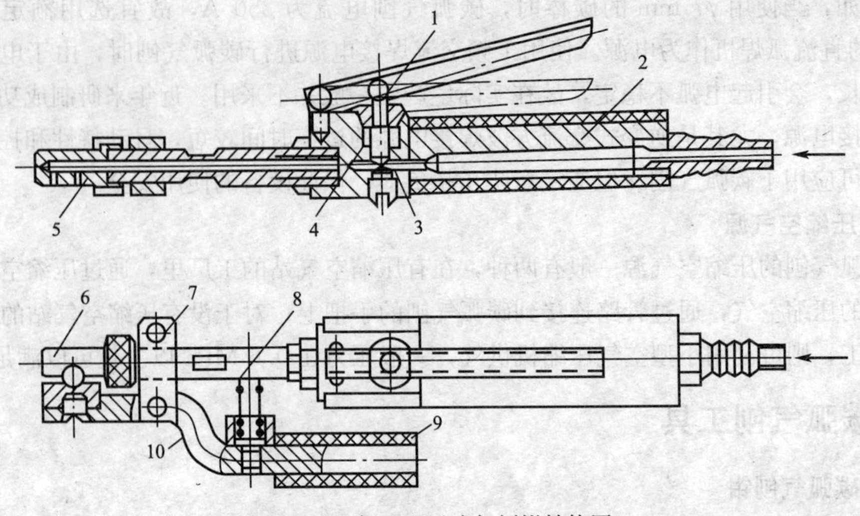

图 5—3　侧面送风式气刨钳结构图

1、10—杠杆　2—手柄　3—阀杆　4、8—弹簧
5—喷嘴　6—钳口　7—火箍　9—橡皮管

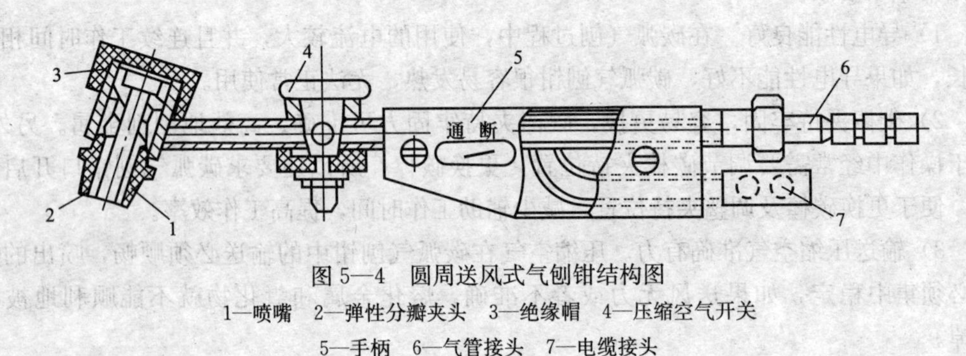

图 5—4　圆周送风式气刨钳结构图

1—喷嘴　2—弹性分瓣夹头　3—绝缘帽　4—压缩空气开关
5—手柄　6—气管接头　7—电缆接头

**2. 碳弧气刨软管**

碳弧气刨所需的压缩空气由碳弧气刨软管进行输送，目前应用较多的一种是风电合一的碳弧气刨软管，如图 5—5 所示。

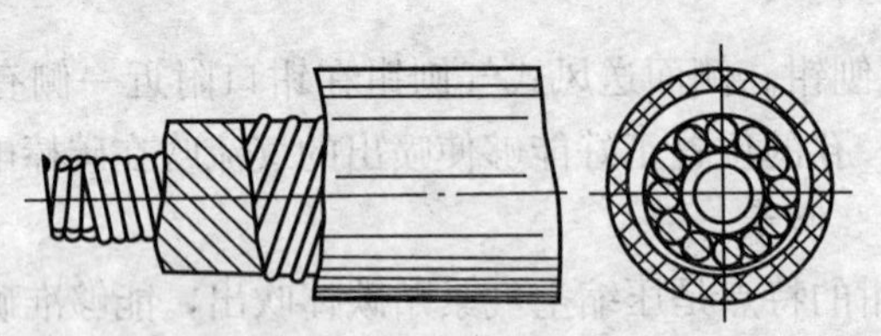
图 5—5　风电合一的碳弧气刨软管

## 三、碳弧气刨材料

碳棒是碳弧气刨的主要消耗材料，主要用于传导电流和引燃电弧。碳棒外表面镀一层铜，主要目的是提高导电性。碳棒按照外形分为圆碳棒、扁碳棒和半圆碳棒三种，圆

碳棒用于焊缝背面清根或焊缝返修时清除缺陷；扁碳棒主要用于刨宽槽、开坡口、刨焊瘤及刨钢板表面留下的焊疤，适用于大面积的刨削。对碳棒的要求是耐高温、导电性良好、不易断裂，使用时散发烟雾及粉尘少。碳弧气刨用碳棒规格及适用电流见表 5—1。

**表 5—1　　碳弧气刨用碳棒规格及适用电流**

| 断面形状 | 规格（mm） | 适用电流（A） |
|---|---|---|
| 圆形 | $\phi$3×355 | 150～180 |
| | $\phi$3.5×355 | 150～180 |
| | $\phi$4×355 | 150～200 |
| | $\phi$5×355 | 150～250 |
| | $\phi$6×355 | 180～300 |
| | $\phi$7×355 | 200～350 |
| | $\phi$8×355 | 250～400 |
| | $\phi$9×355 | 350～450 |
| | $\phi$10×355 | 350～500 |
| 扁形 | 3×12×355 | 200～300 |
| | 4×8×355 | 180～270 |
| | 4×12×355 | 200～400 |
| | 5×10×355 | 300～400 |
| | 5×12×355 | 350～450 |
| | 5×12×355 | 400～500 |
| | 5×18×355 | 450～550 |
| | 5×20×355 | 500～600 |

注：圆形碳棒规格尺寸为直径（mm）×长度（mm），扁形碳棒规格尺寸为厚度（mm）×宽度（mm）×长度（mm）。

## 第三节　碳弧气刨工艺

→ 掌握碳弧气刨工艺参数的选择及正确操作
→ 了解碳弧气刨缺陷产生原因及防止措施
→ 能够进行低碳钢和低合金钢等金属的碳弧气刨

### 一、碳弧气刨工艺参数

碳弧气刨工艺参数包括碳棒直径与电流、电源极性、刨削速度、压缩空气压力、电弧长度、碳棒伸出长度、碳棒倾角等。

**1. 碳棒直径与电流**

碳棒直径与电流值主要根据被刨钢板的厚度和刨槽宽度来选择，被刨金属越厚，碳棒直径越大，则刨槽越宽。被刨钢板厚度越大，散热越快，为了加快金属的刨削速度，电流也相应增大，见表 5—2。

表 5—2　碳棒直径、电流和钢板厚度的关系

| 钢板厚度（mm） | 3～6 | 6～10 | 10～15 | >15 |
|---|---|---|---|---|
| 碳棒直径（mm） | 4 | 6 | 8 | 10 |
| 电流（A） | 200～270 | 270～320 | 320～360 | 360～400 |

对于一定直径的碳棒，如果电流较小，则电弧不稳，且易产生夹碳缺陷；适当增大电流，可提高刨削速度，使刨槽表面光滑、宽度增大。在实际应用中，一般选用较大的电流，但电流过大时，碳棒头部过热而发红，镀铜层易脱落，碳棒烧损很快，甚至碳棒熔化滴入槽道内，使槽道严重渗碳。正常电流下，碳棒发红长度约为 25 mm。碳棒直径越大，则刨槽越宽。一般碳棒直径应比所要求的刨槽宽度小 4 mm。

**2. 电源极性**

低碳钢、低合金钢等金属进行碳弧气刨时采用直流反接，即工件接负极、碳弧气刨钳接正极。用这种连接方法进行碳弧气刨，电弧稳定，刨削速度均匀，刨槽表面光滑明亮。

**3. 刨削速度**



刨削速度对刨槽尺寸、表面质量和刨削过程的稳定性有一定的影响。刨削速度需与电流大小和刨槽深度（或碳棒与工件间的夹角）相匹配。刨削速度太快，易造成碳棒与金属接触，使碳凝结在刨槽的顶端，造成短路、电弧熄灭，形成夹碳缺陷。一般刨削速度为 0.5～1.2 m/min。

**4. 压缩空气压力**

压缩空气的作用是用来吹走已熔化的金属。压缩空气的压力会直接影响刨削速度和刨槽表面质量。压缩空气压力高，能迅速吹走液体金属，刨削有力，使碳刨过程顺利进行；压缩空气压力低，则造成刨槽表面粘渣。适当提高压缩空气压力，能够提高削刨速度。碳弧气刨常用的压缩空气压力为 0.4～0.6 MPa。通过在压缩空气的管道中加过滤装置，可有效去除压缩空气中的水分和油分，保证刨削质量。

**5. 电弧长度**

碳弧气刨操作时，电弧长度过长会引起电弧不稳，甚至会造成熄弧。操作时电弧长度以 1～2 mm 为宜，并尽量保持短弧，这样可以提高生产效率，同时也可提高碳棒的利用率。电弧太短，容易引起“夹碳”缺陷。刨削过程中弧长变化应尽量小，以保证得到均匀的刨削尺寸。

**6. 碳棒外伸长度**

碳棒外伸长度指碳棒从气刨钳口导电处至电弧始端的长度。伸出长度大，压缩空气的喷嘴离电弧就远，电阻增大，碳棒易发热且烧损较大，并且造成风力不足，不能将熔渣顺利吹掉，而且碳棒也容易折断。一般碳棒外伸长度为 80～100 mm。随着碳棒烧

损，碳棒的外伸长度不断减少，当外伸长度减少到 20～30 mm 时，应将外伸长度重新调至 80～100 mm。

**7. 碳棒倾角**

碳棒倾角即碳棒与工件间的夹角，夹角大小主要影响刨槽深度和刨削速度。碳棒倾角增大，则刨削深度增加，刨削速度减小。一般手工碳弧气刨碳棒倾角为 30°～45°，如图 5—6 所示。碳棒中心线要与刨槽的中心线相重合，否则会造成刨槽的形状不对称，影响刨槽质量，如图 5—7 所示。

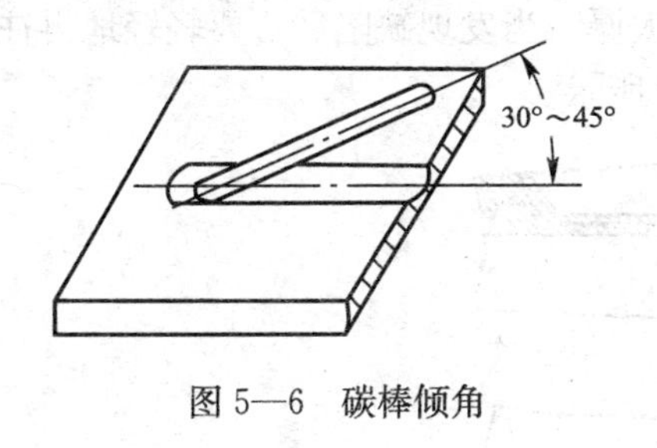


图 5—6　碳棒倾角

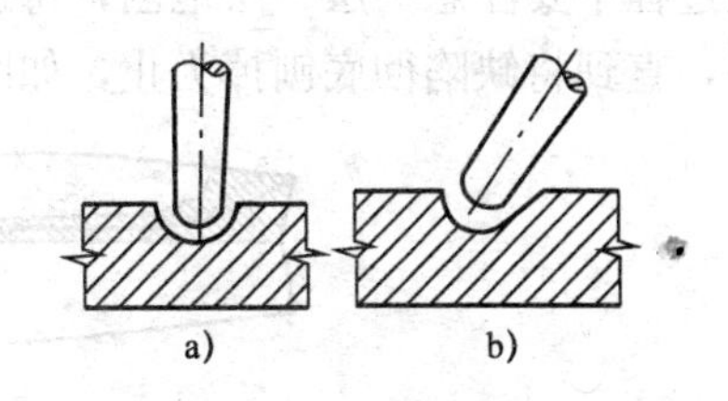


图 5—7　刨槽的形状

a）刨槽形状对称　b）刨槽形状不对称

## 二、碳弧气刨操作

**1. 基本操作**

（1）准备工作。检查电源电缆连接是否牢固，绝缘是否良好。检查电源极性是否正确，一般都采用直流反接。检查压缩空气管道连接是否良好。根据被刨工件的厚度，选择碳棒直径，进而选择刨削电流。调节碳棒伸出长度至 80～100 mm，调节好出风口和压力，使风口正好对准刨槽。

（2）引弧。引弧前应先送风，因碳棒与刨件接触引弧造成短路，如不预先送风冷却，很大的短路电流会使碳棒烧红。在电弧引燃的一瞬间，电弧不要拉得太长，以免熄弧。引弧成功后，开始只将碳棒向下进给，暂时不往前移动。

（3）刨削过程

1）要保持均匀的刨削速度。刨削时，均匀清脆的“嘶、嘶”声表示电弧稳定，能得到光滑均匀的刨槽。每段刨槽衔接时，应在弧坑上引弧，防止碰触刨槽或产生严重凹痕。因为开始刨削时钢板温度低，不能很快熔化，当电弧引燃后，刨削速度应慢一点，否则易产生夹碳。当钢板熔化且被压缩空气吹去时，可适当加快刨削速度。

2）刨削过程中，碳棒不应横向摆动和前后往复移动，只能沿刨削方向做直线运动。刨削时，手的动作要稳，对好准线，碳棒中心线应与刨槽中心线重合，否则易造成刨槽形状不对称。在垂直位置气刨时，应由上向下移动，以便焊渣流出。

3）如果要求的刨槽较浅，可一次完成刨削。若要求的刨槽较深或要求焊缝背面铲焊根，则往往要刨削多次才能达到要求。

4）刨削结束时，应先切断电弧，过几秒钟后再关闭气阀，使碳棒冷却。刨槽后应清除刨槽及其边缘的铁渣、毛刺和氧化皮，用钢丝刷清除刨槽内的炭灰和“铜斑”，并按刨槽要求检查焊缝根部是否完全刨透，缺陷是否完全清除。

**2. 刨坡口**

碳弧气刨可用于刨削U形坡口，碳弧气刨的碳棒直径和刨削电流根据U形坡口的尺寸进行选择。对于厚度较小的工件，U形坡口可一遍刨完；对于厚度较大的工件，U形坡口可分多次刨削。刨削中碳棒中心线应与坡口中心线重合，如果不重合，被刨削的坡口形状将不对称。

**3. 焊缝返修时刨削缺陷**

当焊缝内部缺陷需要清除时，可采用碳弧气刨进行刨削。刨削时电流应选择稍微小些，刨削过程中要注意一层一层地刨，每层不要太厚。当发现缺陷后，要轻轻地再往下刨一二层，直到将缺陷彻底刨掉为止，如图5—8所示。

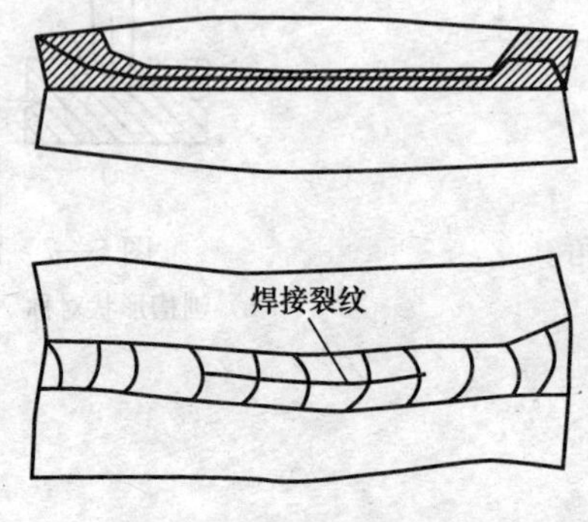


图5—8　焊缝返修刨削



**4. 清除焊根**

在进行中、厚钢板双面焊焊接过程中，为了保证焊接质量，往往在焊接背面焊缝之前先进行正面焊缝清根，将正面焊缝根部清除干净后，再进行背面焊接。

## 三、碳弧气刨常见缺陷及防止措施

**1. 夹碳**

刨削速度太快或碳棒送进过速，使碳棒头部触及铁水或未熔化的金属上，电弧就会因短路而熄灭。由于温度很高，当碳棒再往前送或上提时，端部脱落并粘在未熔化金属上，产生“夹碳”缺陷。

发生夹碳后，在夹碳处电弧不能再引燃，这样就阻碍了碳弧气刨的继续进行。此外，夹碳处还形成一层硬脆且不容易清除的碳化铁。这种缺陷必须注意防止和消除，否则焊后容易出现气孔和裂纹。清除的方法是在缺陷的前端引弧，将夹碳处连根一起刨除，或用角向磨光机磨掉。

防止夹碳的措施是在操作时，刨削速度要均匀、电弧长度要控制好，并要注意引弧动作。

**2. 粘渣**

碳弧气刨操作时，吹出来的铁水叫“渣”，表面是一层氧化铁，内部是含碳量很高的金属。如果粘在刨槽的两侧，即产生粘渣。

粘渣主要是由于压缩空气压力小引起的，但刨槽速度与电流配合不当，刨削速度太慢也易粘渣，在采用大电流时更为明显。另外，在倾角过小时也易粘渣。

防止粘渣的措施：保持压缩空气的压力为0.4～0.6 MPa，大电流时适当提高刨削速度，碳棒与刨件的倾角在30°～45°之间，对已产生的粘渣可用扁錾清除干净。

**3. 槽形不正、宽窄不一或深浅不均**

槽形不正主要是由于刨削时碳棒轴向中心线歪向一侧，为避免槽形不正，操作时应控制碳棒轴向中心线与槽口中心线重合。

宽窄不一主要是由于碳棒移动速度忽快忽慢，手抖动，横向摆动。为避免刨槽宽窄不一，碳棒移动速度要均匀，手握气刨钳要稳。

深浅不均主要是由于碳棒与刨件的倾角变化或碳棒上下移动。为避免刨槽深浅不均，要保持碳棒倾角不变，手柄握持要牢靠，移动要平稳。

**4. 刨偏**

刨削时往往由于碳棒偏离预定目标造成刨偏。碳弧气刨速度大约比电弧焊高2～4倍，技术不熟练就容易刨偏。刨偏与否和所用气刨钳结构也有一定的关系。例如，采用带有长方槽的圆周送风式和侧面送风式气刨钳，均不易将渣吹到正前方，不会妨碍刨削视线，因而减少了刨偏缺陷。

**5. 铜斑**

采用表面镀铜的碳棒时，有时因镀铜质量不好，会使铜皮成块剥落，剥落的铜皮成熔化状态，在刨槽的表面形成铜斑。在焊接前用钢丝刷或砂轮机清除铜斑，就可以避免母材的局部渗铜。如不清除，铜渗入焊缝金属的量达到一定数值时，就会引起热裂纹。为避免这种缺陷，要选用镀层质量好的碳棒，采用合适的电流，并注意焊前用钢丝刷或砂轮机将铜斑清理干净。



## 四、常用金属材料的碳弧气刨

**1. 低碳钢的碳弧气刨**

低碳钢的碳弧气刨采用直流电源反接法，熔化金属流动性好，刨削过程稳定，刨槽光滑。

低碳钢碳弧气刨后，在刨槽表面会产生一层硬化层，其深度为0.5～1 mm，并随工艺参数的变化而变化。表面硬化层是由于处于高温的表面金属被急冷所造成的，而不是渗碳的结果。因此，在正常操作情况下，低碳钢碳弧气刨并不发生渗碳现象，对碳弧气刨后的低碳钢进行焊接，并不影响焊接质量。

**2. 低合金钢的碳弧气刨**

低合金钢碳弧气刨采用电源的接法与低碳钢相同。由于低合金钢含有合金元素，其淬硬倾向随合金元素的增加而增大，刨槽表面易形成淬硬组织，从而导致裂纹的产生，所以应采取一定的工艺措施。

16Mn（Q345）、15MnV（Q390）等普通低合金结构钢碳弧气刨性能好，可采用与低碳钢碳弧气刨一样的工艺进行。珠光体耐热钢，如12CrMo、12CrMoV等钢，需经预热至200℃左右再进行碳弧气刨。15MnVN（Q420）、18MnMoNb、2MnMo等钢需经预热后再进行碳弧气刨，预热温度应等于或稍高于焊接时采用的预热温度。对于某些强度等级高、对冷裂纹十分敏感的低合金高强度钢的厚板，不宜采用碳弧气刨。

**3. 不锈钢的碳弧气刨**

不锈钢碳弧气刨时，仍采用直流反接法。气刨后不锈钢表面渗透层的深度仅为0.02～0.05 mm，最深处也不超过0.1 mm，所以碳弧气刨对不锈钢的渗透作用是极其微小的。在气刨后要认真做好刨槽边缘的清理工作，因为黏附在刨槽边缘两侧的熔渣，其含碳量可高达1.2%，清理不净将会影响焊接质量。

不锈钢碳弧气刨的热影响区比焊条电弧焊小得多，在正常操作工艺参数下，热影响区只有1 mm左右。由于碳弧气刨对不锈钢的渗碳和热作用很小，因此，对不锈钢的抗晶间腐蚀性能没什么影响。

## 五、碳弧气刨的安全操作技术

1. 在雨雪天和大风天不得进行露天气刨和切割。

2. 露天作业时，应尽可能顺风向操作，防止被吹散的铁水及熔渣烧伤，并注意场地的防火。

3. 在容器或舱室内部作业时，内部尺寸不能过于狭小，而且必须加强通风，以便排除烟尘。

4. 气刨时使用的电流较大，应注意防止电源过载或长时间连续使用而使碳棒发热。

5. 操作地点的防火距离要大于一般电焊、气割作业的防火距离。



6. 为了防止火灾和降低烟尘，气刨普通碳钢时，可采用水雾电弧气刨法，即在碳棒周围喷射出适量的水雾，以熄灭飞溅的火花和降低烟尘。此时应注意气刨钳不能漏水，以防触电。

7. 更换或移动热碳棒时，必须由上往下插入夹钳内。严禁用手抓握引弧端，以防炽热的碳棒烧焦手套或烫伤手掌。

8. 碳弧气刨由于弧光较强，操作人员应戴上深色护目镜，防止喷吹出来的熔融金属烧损作业服和伤害眼睛。

9. 气刨时烟尘大，由于碳棒使用沥青黏结而成，表面镀铜，因此烟尘中含有1%～1.5%的铜，并产生有害气体，所以操作者宜佩戴送风式面罩。在容器或狭小部位操作时，必须加强环境抽风和及时排出烟尘的措施。

10. 气刨时产生的噪声较大，操作者应佩戴耳塞。除上述安全防护措施外，还应遵守焊条电弧焊的有关安全操作的规定。

## 单元测试题

**一、单项选择题**（下列每题的选项中，只有1个是正确的，请将其代号填在横线空白处）

1. 利用碳弧气刨对低碳钢开焊接坡口时，应采用__________。

A. 直流反接　　B. 直流正接　　C. 交流电源

2. 碳弧气刨时降低刨削速度，则__________。

A. 刨槽深度增大　　B. 刨槽深度减小　　C. 刨槽宽度增大

3. 碳弧气刨操作时应控制火花、飞溅，操作地点的防火距离应__________一般焊接的距离。

A. 小于　　B. 等于　　C. 大于

4. 碳弧气刨时碳棒倾角一般为__________。

A. 10°～25°　　B. 25°～60°　　C. 30°～45°

5. __________不宜采用碳弧气刨。

A. 铸铁　　B. 不锈钢　　C. 冷裂纹敏感的低合金钢厚板

6. 碳弧气刨时，压缩空气的压力主要是由__________决定的。

A. 刨削速度　　B. 刨削深度　　C. 刨削电流

7. 一般情况下，碳弧气刨的碳棒伸出长度应为__________mm。

A. 30～50　　B. 50～80　　C. 80～100

**二、判断题**（下列判断正确的打“√”，错误的打“×”）

1. 碳弧气刨的主要缺点是刨槽中会产生渗碳现象。（　）
2. 碳弧气刨时，压缩空气的作用是用来校正电弧的磁偏吹。（　）
3. 碳弧气刨的电极是石墨棒或碳棒。（　）
4. 夹碳是碳弧气刨常见的缺陷之一。（　）
5. 碳弧气刨时如产生夹碳缺陷而不予以清除，焊后会产生气孔和裂纹。（　）
6. 碳弧气刨可以在焊件上加工出U形坡口。（　）
7. 在没有等离子弧切割的条件下，不锈钢也可以使用碳弧气刨进行切割。（　）
8. 为提高碳棒的导电性能，所以碳棒表面应镀铜。（　）
9. 碳弧气刨使用的气体是氧气。（　）
10. 为了提高生产率，刨削速度越快越好。（　）
11. 碳棒倾角增加时，刨槽深度也增加。（　）
12. 碳弧气刨时，碳棒倾角对刨槽深度影响不大。（　）
13. 碳弧气刨刨削时，应先引燃电弧，然后打开压缩空气开关。（　）
14. 刨削过程中，碳棒不应做前后往复移动，只能沿刨削方向做直线运动。（　）

## 单元测试题答案

**一、单项选择题**

1. A　2. A　3. C　4. C　5. C　6. C　7. C

**二、判断题**

1. ×　2. ×　3. √　4. √　5. √　6. √　7. √　8. √　9. ×　10. ×　11. √　12. ×　13. ×　14. √

# 第6单元

# 焊后检查

# 第一节　焊接表面缺陷

→ 熟知焊缝表面缺陷的种类及产生原因
→ 掌握表面缺陷的预防方法
→ 能够进行焊缝外观尺寸及表面缺陷的检查

## 一、外观缺陷的种类及检查方法

**1. 外观缺陷的种类**

焊接生产中产生的不符合设计或工艺要求的缺陷，称为焊接缺陷。按分布的位置，焊接缺陷分为外部缺陷和内部缺陷两种情况。位于焊缝表面，通过目测或低倍放大镜可以看到的缺陷，叫做外部缺陷。

（1）形状缺陷

1）咬边。因焊接电流过大或焊接操作不当，在焊缝的焊趾或焊根处造成的沟槽称为咬边。咬边可以是连续的，也可以是间断的，如图 6—1 所示。

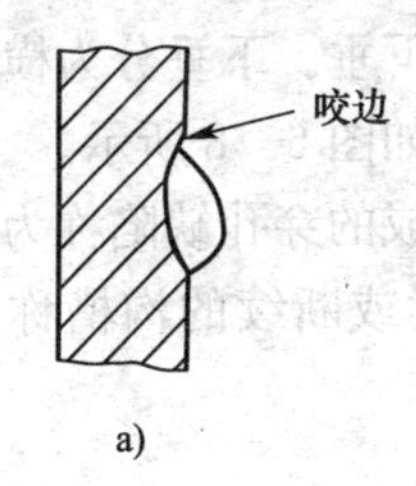

a)

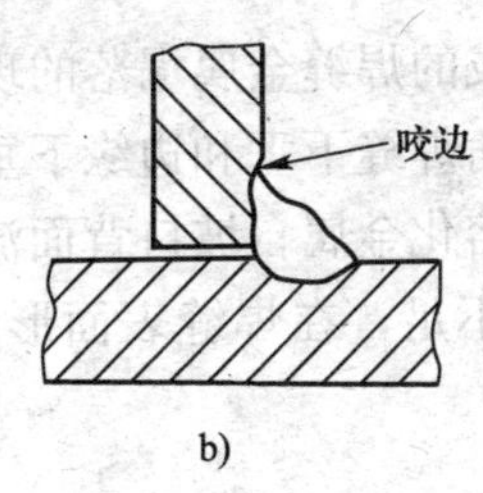

b)

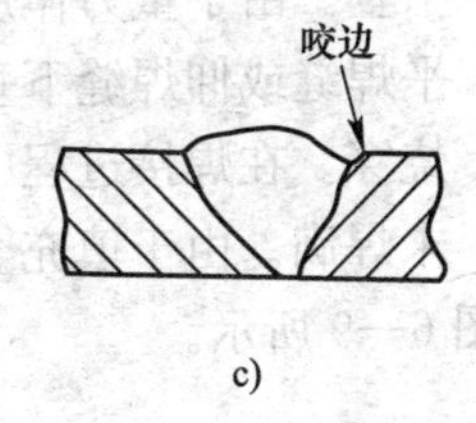

c)

图 6—1　咬边

2）缩沟。由于焊缝金属的收缩在焊缝根部焊道两侧产生的浅沟称为缩沟，如图 6—2 所示。

3）焊缝超高。对接焊缝表面上的焊缝金属过高称为焊缝超高。

4）凸度过大。角焊缝表面的焊缝金属过高称为凸度过大。

5）下塌。过多的焊缝金属伸出到焊缝根部称为下塌，如图 6—3 所示。

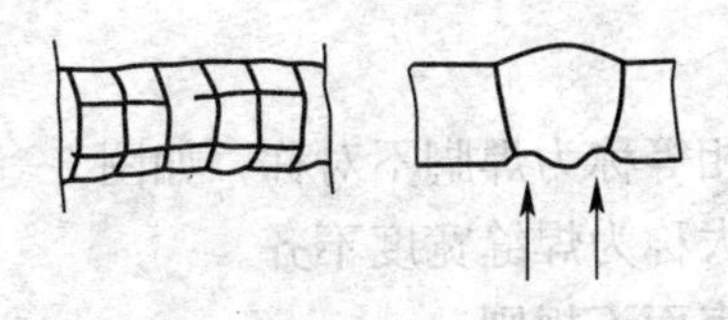

图 6—2　缩沟

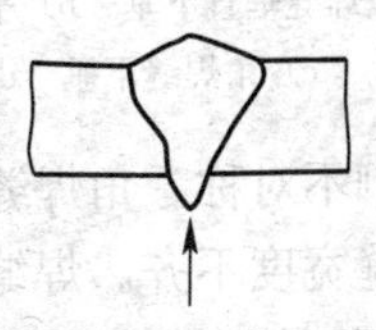

图 6—3　下塌

6）焊缝型面不良。母材金属的表面与靠近焊趾处的焊缝表面的切面之间的夹角过小，如图 6—4 所示。

7）焊瘤。在焊接过程中，熔化金属流淌到焊缝之外未熔化的母材上所形成的金属瘤称为焊瘤，如图 6—5 所示。

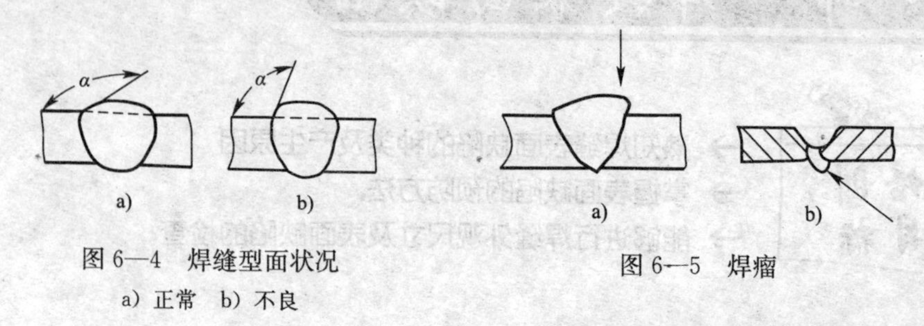


图 6—4　焊缝型面状况

a）正常　b）不良

图 6—5　焊瘤

8）错边。由于两个焊件表面未达到平行要求而产生的偏差称为错边，如图 6—6 所示。

9）角度偏差。两个焊件未按规定角度对齐而产生的偏差称为角度偏差，如图 6—7 所示。

图 6—6　错边

图 6—7　角度偏差



10）下垂。由于重力作用造成的焊缝金属塌落的现象称为下垂。下垂分为横焊缝垂直下垂、平焊缝或仰焊缝下垂、角焊缝下垂和边缘下垂几种，如图 6—8 所示。

11）烧穿。在焊接过程中，熔化金属自坡口背面流出，形成的穿孔缺陷称为烧穿。

12）未焊满。由于填充金属不足，在焊缝表面形成的连续或断续的沟槽称为未焊满，如图 6—9 所示。

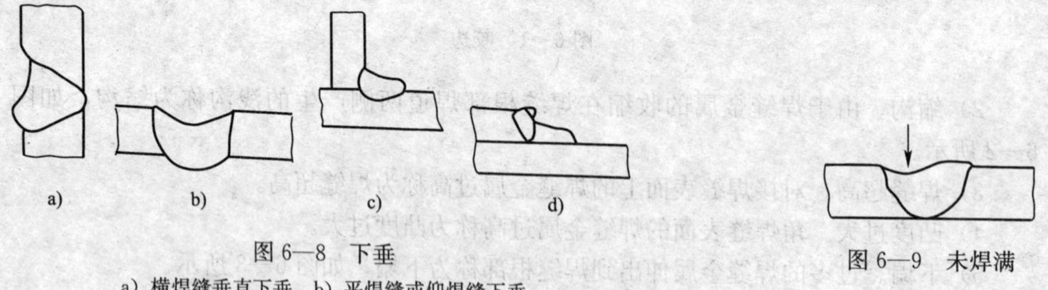


图 6—8　下垂

a）横焊缝垂直下垂　b）平焊缝或仰焊缝下垂

c）角焊缝下垂　d）边缘下垂

图 6—9　未焊满

13）焊脚不对称。角焊缝的焊脚尺寸不相等称为焊脚不对称，如图 6—10 所示。

14）焊缝宽度不齐。焊缝宽度的变化过大称为焊缝宽度不齐。

15）表面不规则。焊缝表面过分粗糙即表面不规则。

16）根部收缩。由于对接焊缝根部收缩造成的单道浅沟即根部收缩，如图 6—11 所示。

17）根部气孔。在凝固过程中，自焊缝背面逸出的气体在焊缝根部造成的多孔状组织称为根部气孔。

18）表面气孔。焊缝表面气孔是指焊接中气体不能从焊缝表面及时溢出，露在表面的空穴。表面气孔是一种常见的焊接缺陷，分为分散气孔和密集气孔。

19）表面夹渣。是指夹在焊缝金属中且部分外露在焊缝表面的残留熔渣。

20）焊缝接头不良。焊缝衔接处的局部表面不规则称为焊缝接头不良，如图 6—12 所示。

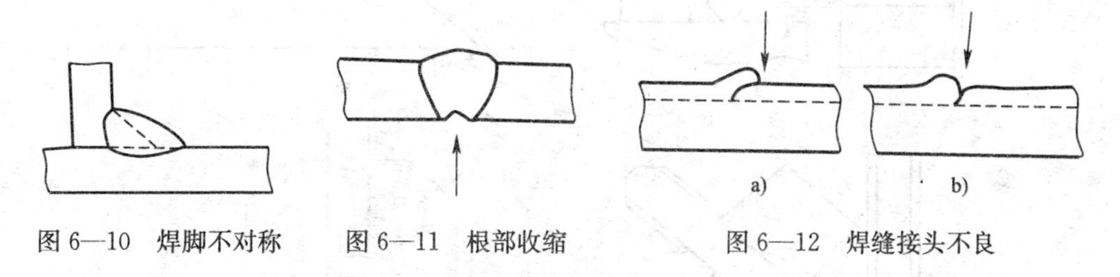


图 6—10　焊脚不对称　　图 6—11　根部收缩　　图 6—12　焊缝接头不良

（2）其他缺陷

1）电弧擦伤。在焊缝坡口外部引弧或在母材金属表面上造成的电弧损伤称为电弧擦伤。

2）飞溅。在熔焊过程中，熔化金属的颗粒和熔渣会向周围飞散。飞溅散出的金属颗粒和渣粒称为飞溅。

3）钨飞溅。从钨电极过渡到母材金属表面或凝固在焊缝金属表面上的钨颗粒称为钨飞溅。

4）表面撕裂。不按操作规程拆除临时焊接的工艺性附件，在母材金属表面造成的损伤称为表面撕裂。

5）磨痕。打磨所引起的母材或焊缝表面的局部损伤称为磨痕。

6）凿痕。使用錾子或其他工具錾凿金属而造成的表面局部损伤称为凿痕。

7）打磨过量。由于打磨不慎，使工件或焊缝的减薄量超出了允许值，称为打磨过量。

8）定位焊缺陷。定位焊缺陷是指定位焊时产生的各种焊接缺陷。

9）层间错位。不按规定程序熔敷的焊道称为层间错位。

**2. 外部缺陷检查的方法**

外观检查是一种常用的、简单的检验方法，以肉眼观察为主，必要时利用低倍放大镜、焊缝检验尺、样板或量具等对焊缝外观尺寸和焊缝成型进行检查。检查前应将焊缝表面的熔渣、氧化皮及焊疤等清理干净。

焊缝检验尺是一种常用的焊缝外观尺寸检测工具，通常用焊缝检验尺来测量焊件焊前的坡口角度、间隙、错边及焊后对接焊缝的余高、宽度和角焊缝的高度、厚度等。具体的检测方法如图 6—13 所示。

## 二、常见外观缺陷产生的原因及预防措施

**1. 焊缝尺寸不符合要求**

焊缝尺寸不符合要求，主要表现在焊缝外表高低不平、焊波宽窄不齐、余高过大或

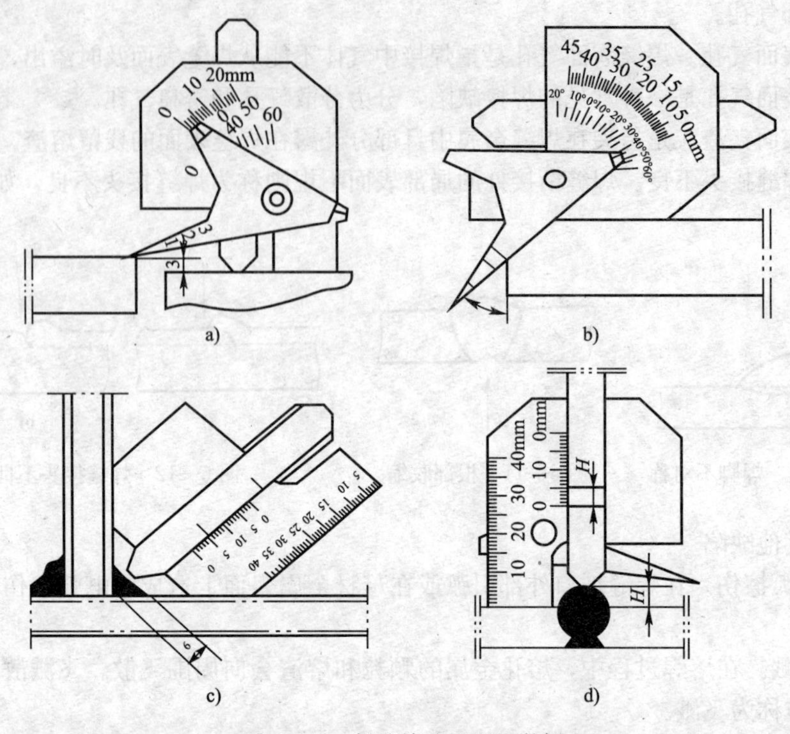

图 6—13　焊缝检验尺用法举例

a）测量焊缝错边　b）测量坡口角度　c）测量焊缝厚度及 90°焊接角　d）测量焊缝高



过小、角焊缝焊脚尺寸不相等。焊缝尺寸过小，使焊接接头强度降低。焊缝尺寸过大，不仅浪费焊接材料，还会增加焊件的应力和变形；塌陷量过大的焊缝，接头强度降低；余高过大的焊缝会造成应力集中，减弱结构的工作性能。

（1）缺陷产生的原因

1）焊接技术不熟练、焊条送进和移动速度不均匀、运条手法不正确、焊条与焊件夹角太大或太小、焊接时焊工手部抖动等。

2）焊接坡口合格，装配质量不高。

3）焊接工艺参数选择不正确。

4）焊条可达性不好，焊工不能灵活运条。

5）焊工护目镜片遮光号过大，焊工看不清焊缝位置。

（2）防止缺陷产生的措施

1）努力提高焊工的操作技能水平。

2）尽量采用机械加工方法加工焊件的坡口面。

3）提高装配质量，推广使用工具、夹具、模具装配焊接。

4）选择适当的焊接工艺参数。

5）改进设计、改善焊条的可达性。

6）正确选用护目遮光镜片的遮光号。

**2. 咬边**

咬边是指由于焊接工艺参数选择不正确，或操作工艺不正确，在沿着焊趾的母材部位生成的沟槽或凹陷。咬边缺陷不仅减弱了焊接接头强度，而且因应力集中易引发裂纹。

（1）咬边缺陷产生原因。咬边缺陷主要是由于电弧热量太高，即焊接电流过大，弧长过长或焊条移动速度不当引起。横焊或立焊时，焊条直径过大或焊条角度不正确也能引起咬边。埋弧焊时，往往由于焊接速度过高而产生咬边。

（2）咬边缺陷预防措施。选择正确的焊接电流和焊接速度，电弧不能过长，保持运条均匀，保持正确的焊条角度。采用摆动焊时，在焊缝的每侧必须稍停留。焊接过程中尽量采用短弧焊。埋弧焊时，焊接速度不能过高，应选择正确的焊接工艺参数。总之，焊接速度必须满足所熔敷的焊缝金属完全填充母材所有已熔化的部分。

**3. 表面气孔**

（1）焊缝表面气孔产生的原因

1）焊件金属表面受锈、油污、氧化物等污染。

2）焊条药皮中水分过大，焊件表面潮湿。

3）焊接电弧过长或偏吹。

4）焊接电流过大或过小。

5）焊接速度过快。

6）焊条极性不正确。

（2）防止气孔产生的措施

1）清除焊件表面及坡口内的铁锈、油污、水分，清除宽度应控制在焊缝两侧各20 mm范围内。

2）严格按照工艺要求规定的烘干温度在焊接前烘干焊条、焊剂。

3）尽量采取短弧焊，特别是使用碱性焊条时不要随意拉长电弧，减小弧柱与空气的接触，减小空气中氮气、氧气进入熔池的机会。

4）选择合适的焊接电流，避免焊条末端药皮发红。

5）降低焊接速度，利用运条动作加强熔池金属的搅拌，使熔池内的气体能顺利溢出。

6）采用碱性焊条时，焊接电源一定要用直流反接。

7）防止电弧偏吹，不要使用偏心度超过标准的焊条。

**4. 表面夹渣**

（1）表面夹渣产生的原因

1）焊前清理不干净或上层焊道熔渣清理不干净。

2）焊条摆动幅度过大，使液态熔渣在焊道边缘处凝固。

3）焊条前进速度不均匀。

4）焊件倾角太大，使熔渣流在电弧之前。

5）焊接电流过小，熔池凝固过快，熔渣不能及时排出。

6）焊接运弧不当，不能使熔渣与熔池金属很好地分离。

（2）防止表面夹渣产生的措施

1）选用脱渣性、脱氧性和脱硫性较好的焊条、焊剂。

2）焊接表面焊道前，应将前一焊道熔渣清理干净。

3）焊条摆动幅度不宜过大。

4）焊接电流不宜过小，焊条直径不宜过小。

5）掌握正确的运条手法，将熔池中的熔渣排除。

6）采取均匀一致的焊接速度。

7）减小焊件倾角。

8）加大焊条的角度或提高焊接速度。

**5. 焊瘤**

（1）焊瘤产生的原因。由于熔池温度过高，使液态金属凝固缓慢，受自身重力作用而向下流淌从而形成焊瘤。其形成的基本原因是焊接电流偏大及焊接速度过慢。另外，由于焊接位置不同，造成液态金属向下流淌的趋势也不同。对于立焊、横焊及仰焊操作时，如果运条动作慢，就会明显地产生熔敷金属下坠，下坠的金属冷却后就成为焊瘤。

（2）防止焊瘤形成的措施

1）选择合适的焊接电流。

2）坡口间隙处停留时间不宜过长。

3）采用合适的焊接速度，焊接速度不易过慢。

**6. 弧坑**

（1）弧坑产生的原因

1）熄弧过快。

2）薄板焊接时电流过大。

3）焊工操作技能差。

4）停弧或收弧时没有填满弧坑。

（2）防止弧坑产生的措施

1）提高焊工操作技能，适当摆动焊条以填满凹陷部分。

2）在收弧处短时停留或做几次环形运条，以继续增加一定量的熔化金属填满弧坑。

**7. 烧穿**

（1）产生烧穿的原因

1）焊接电流大、焊接速度慢，使焊件过度加热。

2）坡口间隙大，钝边过小。

3）焊工操作技能差。

（2）防止烧穿的措施

1）选择合适的焊接工艺参数及合适的坡口尺寸。

2）提高焊工的操作技能。

# 第二节　表面缺陷返修及焊补

→ 了解焊缝外观质量要求及缺陷的返修要求
→ 掌握焊缝表面缺陷的返修和补焊方法
→ 能够正确进行表面缺陷的返修及焊补

## 一、焊缝外观质量要求及返修要求

**1. 焊缝外观质量要求**

焊缝外形尺寸应符合设计图样和工艺文件规定，焊缝的高度不低于母材，焊缝与母材应圆滑过渡，焊缝及热影响区表面不允许有裂纹、未熔合、夹渣、弧坑和气孔等缺陷。焊缝外观质量主要根据有关的国家标准、专业标准、产品技术条件以及考试规则等文件来判定。在上述几类标准或文件中，对焊缝外形尺寸、表面缺陷的大小和数量以及检测手段都有明确的规定。

**2. 返修及补焊要求**

(1) 返修及补焊操作应由具有相应资质的焊工完成。

(2) 对于锅炉、压力容器及压力管道等重要设备、结构的返修应采取经过评定验证的焊接工艺，返修前应制定返修措施。锅炉同一部位返修不应超过三次。

(3) 对于重要设备、结构，返修焊接次数一般不应超过两次。对于经过两次返修仍不合格的焊缝，如需再次返修，则需经制造单位技术负责人批准。

(4) 焊缝返修最小长度应满足相应的焊接标准、规范要求。

(5) 焊缝表面缺陷相应的质量验收标准规定，对气孔、夹渣、焊瘤、余高过大等缺陷应用砂轮打磨去除，必要时进行焊补。对焊缝尺寸不足、咬边、弧坑等缺陷应进行焊补。

(6) 对于压力容器等设备母材表面超过 0.5 mm 深的划伤、电弧擦伤、焊疤等缺陷，应打磨平滑，必要时应进行焊补。

## 二、焊缝表面缺陷返修及焊补操作

**1. 返修及补焊前准备**

(1) 正确确定缺陷种类、部位、缺陷性质。

(2) 制定返修措施。根据缺陷性质，制定有效的返修工艺，包括坡口的制备、补焊方法的选择、预热及后热温度控制等。

**2. 返修操作方法及注意事项**

(1) 清除缺陷。根据工件材质、板厚、缺陷部位、缺陷大小及种类等情况，选择碳弧气刨、手工铲磨、机械加工等方法对缺陷进行清除。

单元 6

（2）补焊时，采取多层多道焊，错开每层、每道焊缝的起始和收尾处，焊后及时进行消除应力、去氢、改善焊缝组织等处理。

（3）返修后的焊缝表面应进行修磨，使其与原焊缝基本一致并圆滑过渡。

（4）要求焊后热处理的工件应在热处理前返修，如在热处理后还需返修，返修后应再做热处理。

## 单元测试题

**一、单项选择题**（下列每题的选项中，只有1个是正确的，请将其代号填在横线空白处）

1. 因焊接电流过大或焊接操作欠佳，在焊缝的焊趾或焊根处造成的沟槽称为________。

A. 气孔　　B. 裂纹　　C. 咬边

2. 在焊接过程中，熔化金属自坡口背面流出，形成的穿孔缺陷称为________。

A. 气孔　　B. 烧穿　　C. 咬边

3. 在焊接过程中，熔化金属流淌到焊缝之外未熔化的母材上所形成的金属瘤称为________。

A. 气孔　　B. 烧穿　　C. 焊瘤

4. 咬边缺陷主要是由于电弧热量太高，即焊接电流________，弧长过长或焊条速度不当引起的。

A. 过大　　B. 过小　　C. 相等

5. 在熔焊过程中，熔化金属的颗粒和熔渣会向周围飞散，这种现象称为________。

A. 夹钨　　B. 飞溅　　C. 夹渣



**二、判断题**（下列判断正确的打“√”，错误的打“×”）

1. 承压设备焊缝返修及补焊操作应由具有相应资质的焊工完成。（　）

2. 由于熔池温度过高，使液态金属凝固缓慢，由于自身重力作用而向下流淌从而形成焊瘤。（　）

3. 返修后的焊缝表面应进行修磨，使其与原焊缝基本一致并圆滑过渡。（　）

4. 焊接时，焊条药皮中水分过大、焊件表面潮湿，焊缝容易产生气孔。（　）

5. 在焊缝坡口外部引弧或引弧时在母材金属表面上造成的局部损伤称为电弧擦伤。（　）

## 单元测试题答案

**一、单项选择题**

1. C　2. B　3. C　4. A　5. B

**二、判断题**

1. √　2. √　3. √　4. √　5. √

# 理论知识考核试卷

**一、单项选择题**（下列每题的选项中，只有1个是正确的，请将其代号填在横线空白处；每题1分，共40分）

1. E5015焊条使用__________。
   A. 交流电源　　B. 直流正接　　C. 直流反接
2. ZXG—400型弧焊整流器型号中的数字400是指焊机的__________。
   A. 电弧电压　　B. 空载电压　　C. 额定焊接电流
3. 碳钢焊条型号中，表示焊条用于全位置焊接的代号是__________。
   A. 1　　B. 3　　C. 2
4. 在没有直流弧焊电源的情况下，应选用的焊条是__________。
   A. E4315　　B. E5015　　C. E4303
5. __________坡口加工容易，但焊后易产生角变形。
   A. V形　　B. U形　　C. X形
6. 在坡口中留钝边的作用是__________。
   A. 防止烧穿　　B. 保证焊透　　C. 减小应力
7. 酸性焊条熔焊时，抗气孔能力与碱性焊条相比是__________的。
   A. 强　　B. 弱　　C. 一样
8. E4315、E5015属于__________药皮的焊条。
   A. 钛钙型　　B. 低氢钠型　　C. 低氢钾型
9. E4316、E5016焊条焊接时焊接电源为__________。
   A. 交流或直流正接、反接　　B. 交流或直流反接　　C. 交流或直流正接
10. 焊接用的$CO_2$气体一般纯度要求不低于__________。
   A. 99.5%　　B. 99.95%　　C. 99.99%
11. __________具有微量的放射性。
   A. 纯钨极　　B. 钍钨极　　C. 铈钨极
12. WSJ－300型焊机是__________焊机。
   A. 交流钨极氩弧焊　　B. 直流钨极氩弧焊　　C. 熔化极氩弧焊
13. 根据焊条药皮性能，碱性焊条与酸性焊条相比，碱性焊条的操作工艺性能______。
   A. 一般　　B. 差　　C. 好
14. 手工钨极氩弧焊机的电源应具有__________的外特性曲线。
   A. 上升　　B. 缓降　　C. 陡降
15. 焊条电弧焊电弧静特性曲线的形状近似______。

试卷

A. 水平　　B. 陡降　　C. 缓降

16. 在电极材料、气体介质和弧长一定的情况下，电弧稳定燃烧时，焊接电流与电弧电压变化的关系称为______。

A. 电弧的静特性　　B. 弧焊电源的外特性　　C. 弧焊电源的动特性

17. 一般碱性焊条应采用______。

A. 直流正接　　B. 直流反接　　C. 交流电源

18. 当板厚相同时，立焊电流 $I_{立}$ 与平焊电流 $I_{平}$ 的关系是______。

A. $I_{立}>I_{平}$　　B. $I_{立}=I_{平}$　　C. $I_{立}<I_{平}$

19. 焊条电弧焊合理的弧长应为焊条直径的______倍。

A. 0.2～0.5　　B. 0.5～1.0　　C. 1.0～2.0

20. 焊条电弧焊时，对焊接区域所采取的保护方法是______。

A. 渣保护　　B. 气-渣联合保护　　C. 气保护

21. 氩弧焊时，对焊接区域所采取保护方法是______。

A. 气保护　　B. 气-渣联合保护　　C. 混合气体保护

22. $CO_2$气体保护焊焊接厚板工件时，熔滴过渡的形式应采用______。

A. 颗粒过渡　　B. 射流过渡　　C. 短路过渡

23. $CO_2$气体保护焊的电源通常采用______。

A. 交流电源　　B. 直流反接　　C. 直流正接

24. 多层焊时，为保证根部焊透，打底层焊缝使用的焊条直径与其他层焊缝相比应______。

A. 小些　　B. 不变　　C. 大些

25. 在焊接过程中，焊接电流过大时，容易造成气孔、咬边及______等。

A. 夹渣　　B. 未焊透　　C. 焊瘤

26. 在焊接过程中，焊接速度过慢时，易产生过热及______等。

A. 未焊透　　B. 烧穿　　C. 气孔

27. 在焊接过程中，焊条横向摆动主要是______。

A. 保证焊缝宽度　　B. 保证焊透　　C. 控制焊缝余高

28. 钨极氩弧焊时，电弧电压过高会产生未焊透和______等。

A. 裂纹　　B. 夹钨　　C. 保护不良

29. 钨极氩弧焊焊接电流超过钨极允许的电流时，会造成钨极过热而蒸发，使电弧不稳定和焊缝中易产生______。

A. 未熔合　　B. 未焊透　　C. 夹钨

30. 减压器和胶管安装完毕，应先排空乙炔胶管内______的混合气后再点火。

A. 氧与氢　　B. 氧与空气　　C. 空气与乙炔

31. 气焊时须采用氧化焰的材料有______。

A. 低合金结构钢　　B. 纯铜　　C. 黄铜

32. 目前气焊主要应用于______。

A. 有色金属及铸铁的焊接与修复

试卷

B. 难熔金属的焊接

C. 大直径管道的安装与焊接

33. 气焊时必须使用气焊焊剂的是＿＿＿＿＿。

A. 低合金结构钢　B. 铸铁　C. 低碳钢

34. 焊嘴与工件间的夹角称为焊嘴倾角。当焊嘴倾角变小时，则＿＿＿。

A. 火焰分散　B. 火焰集中　C. 不变

35. 气割时预热火焰可以采用＿＿＿＿＿。

A. 碳化焰　B. 中性焰　C. 氧化焰

36. 随着工件厚度的增加，气割时切割氧压力应＿＿＿＿＿。

A. 增大　B. 减小　C. 不变

37. 气割时，切割氧压力过大会造成＿＿＿＿＿。

A. 浪费氧气　B. 节约氧气　C. 氧气消耗量不变

38. 在氧气瓶上安装减压器时应安装牢固，采用螺纹连接时，应拧足＿＿＿螺扣以上。

A. 3个　B. 5个　C. 7个

39. 咬边缺陷主要是由于电弧热量太高，即焊接电流＿＿＿＿＿、弧长过长或焊接速度不当引起。

A. 过大　B. 过小　C. 相等

40. 在熔焊过程中，熔化金属的颗粒和熔渣会向周围飞散，这种现象称为＿＿＿＿＿。

A. 夹钨　B. 飞溅　C. 夹渣

**二、判断题**（下列判断正确的打"√"，错误的打"×"；每题1分，共60分）

1. 碱性焊条比酸性焊条对水锈产生气孔的敏感性大。（　）
2. 焊接接头根部预留间隙的作用是保证焊透。（　）
3. 交直流两用焊条都是酸性焊条。（　）
4. 采用E5015焊条焊接时，应采用直流正接法。（　）
5. NBC－350型焊机是$CO_2$气体保护焊机。（　）
6. 直流弧焊机的空载电压比弧焊变压器高。（　）
7. 弧焊电源的外特性都是陡降的。（　）
8. 弧焊电源的种类应根据焊条药皮的性质进行选择。（　）
9. 低氢型药皮焊条只能选用直流弧焊电源。（　）
10. 推丝式送丝机构适用于长距离输送焊丝。（　）
11. 所有角焊缝中，焊脚尺寸总是等于焊脚。（　）
12. 焊缝表面两焊趾之间的距离称为焊缝宽度。（　）
13. 焊接电弧的弧长越长，电弧电压越低。（　）
14. 焊条电弧焊焊接电弧的阴极温度低于阳极温度。（　）
15. 焊接时提高电弧电压，可以提高电弧的稳定性。（　）
16. 钨极氩弧焊时，焊接电弧的阳极区温度高于阴极区温度。（　）
17. 焊接电弧的磁偏吹与焊接电流无关。（　）

18. 焊接方向是指焊接操作时焊接热源在焊缝长度方向上的运动方向。（　）

19. 焊接热输入的大小是由焊接工艺参数决定的。（　）

20. 划圈收尾法适合于厚板焊接的收尾。（　）

21. $CO_2$ 气体保护焊的电源采用直流正接时，产生的飞溅要比直流反接时严重得多。（　）

22. $CO_2$ 气体中不含氢，所以进行 $CO_2$ 气体保护焊不会产生氢气孔。（　）

23. 焊条直径是焊接规范参数之一，其选择应根据母材的厚度和焊接层（道）数确定。（　）

24. 焊条电弧焊的焊接规范参数一般包括焊条直径、焊接电流、电弧电压、焊接速度和焊接层（道）数等。（　）

25. 电弧焊灭弧时，应填满熔池弧坑，使熔池缓慢降温，防止产生热裂纹。（　）

26. 氩气是惰性气体，它在高温下分解并与焊缝金属起化学反应。（　）

27. 钨棒端部形状对电弧燃烧和焊缝成型没有任何影响，故可随意磨制。（　）

28. 钨极伸出长度过小时，会妨碍视线，操作不便。（　）

29. 氩气流量越大，对熔池的保护效果越好。（　）

30. 钨极直径主要根据许用电流、焊接电流和极性种类进行选择。（　）

31. 双级式减压器和单级式减压器比较，单级式减压器输出的气体比较稳定。（　）

32. 可燃气体的流速大于火焰燃烧速度时，易发生回火。（　）

33. 可燃物、助燃物和着火源构成燃烧的三个要素。（　）

34. 只要能控制或消除火源，就能防止火灾的发生。（　）

35. 氧气瓶阀着火是由于瓶阀密封不严、漏气引起的。（　）

36. 焊接场所周围 10 m 以内不能存放易燃易爆物品。（　）

37. 焊接作业场所应有良好的自然通风和足够亮度的照明，其面积不小于 4 $m^2$，人行通道宽度不小于 1 m，并配备充足的灭火器材。（　）

38. 在容器内从事焊接，每次时间不超过 1 h 可不用设专人监护。（　）

39. 高处作业应严格遵守高处作业有关规定，并佩戴合格的安全带。（　）

40. 在容器内切割时，割炬应同人一起进入，如需休息时，应把气源关闭。（　）

41. 在焊接煤气管道时，应把气源切断后进行焊接，严禁在正压情况下焊接。（　）

42. 焊丝在焊炬的前方，火焰指向焊件金属的待焊部分，这种操作方法叫做左焊法。（　）

43. 为了保证工件能够切透，切割氧压力越大越好。（　）

44. 切割速度的正确与否，可以根据割缝的后拖量来判断。（　）

45. 气割时割嘴向已割方向倾斜，火焰指向已割金属的前方叫做割嘴的前倾。（　）

46. 气割钢管时，不论哪种管件的气割预热，火焰均应垂直于钢管的表面。（　）

47. 由于氧气瓶内气体具有压力，因此气动工具可以用氧气作为气源。（　）

48. 为了改善通风换气的效果，对局部焊接部位可以使用氧气进行通风换气。（　）

49. 乙炔气瓶一般应在 40℃以下使用。（　）

50. 氧气瓶、乙炔瓶及液化石油气瓶的减压器可以互换使用。（　）

51. 碳弧气刨的主要缺点是刨槽中会产生渗碳现象。 ( )
52. 碳弧气刨中压缩空气的作用是校正电弧的磁偏吹。 ( )
53. 碳弧气刨的电极是石墨棒或碳棒。 ( )
54. 夹碳是碳弧气刨常见的缺陷之一。 ( )
55. 进行碳弧气刨时，如产生夹碳缺陷而不予以清除，焊后会产生气孔和裂纹。( )
56. 焊件金属表面受锈、油污、氧化物等脏物污染容易引起气孔缺陷。 ( )
57. 在焊接过程中，熔化金属流淌到焊缝之外未熔化的母材上形成焊瘤。 ( )
58. 因焊接电流过大或焊接操作欠佳，在焊缝的焊趾处造成的沟槽称为裂纹。 ( )
59. 开坡口的目的是保证焊件可以在厚度方向上全部焊透。 ( )
60. 焊条在使用前应按要求进行烘干。 ( )

# 理论知识考核试卷答案

一、单项选择题

1. C　2. C　3. A　4. C　5. A　6. A　7. A　8. B　9. B　10. B　11. B　12. A　13. B　14. C　15. A　16. A　17. B　18. C　19. B　20. B　21. A　22. A　23. B　24. A　25. C　26. B　27. A　28. C　29. C　30. C　31. C　32. A　33. B　34. A　35. B　36. A　37. A　38. B　39. A　40. B

二、判断题

1. √　2. √　3. ×　4. ×　5. √　6. √　7. ×　8. √　9. ×　10. ×　11. ×　12. √　13. ×　14. √　15. ×　16. √　17. ×　18. √　19. √　20. √　21. √　22. ×　23. √　24. √　25. √　26. ×　27. ×　28. √　29. ×　30. √　31. ×　32. ×　33. √　34. √　35. ×　36. √　37. ×　38. ×　39. √　40. ×　41. ×　42. √　43. ×　44. √　45. ×　46. √　47. ×　48. ×　49. √　50. ×　51. ×　52. ×　53. √　54. √　55. √　56. √　57. √　58. ×　59. √　60. √

# 操作技能考核试卷

**第 1 题　20 钢管水平转动焊条电弧焊**

1. 操作要求

（1）采用焊条电弧焊进行打底、填充、盖面焊接。

（2）焊件坡口形式为 V 形坡口，坡口面角度为 32°±2°。

（3）焊接位置为水平转动。

（4）钝边高度与对口间隙自定。

（5）焊前将距坡口 20 mm 范围内、外两侧表面的油、锈等污物清除干净。试件正面坡口内点固三点，每点长度不大于 20 mm。

（6）按照正确的焊接工艺参数焊接。焊接后，焊缝表面应保持原始状态。

（7）焊接完毕，关闭电焊机，工具摆放整齐，场地清理干净。

2. 准备工作

（1）材料准备。20 钢管两段，规格为 $\phi$159 mm×8 mm，每段长度为 150 mm。焊条型号 E4303，焊条规格 $\phi$2.5 mm/$\phi$3.2 mm。

（2）设备准备。逆变弧焊机 1 台。

（3）工具准备。焊钳、焊条保温筒、钢丝刷、钳工锉、角向磨光机、锤子、活动扳手、台式砂轮机、焊缝检测尺等。

（4）劳保用品。电焊面罩、电焊手套、工作服、绝缘鞋、护目镜等。

3. 考核时限

（1）基本时间。准备时间 30 min，正式操作时间 60 min。

（2）时间评分标准。每超过 5 min 扣总分 1 分，不足 5 min 按 5 min 计算；超过规定时间 15 min 不得分。

4. 评分项目及标准

| 序号 | 评分要素 | 配分 | 评分标准 |
|---|---|---|---|
| 1 | 焊前准备 | 10 | 1. 试件清理不干净，定位焊不正确，扣 5 分<br>2. 焊接参数调整不正确，扣 5 分 |
| 2 | 焊缝外观质量 | 40 | 1. 焊缝余高>3 mm，扣 6 分<br>2. 焊缝余高差>2 mm，扣 6 分<br>3. 焊缝宽度差>3 mm，扣 6 分<br>4. 背面余高>3 mm，扣 4 分<br>5. 焊缝直线度>2 mm，扣 4 分<br>6. 咬边深度≤0.5 mm，累计长度每 5 mm 扣 1 分；咬边深度>0.5 mm 或累计长度>50 mm，扣 8 分<br>7. 背面凹坑深≤2 mm、长度≤80 mm，每 20 mm 扣 3 分<br>注意：焊缝表面不是原始状态，有加工、补焊、返修等现象，或有裂纹、气孔、夹渣、未熔合等任何表面缺陷存在，此项考试不合格 |

试卷

续表

| 序号 | 评分要素 | 配分 | 评分标准 |
| --- | --- | --- | --- |
| 3 | 焊缝内部质量 | 40 | 1. 射线探伤后按 JB 4730 评定焊缝质量达到Ⅰ级，不扣分<br>2. 焊缝质量达到Ⅱ级，扣 10 分<br>3. 焊缝质量达到Ⅲ级，此项考试判为 0 分 |
| 4 | 安全文明生产 | 10 | 1. 劳保用品穿戴不全，扣 2 分<br>2. 焊接过程中有违反安全操作规程的现象，根据情况扣 2～5 分<br>3. 焊接完毕后，焊接设备未关闭，场地清理不干净，工具码放不整齐，扣 3 分 |

**第 2 题　板对接立焊双面焊条电弧焊**

1. 操作要求

（1）采用焊条电弧焊进行双面焊接。

（2）焊件坡口形式为 V 形坡口，坡口面角度为 32°±2°。

（3）焊接位置为立焊。

（4）钝边高度与对口间隙自定。

（5）试件两端不得安装引弧板。

（6）焊前将距坡口 20 mm 范围正、反两侧表面的油、锈等污物清除干净。在坡口内两端点固，焊点长度不大于 20 mm。点固时允许做反变形。

（7）按照正确的焊接工艺参数焊接。焊接后，焊缝表面应保持原始状态。

（8）焊接完毕，关闭电焊机，工具摆放整齐，场地清理干净。

2. 准备工作

（1）材料准备。Q235 钢板两块，规格为 300 mm×100 mm×8 mm。焊条型号 E4303，焊条规格 $\phi$3.2 mm/$\phi$4.0 mm。

（2）设备准备。逆变直流弧焊机 1 台。

（3）工具准备。焊钳、焊条保温筒、钢丝刷、钳工锉、角向磨光机、锤子、活动扳手、台式砂轮机、焊缝检测尺等。

（4）劳保用品。电焊面罩、电焊手套、工作服、绝缘鞋、护目镜等。

3. 考核时限

（1）基本时间。准备时间 30 min，正式操作时间 60 min。

（2）时间评分标准。每超过 5 min 扣总分 1 分，不足 5 min 按 5 min 计算；超过规定时间 15 min 不得分。

4. 评分项目及标准

| 序号 | 评分要素 | 配分 | 评分标准 |
| --- | --- | --- | --- |
| 1 | 焊前准备 | 10 | 1. 试件清理不干净，定位焊不正确，扣 5 分<br>2. 焊接工艺参数调整不正确，扣 5 分 |

续表

| 序号 | 评分要素 | 配分 | 评分标准 |
|---|---|---|---|
| 2 | 焊缝外现质量 | 40 | 1. 焊缝余高>4 mm，扣4分<br>2. 焊缝余高差>3 mm，扣4分<br>3. 焊缝宽度差>3 mm，扣4分<br>4. 背面余高>3 mm，扣4分<br>5. 焊缝直线度>2 mm，扣4分<br>6. 角变形>3°，扣4分<br>7. 错边量>1.2 mm，扣4分<br>8. 背面凹坑深度>1.2 mm或长度>26 mm，扣4分<br>9. 咬边深度≤0.5 mm，累计长度每5 mm扣1分；咬边深度>0.5 mm或累计长度>26 mm，扣8分<br>注意：焊缝表面不是原始状态，有加工、补焊、返修等现象，或有裂纹、气孔、夹渣、未熔合等任何缺陷存在，此项考试判为0分 |
| 3 | 焊缝内部质量 | 40 | 1. 射线探伤后按JB 4730评定焊缝质量达到Ⅰ级，不扣分<br>2. 焊缝质量达到Ⅱ级，扣10分<br>3. 焊缝质量达到Ⅲ级，此项考试判为0分 |
| 4 | 安全文明生产 | 10 | 1. 劳保用品穿戴不全，扣2分<br>2. 焊接过程中有违反安全操作规程的现象，根据情况扣2～5分<br>3. 焊接完毕后，场地清理不干净，工具码放不整齐，扣3分 |